建筑结构CAD制图

（第二版）

周佳新　编著

U0261255

化学工业出版社

·北京·

内 容 简 介

本书详细介绍了建筑结构 CAD 制图的基本知识、绘图的思路、方法和技巧，以实用性为主。内容包括 AutoCAD 基本知识、基本绘图及编辑命令的使用方法和技巧、建筑结构图的画法、常见问题的解决方案等。

本书可作为从事建筑施工的技术人员、管理人员、工人的培训或自学教材，也适用于高等院校与基本建设相关的专业使用。

图书在版编目（CIP）数据

建筑结构 CAD 制图/周佳新编著.—2 版.—北京：化学工业出版社，2022.4（2023.5重印）
ISBN 978-7-122-40798-6

Ⅰ.①建… Ⅱ.①周… Ⅲ.①建筑结构-计算机辅助设计-AutoCAD 软件 Ⅳ.①TU311.41

中国版本图书馆 CIP 数据核字（2022）第 024933 号

责任编辑：左晨燕   装帧设计：张　辉
责任校对：李雨晴

出版发行：化学工业出版社（北京市东城区青年湖南街 13 号　邮政编码 100011）
印　　装：北京印刷集团有限责任公司
787mm×1092mm　1/16　印张 19¾　字数 465 千字　2023 年 5 月北京第 2 版第 2 次印刷

购书咨询：010-64518888   售后服务：010-64518899
网　　址：http://www.cip.com.cn

凡购买本书，如有缺损质量问题，本社销售中心负责调换。

定　　价：85.00 元

前言

《建筑结构 CAD 制图》第一版自 2013 年出版以来，已连续印刷多次，受到了广大读者的欢迎。为了更好地服务于读者、为我国的经济发展助力，我们在第一版的基础上，以最新版本软件为平台修订了本书。

本书修订的指导思想是：着眼于提高建筑结构从业人员的基本素质，遵循认知规律，将建筑结构实践与 CAD 理论相融合，以新规范为指导，通过工程实例、图文结合、循序渐进地介绍建筑结构 CAD 制图的基本知识、制图的思路、方法和技巧，强调实用性和可读性，以期学习者通过学习本书能较快地获得绘制建筑结构工程图的基本知识和技能。

本书突出基础性、实用性、规范性，有如下特点。

1. 从各层次读者的特点出发，以基础性为原则。结合最新版本软件特点，将基础知识重新组合，以章的形式编写。各个章节既相互独立，又注重前后学习的密切联系，不同层次的读者可根据需要选用其中的章节进行学习。

2. 坚持学以致用，少而精的原则。本书在内容的选择与组织上做到了主次分明、深浅得当、详略适度、图文并茂。理论的应用部分采用例题的形式讲解，例题中将绘图步骤区分开来，清晰地表达了绘图的思路、方法，使读者一目了然，易于理解和掌握，别具特色。

3. 以科学性、规范性、工程性为原则。凡能收集到的最新国家标准，本书都予以贯彻。本书注重吸取工程界的最新成果，结合当前建筑业发展的实际，为读者展示了丰富、特色的工程实例，以期读者通过学习，能解决工作中的实际问题。

为帮助读者学习，本书配有采用了 VRML 技术的 PPT 课件，需要者可关注微信公众号"化工帮 CIP"，回复书名即可获取。

本书由沈阳建筑大学周佳新编著，在以往的工作中沈阳建筑大学的张楠、姜英硕、王铮铮、李鹏、王志勇、张喆、刘鹏、沈丽萍等均做了大量的工作。在编著的过程中参考了有关制图专著和网络素材，在此向相关作者表示衷心的感谢！由于编写仓促及水平有限，疏漏瑕疵在所难免，恳请广大同仁及读者不吝赐教，在此谨表谢意。

编著者

2021 年 12 月

第一版前言

随着计算机技术的发展，CAD 绘图已成为必然。 我们着眼于加强技能以及综合素质的培养，结合多年从事 CAD 教学及工程实践的经验，编写了本书。

本书的作者是长期从事工程图学与 CAD 教学和开发的专业人士，在制图理论和解决实际问题方面有较丰富的经验。 本书遵循学习规律，将制图理论与 CAD 技术相融合，通过实例循序渐进地介绍了 AutoCAD 的基本功能，绘图的思路、方法和技巧，强调实用性和可操作性，读者只要按照书中的步骤一步一步操作，便可掌握所学内容。 书中的技巧，多为作者多年经验的总结，有些是首创。

全书共分为八章，在内容的编排顺序上进行了优化，主要包括以下内容。

1. 基本绘图篇（第一至第六章）

本部分内容侧重于从未接触过 AutoCAD 的读者，从一点儿不会学起，详细介绍了 CAD 的相关知识，基本绘图、编辑和各种命令的使用方法和技巧。

2. 制图实例篇（第七章）

本部分主要讲解绘制建筑结构图的基本原理和方法、绘图步骤及大量绘图技巧，并给出了较为典型的练习题供读者阅读、实践，读者可根据自己的实际边看边练，有所侧重、有所选择，举一反三，以期解决实际问题。

3. 常见问题及处理（第八章）

本部分总结了在绘图过程中时常遇到的一些问题，尤其 "不是问题" 的问题的处理方法，供大家参考，以期达到事半功倍的效果。

本书由沈阳建筑大学周佳新编著，姚大鹏、沈丽萍、刘鹏、李周彤、李牧峰也做了很多工作。 在编著的过程中参考了有关制图与 CAD 专著，在此向有关作者表示衷心的感谢！ 由于编写时间仓促，作者水平有限，疏漏之处在所难免，恳请广大同仁及读者不吝赐教，在此谨表谢意。

编著者

2013 年 3 月

目录

第一章
建筑结构CAD简介

第一节　概述

CAD，是英文 computer aided design 的缩写，中文意思为计算机辅助设计，是利用计算机系统的计算功能和图形处理能力进行工程设计和产品开发的一门应用技术。在设计中通常要用计算机对不同方案进行大量的计算、分析和比较，以决定最优方案；各种设计信息，不论是数字的、文字的或图形的，都能存放在计算机的内存或外存里，并能快速检索；设计人员通常用草图开始设计，将草图变为工作图的繁重工作可以交给计算机完成；由计算机自动产生设计结果，可以快速作出图形，使设计人员及时对设计作出判断和修改；利用计算机可以进行与图形的编辑、放大、缩小、平移和旋转等有关的图形数据加工工作。简言之，CAD 可以应用于几乎所有跟绘图有关的行业，比如建筑、机械、电子、天文、服装、化工等。在不同的专业领域，CAD 所涉及的内容是千差万别的，但一般来讲，大多数 CAD 系统的交互方式、图形操作以及数据处理等又有很多共同之处。

一、CAD 的发展历史

CAD 诞生于 20 世纪 60 年代，是美国麻省理工大学提出了交互式图形学的研究计划，由于当时硬件设施的昂贵，只有美国通用汽车公司和美国波音航空公司使用自行开发的交互式绘图系统。

70 年代，小型计算机费用下降，美国工业界才开始广泛使用交互式绘图系统。

80 年代，由于 PC 机的应用，CAD 得以迅速发展，出现了专门从事 CAD 系统开发的公司。当时 VersaCAD 是专业的 CAD 制作公司，所开发的 CAD 软件功能强大，但由于其价格昂贵，故不能普遍应用。而当时的 Autodesk 公司是一个仅有员工数人的小公司，其开发的 CAD 系统虽然功能有限，但因其可免费拷贝，故在社会得以广泛应用。同时，由于该系统的开放性，该 CAD 软件升级迅速。

90 年代以后，计算机技术以前所未有的速度飞速发展，也为 CAD 技术的创新提供了更加强大的实现手段。CAD 作为一项多学科交叉、渗透的高科技技术，目前正向着集成化、协同化、智能化的方向发展。

二、AutoCAD 简介

AutoCAD 是美国 Autodesk 公司首次于 1982 年发行的自动计算机辅助设计软件，用于二维绘图、详细绘制、设计文档和基本三维设计，用户可以使用它来创建、浏览、管理、打印、输出、共享及准确复用富含信息的设计图形。AutoCAD 具有广泛的适应性，它可以在各种操作系统支持的微型计算机和工作站上运行。AutoCAD 也是目前世界上应用最广的 CAD 软件，市场占有率位居世界第一。

1. AutoCAD 软件的特点

① 具有完善的图形绘制功能。
② 有强大的图形编辑功能。
③ 可以采用多种方式进行二次开发或用户定制。
④ 可以进行多种图形格式的转换，具有较强的数据交换能力。
⑤ 支持多种硬件设备。
⑥ 支持多种操作平台。
⑦ 具有通用性、易用性，适用于各类用户。

2. AutoCAD 的发展阶段

到目前，AutoCAD 的发展可分为六个阶段：初级阶段、发展阶段、高级发展阶段、完善阶段、进一步完善阶段和成熟阶段。

① 初级阶段　发行并更新了如下 5 个版本。
AutoCAD 1.0——1982 年 11 月
AutoCAD 1.2——1983 年 4 月
AutoCAD 1.3——1983 年 8 月
AutoCAD 1.4——1983 年 10 月
AutoCAD 2.0——1984 年 10 月
② 发展阶段　更新了如下 5 个版本。
AutoCAD 2.17——1985 年 5 月
AutoCAD 2.18——1985 年 5 月
AutoCAD 2.5——1986 年 6 月
AutoCAD 9.0——1987 年 9 月
AutoCAD 9.03——1987 年 9 月以后
③ 高级发展阶段　更新了如下 3 个版本。
AutoCAD 10.0——1988 年 8 月
AutoCAD 11.0——1990 年
AutoCAD 12.0——1992 年
④ 完善阶段　更新了如下 3 个版本。
AutoCAD R13——1996 年 6 月
AutoCAD R14——1998 年 1 月
AutoCAD 2000——1999 年 1 月
⑤ 进一步完善阶段：更新了 6 个版本。
AutoCAD 2002（R15.6）——2001 年 6 月
AutoCAD 2004（R16.0）——2003 年 3 月

AutoCAD 2005（R16.1）——2004 年 3 月

AutoCAD 2006（R16.2）——2005 年 3 月

AutoCAD 2007（R17.0）——2006 年 3 月

AutoCAD 2008（R17.1）——2007 年 3 月

⑥ 成熟阶段：到目前为止更新了如下 15 个版本。

AutoCAD 2009（R17.2）——2008 年 3 月份

AutoCAD 2010（R18.0）——2009 年 3 月份

AutoCAD 2010 LT——2009 年 4 月

AutoCAD 2011——2010 年 3 月

AutoCAD 2012——2011 年 3 月

AutoCAD 2013——2012 年 12 月

AutoCAD 2014——2013 年 3 月

AutoCAD 2015——2014 年 3 月

AutoCAD 2016——2015 年 3 月

AutoCAD 2017——2016 年 3 月

AutoCAD 2018——2017 年 3 月

AutoCAD 2019——2018 年 3 月

AutoCAD 2020——2019 年 3 月

AutoCAD 2021——2020 年 3 月

AutoCAD 2022——2021 年 3 月

三、国内常用建筑结构 CAD 软件

1. PKPM 系列计算机辅助设计软件

PKPM 是一个系列，除了建筑、结构、设备（给排水、采暖、通风空调、电气）设计于一体的集成化 CAD 系统以外，目前 PKPM 还有建筑概预算系列（钢筋计算、工程量计算、工程计价）、施工系列软件（投标系列、安全计算系列、施工技术系列）、施工企业信息化（目前全国很多特级资质的企业都在用 PKPM 的信息化系统）。PKPM 系列 CAD 系统软件由中国建筑科学研究院建筑工程软件研究所研制开发，是目前国内建筑工程界应用最广、用户最多的一套计算机辅助设计系统。该软件自 1987 年推广以来，历经了多次更新改版，目前已发展成了一个集建筑、结构、设备为一体的集成系统。

软件所近年来在建筑节能和绿色建筑领域做了多方面拓展，在节能、节水、节地、节材、保护环境方面发挥重要作用。其开发的建筑节能类设计、鉴定分析软件已推广覆盖全国大部分地区，是应用最早、最广泛的节能设计软件。

2. 天正建筑设计系列软件

由北京天正工程软件有限公司研制开发。北京天正工程软件有限公司是由具有建筑设计行业背景的资深专家发起成立的，自 1994 年开始就在 AutoCAD 图形平台上成功开发了一系列建筑、结构、电气等专业软件，是 Autodesk 公司在中国大陆的第一批注册开发商。多年来，天正公司的天正建筑 CAD 软件 TArch 在全国范围内取得了极大的成功，全

国范围内的建筑设计单位，已经很难找到不使用天正建筑软件的设计人员；可以说，天正建筑软件已经成为国内建筑 CAD 的行业规范，随着天正建筑软件的广泛应用，它的图档格式已经成为各设计单位与甲方之间图形信息交流的基础。

天正首先提出了分布式工具集的建筑 CAD 软件思路，彻底摒弃流程式的工作方式，为用户提供了一系列独立的、智能高效的绘图工具。由于天正采用了由较小的专业绘图工具命令所组成的工具集，所以使用起来非常灵活、可靠，而且在软件运行中不对 AutoCAD 命令的使用功能加以限制。反过来，天正建筑软件只是去弥补 AutoCAD 软件不足的部分，天正软件的主要作用就是使 AutoCAD 由通用绘图软件变成了专业化的建筑 CAD 软件。

天正结构软件 TAsd 是以 AutoCAD 为开发平台，为工业与民用建筑专业进行结构辅助设计而开发的专业软件。其主要功能是以智能图形交互的方式，进行结构专业工程图设计。

3. 浩辰 CAD 系列

浩辰 CAD 是苏州浩辰软件股份有限公司自主研发的 CAD 软件产品。浩辰 CAD 平台被喻为"设计领域的 Office 软件"，广泛应用于工程建设、制造业等设计领域。浩辰 CAD 平台软件目前已拥有简体中文、繁体中文、英文、日文、俄文、韩文、德文、法文、西班牙文、希伯来文等数十种语言版本。

浩辰 CAD 结构软件完美兼容 AutoCAD，是基于浩辰 CAD 平台的结构工程专业设计软件，以国家现行的结构设计规范为依据，拥有自主知识产权。软件界面操作保持传统习惯，功能齐备，并拥有精确智能的绘制功能、强大的图库资源和全面的绘图辅助工具等，可以帮助设计师准确高效地完成设计和绘图工作。

4. 中望 CAD 系列

中望 CAD 由广州中望龙腾软件股份有限公司研制开发。该公司成立于 1998 年。所研制的中望 CAD 拥有独立的知识产权，也是目前国产 CAD 中知名度最大的 CAD 软件。主要用于二维制图，兼有部分三维功能。中望 CAD 兼容目前普遍使用的 AutoCAD，功能和操作习惯与之基本一致，但具有更高的性价比和更贴心的本土化服务，深受用户欢迎，被广泛应用于建筑、装饰、电子、机械、模具、汽车、造船等各领域。同时，在中望 CAD 平台上，中望公司还开发了基于自身平台的一系列二次开发软件，包括建筑、结构、水暖电、机械等，涵盖了几乎所有行业。

中望 CAD 不仅成为目前中国 CAD 平台软件的首席品牌和领导者，而且实现了国产 CAD 平台软件在国际市场上零的突破，已经畅销美国、法国、南非、巴西、中国台湾、中国香港等世界五大洲的六十多个国家和地区，支持中、英、法、日、德、俄等数十种语言。

此外还有斯维尔、广厦建筑结构 CAD、TSSD（探索者）系列软件、TBSA 系列软件等。

第二节　建筑结构图的有关规定

一、概述

建筑结构是指在建筑物（包括构筑物）中，由建筑材料做成的、用来承受各种荷载或者作用，起骨架作用的空间受力体系。建筑结构因所用的建筑材料不同，可分为混凝土结构、砌体结构、钢结构、轻型钢结构、木结构和组合结构等。建筑结构设计就是建筑结构设计人员对所要施工的建筑的表达。

在工程建设中，首先要进行规划、设计并绘制成图，然后按图施工。一套完整的工程图应包括：图纸目录、设计总说明、建筑施工图、结构施工图、建筑装修图、设备施工图等。

1. 建筑施工图（简称建施图）

主要用来表示建筑物的规划位置、外部造型、内部各房间的布置、内外装修、构造及施工要求等。它的主要内容包括施工图首页（图纸目录、设计总说明、门窗表等）、总平面图、各层平面图、立面图、剖面图及详图。

2. 结构施工图（简称结施图）

主要表示建筑物承重结构的结构类型、结构布置以及构件种类、数量、大小及做法。它的内容包括结构设计说明、结构平面布置图及构件详图。

3. 设备施工图（简称设施图）

主要表达建筑物的给水排水、暖气通风、供电照明、燃气等设备的布置和施工要求等。它又分为给水排水施工图、采暖通风施工图、电气施工图三类，主要包括各种设备的布置图、系统图和详图等内容。

二、结构工程图的分类

建筑工程结构按其几何特征的不同，主要可分为三类：①杆系结构；②薄壁结构，如薄板结构、薄壳结构等；③实体结构，如挡土墙、水坝等。杆系结构按其受力特点的不同，又可分为平面杆系结构（如平面框架结构、排架结构）和空间结构（如网架结构、悬索结构）。

按所用材料的不同，建筑工程结构又可分为钢筋混凝土结构、钢结构、砌体结构和木结构等。

按结构的受力和构造特点不同，又可分为混合结构、排架结构、框架结构、框架-剪力墙结构、剪力墙结构、筒体结构、壳体结构、网架结构、悬索结构等。

三、结构工程图的作用

结构工程图是结构施工的指导性文件，也是结构设计的最终成果。它是根据建筑各方面的要求，进行结构选型和构件布置，再通过力学计算，决定房屋各承重构件的材料、形状、大小，以及内部构造等的图样。结构施工图是施工放线、开挖基槽的依据，也是进行构件制作、结构安装、计算工作量、编制工程预算和施工组织计划的依据。承重构件所用材料主要有钢筋混凝土、钢、木及砖石等。

四、结构工程图的内容

结构工程图一般包括下列三部分内容：

1. 结构设计说明

内容包括：抗震设计与防火要求，地基与基础，地下室，钢筋混凝土各结构构件，砖砌体，后浇带与施工缝等部分适用的材料类型、规格、强度等级，施工注意事项，选用的标准图集等。很多设计单位已把上述内容详细列在一张"结构说明"图纸上供设计者选用。

2. 结构平面图

内容包括：①基础平面图，工业建筑还有设备基础布置图；②楼层结构平面图布置图，工业建筑还包括柱网、吊车梁、柱间支撑、联系梁布置等；③屋面结构平面图，包括屋面板、天沟板、屋架、天窗架及支撑系统布置等。

3. 构件详图

内容包括：①梁、板、柱及基础结构详图；②楼梯结构详图；③屋架结构详图；④其他详图。

五、绘制结构工程图的步骤和方法

① 确定绘制图样的数量。根据房屋的外形、层数、平面布置和构造内容的复杂程度以及施工的具体要求，确定图样的数量，做到表达内容既不重复也不遗漏。图样的数量在满足施工要求的条件下以少为好。

② 选择适当的比例。

③ 进行合理的图面布置。图面布置要主次分明，排列均匀紧凑，表达清楚，尽可能保持各图之间的投影关系。同类型的、内容关系密切的图样，集中在一张或图号连续的几张图纸上，以便对照查阅。

④ 建筑工程图的绘制方法。绘制的顺序一般是按总平面图—平面图—立面图—剖面图—详图顺序来进行。

六、绘图工具与绘图命令对照

传统的绘图方法中，使用的是绘图纸、丁字尺、三角板、圆规、建筑模板、铅笔、针管笔等绘图，计算机绘图利用的是计算机软件中的各种命令调用相对应的功能进行绘图。计算机本身就是"绘图工具"的集合。表 1-1 是传统绘图工具与计算机辅助绘图命令作用的简要对照。

表 1-1　绘图工具与绘图命令对照

制图工具	作用	绘图命令及辅助工具	工具钮
直尺、丁字尺	画直线	line、xline、pline 等	
三角板	画垂直线、平行线、与水平成一定角度的直线	ortho、offset、rotate、F10 等	
丁字尺、三角板	画平行线	offset、par parameters	

制图工具	作用	绘图命令及辅助工具	工具钮
圆规	画圆弧、圆	arc、circle、fillet	
分规	等分线段	divide	
方格纸	方便绘图	grid	
建筑模板	绘制各种图例、画椭圆、写字	block、ellipse、text、dtext	
曲线板	绘制不规则曲线、云线	spline、revcloud	
铅笔、针管笔	绘制各种线型、线宽线段	linetype、lweight	
橡皮	擦除图线、图形	erase	
绘图纸	图样的载体	layer	

七、建筑结构 CAD 制图的绘图原则

建筑结构 CAD 制图的作图原则如下：

① 始终用 1:1 绘图，打印时可在图纸空间设置出图比例。

② 为不同类的图元对象设置不同的图层、颜色、线形和线宽。

③ 作图时，应随时注意命令行的提示，根据提示决定下一步动作，这样可以有效地提高作图效率及减少误操作。

④ 不要将图框和图绘制在一幅图中，可在布局中将图框以块的形式插入，然后再打印输出。

⑤ 经常使用设计中心可以提高作图效率。

第二章

AutoCAD基本操作

第一节　安装、启动与退出

一、AutoCAD 的安装

1. 版本特点

AutoCAD 软件自 1982 年推出至今已经有十几个版本，不同版本的 AutoCAD 软件，使用起来命令差别不大，尤其是绘制二维图形。高版本的 AutoCAD 软件命令会多一点，且会修正软件的一些 BUG、增加一些图库、在三维设计功能上有所加强。高版本的 CAD 可以兼容低版本，反之则不能。如需要用低版本打开高版本所绘图形，就要经过转换等操作。新版本软件对电脑配置要求高、软件运行不稳定、占用空间大、安装起来麻烦。

AutoCAD 2008 以前的版本更新都没有太大的界面改变，从 AutoCAD 2009 起，版本的操作界面发生了改变，界面风格（ribbon 风格）更趋向于 3ds max，菜单栏的布置又和 office 2007 很相似，也就是说几乎所有 AutoCAD 的版本界面都大同小异。对于初学者，学习 AutoCAD 的时候没有必要太在意新版本的使用。目前最高的版本是 AutoCAD 2022。

每种版本的 AutoCAD 软件都有不同的使用者，目前，多数人认为较为经典的是 2002 版和 2004 版。它们的优点是稳定、占用内存小、安装简单、运行速度块。不同版本的软件对计算机的软硬件要求是不同的，一般来讲高版本要求电脑配置高一些。

（1）AutoCAD 2022 对 Windows 的操作系统要求（表 2-1）

表 2-1　**AutoCAD 2022**（包括专用工具集）**系统要求**（Windows）

操作系统	64 位 Microsoft® Windows® 10。有关支持信息，请参见 Autodesk 的产品支持生命周期
处理器	基本要求：2.5～2.9GHz 处理器 建议：3+GHz 处理器
内存	基本要求：8GB 建议：16GB
显示器分辨率	传统显示器：1920×1080 真彩色显示器 高分辨率和 4K 显示器：在 Windows 10(配支持的显卡)上支持高达 3840×2160 的分辨率
显卡	基本要求：1GB GPU，具有 29GB/s 带宽，与 DirectX 11 兼容 建议：4GB GPU，具有 106GB/s 带宽，与 DirectX 12 兼容
磁盘空间	10.0GB
网络	请参见 Autodesk Network License Manager for Windows
指针设备	Microsoft 鼠标兼容的指针设备
.NET Framework	.NET Framework 版本 4.8 或更高版本

（2）AutoCAD 2022 对 MacOS 的操作系统要求（表 2-2）

表 2-2　AutoCAD 2022 对 Macos 系统要求

操作系统	Apple® macOS® Big Sur v11 Apple macOS Catalina v10.15 Apple macOS Mojave v10.14
模型	基本要求：Apple Mac® Pro 4.1、MacBook Pro 5.1、iMac® 8.1、Mac mini® 3.1、MacBook Air®、Mac-Book® 5.1 建议：支持 Metal Graphics Engine 的 Apple Mac® 型号 在 Rosetta2 模式下支持带有 M 系列芯片的 Apple Mac 型号
CPU 类型	64 位 Intel CPU 建议：Intel Core i7 或更高
内存	基本要求：4GB 建议：8GB 或更大
显示器 分辨率	基本要求：1280×800 显示器 高分辨率：2880×1800 Retina 显示器
磁盘空间	4GB 可用磁盘空间（用于下载和安装）
指针设备	Apple 兼容的鼠标、Apple 兼容的触控板、Microsoft 兼容的鼠标
显卡	建议：Mac 本地安装的显卡
磁盘格式	APFS、APFS（加密）、Mac OS Extended（日志）、Mac OS Extended（日志，加密）

实际工作中，使用者可根据自己的实际需要选用：不是越高越好，适合才好。

2. AutoCAD 的安装

随着软件的不断更新，安装 AutoCAD 已经变为一件很容易的事了。与安装其他软件类似，下载、运行、解压 AutoCAD 2022 安装程序后，按提示操作即可。

二、启动 AutoCAD

系统安装 AutoCAD 后，如使用 AutoCAD 绘图，就要启动它。通常有四种常用的启动方式：

① 在桌面上直接双击 AutoCAD 的快捷图标，即可启动，如图 2-1 所示为几种版本的 CAD 桌面快捷图标。

图 2-1　CAD 桌面快捷图标

② 点击"开始—程序—Autodesk—AutoCAD＊＊＊＊—AutoCAD＊＊＊＊"，便可启动。

③ 快速启动方式，如果用户为 AutoCAD 创建了快速方式，任务栏的快速启动区中就会有 AutoCAD 的图标，单击图标就可启动。

④ 如果电脑中保存了使用 AutoCAD 绘制的图形文件，用鼠标双击该类文件，即可在打开文件的同时启动 AutoCAD。

三、退出 AutoCAD

使用 AutoCAD 完成工作后，就要退出程序。有几种常用的退出方式：

① 单击 AutoCAD 界面右上角的关闭按钮×，退出 AutoCAD 程序。

② 双击"应用程序菜单"按钮**A▾**或倒三角，再选择退出 AutoCAD 程序。

③ 在命令行输入"Quit"或"Exit"后，单击"Enter"键，退出 AutoCAD 程序。

第二节　工作空间与界面组成

现代 CAD 设计软件，都在突出一个快捷高效的特点。让用户更快更好地完成工作，是 CAD 软件公司追求的目标。使用 CAD 做任何的设计，实际都是使用 CAD 命令或者工具来完成。AutoCAD 2009 之前的版本，用户打开软件，基本上都是在同一个界面下完成工作的。以后的版本突出了工作空间的概念。在 AutoCAD 2022 中，针对不同的用户提供了不同的工作空间，同时特殊用户还可以自己定义个性化的工作空间。

启动 AutoCAD 2022，屏幕如图 2-2（a）所示，然后系统进入如图 2-2（b）所示"开始"的默认界面。在此，不仅可以打开或新建文件，若保持联机状态并单击上面的文件索引，则无需离开工作环境就可以了解 AutoCAD 2022 的各项新功能。

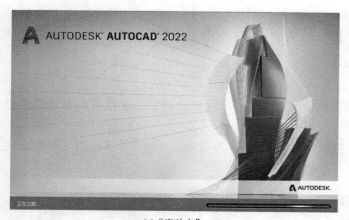

(a)"启动中"　　　　　　　　　　　　(b)"开始"默认界面

图 2-2　新功能介绍界面

一、工作空间

工作空间就是绘图环境，是由分组组织的菜单、工具栏、选项板和功能区控制面板组成的集合。用户可以在专门的、面向任务的绘图环境中工作。用户不仅可以创建自己的工作空间，也可以修改默认的工作空间。AutoCAD 2022 的工作空间分为三类：草图与注释、三维基础和三维建模。其中草图与注释为二维绘图环境，三维基础和三维建模为三维绘图环境。AutoCAD 从 2015 版开始取消了 AutoCAD 经典界面。

AutoCAD 2022 的默认空间为草图与注释，单击界面右下角的"切换工作空间"按钮
⚙，弹出如图 2-3 所示的菜单，可以在三个空间任意切换。

二、界面组成

1. 草图与注释

AutoCAD 2022 的默认空间"草图与注释"，其界面如
图 2-4 所示，主要由图标按钮、应用程序栏、功能区、命令
窗口、坐标系图标、绘图区、视图方位显示、导航栏、状态
栏、视口控件、视图控件以及视觉样式控件等部分组成。

（1）图标按钮 图标按钮 **A▾** 位于屏幕的最左上角，单
击图标按钮或其右面的倒三角将弹出如图 2-5 所示的应用程
序菜单。在此可以搜索命令以及访问用于新建、打开、保存、发布文件的工具以及最近打
开的文档等。

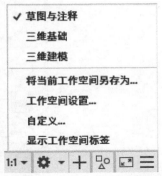

图 2-3 切换工作空间菜单

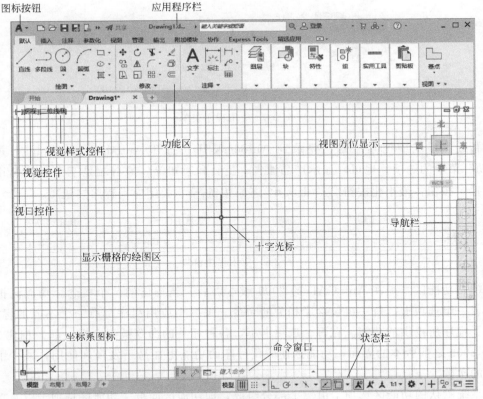

图 2-4 "草图与注释"工作界面

（2）应用程序栏 位于屏幕顶部，如图 2-6 所示，依次为快速访问工具栏、标题栏、
信息中心和窗口控制按钮。快速访问工具栏可提供对定义的命令集的直接访问、切换工作
空间以及自定义、保存个性化空间。标题栏将文件名称显示在图形窗口中。信息中心可以

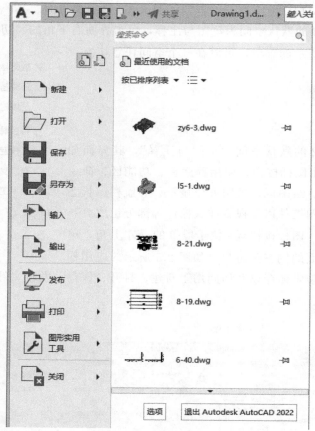

图 2-5　应用程序菜单

在"帮助"系统中搜索主题、登录到 Autodesk ID、打开 Autodesk Exchange，并显示"帮助"菜单的选项，也可以显示产品通告、更新和通知等。最右端是三个标准 Windows 窗口控制按钮：最小化按钮 ▬ 、最大化/还原按钮 ▢ 、关闭应用程序按钮 ✕ 。

图 2-6　应用程序窗口

（3）功能区　是在 AutoCAD 的 2009 版本以后，新推出的一个概念。功能区把命令组织成一组选项卡，每一组包含了相关的命令。每一个应用程序都有一个不同的标签组，展示了程序所提供的功能。在每个选项卡里，各种相关的命令被组合在一起。相比 Auto-CAD 2009 之前版本的界面，功能区使应用程序的功能更加易于发现和使用，减少了点击鼠标的次数。

系统默认的功能区选项卡由三个部分组成，即功能区面板、功能区选项卡以及功能区显示控制图标，如图 2-7 所示。

功能区面板是与选项卡相对应的。面板里的内容，就是与之相关的命令。比如绘图面板里，就是我们绘制图形时常用的各种绘图命令：直线、圆弧、多段线等。而修改面板里，即为常用的修改命令，如：移动、复制、旋转、阵列等。这些命令以命令按钮的形式

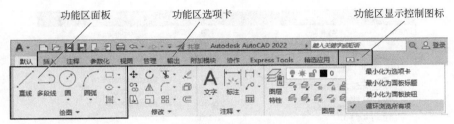

图 2-7 功能区选项卡

出现，即每一个命令按钮代表 AutoCAD 的一条命令，只要移动鼠标到某一按钮上单击，就执行该按钮代表的命令。一个按钮是一条命令的形象的图形代号。移动鼠标到某一按钮稍停片刻，就会显示与该按钮对应的命令名称及简要功能介绍。

每个选项卡下面都有与之对应的面板。操作者可以根据自己的需要，使用不同的选项卡，以提高作图效率。

点击功能区显示控制图标，可以在最小化为选项卡、最小化为面板标题、最小化为面板按钮、循环浏览所有项等显示方式之间循环切换。

（4）命令窗口 也称命令对话区，是 AutoCAD 与用户对话的区域，显示用户输入的命令。执行命令后，显示该命令的提示，提示用户下一步该做什么。其包含的行数可以设定。通过 F2 键可在命令提示窗口和命令对话区之间切换。

（5）坐标系图标 通常位于绘图区的左下角，表示当前绘图所使用的坐标系的形式以及坐标方向等。AutoCAD 提供有世界坐标系（World Coordinate System，WCS）和用户坐标系（User Coordinate System，UCS）两种坐标系。默认坐标系为世界坐标系。

（6）绘图区 屏幕上的空白区域是绘图区，是 AutoCAD 画图和显示图形的地方。系统默认的颜色为黑色，配色为暗，显示栅格（右下角状态栏中 ▦ 按钮为蓝色）。用户可以根据需要设置绘图区的颜色（本书颜色调为白，配色为明）、关闭栅格（单击 ▦ 按钮变为白色即可）。在绘图区的空白处单击鼠标右键，弹出如图 2-8 所示的随位菜单，单击"选项"，弹出如图 2-9 所示的对话框。点击对话框左中的 颜色(C)... ，弹出如图 2-10 所示的"图形窗口颜色"对话框，在对话框右上角的颜色选项中选择需要的颜色即可。

（7）视图方位显示 就是视图控制器，是在二维模型空间或三维视觉样式中处理图形时显示的导航工具。使用视图方位显示，可以在基本视图之间切换。

（8）导航栏 是一种用户界面元素，用户可以从中访问通用导航工具和特定于产品的导航工具。导航栏在当前绘图区域的一个边上方沿该边浮动，通过单击导航栏上的按钮之一，或选择在单击分割按钮的较小部分时显示的列表中的某个工具，可以启动导航工具。

（9）状态栏 在屏幕的右下方，显示光标位置、绘图工具以及会影响绘图环境的工具，如图 2-11 所示。

图 2-8 调用"选项"菜单

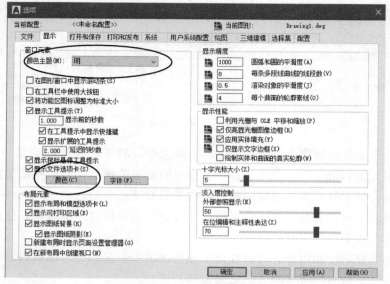

图 2-9 "选项"对话框

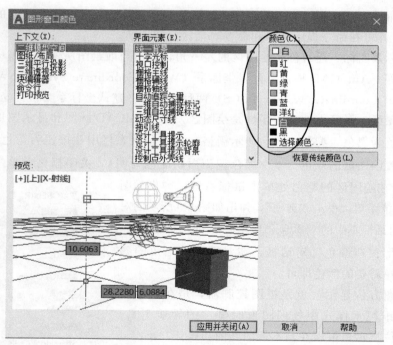

图 2-10 "图形窗口颜色"对话框

图 2-11 状态栏

　　状态栏提供对某些最常用的绘图工具的快速访问。用户可以切换设置（例如，夹点、捕捉、极轴追踪和对象捕捉），也可以通过单击某些工具的下拉箭头，来访问其他设置。

　　默认情况下，系统不会显示所有工具，用户可以通过状态栏上最右侧的按钮，选择从"自定义"菜单显示的工具。状态栏上显示的工具可能会发生变化，具体取决于当前的工作空间以及当前显示的是模型选项卡还是布局选项卡。也可以使用键盘上的功能键（F1～F12），切换其中某些设置。

　　（10）视口控件、视图控件和视觉样式控件　它们依次在绘图区的左上角，分别控制视口的数量、视图的种类和视觉样式的显示，单击对应按钮，分别弹出如图 2-12 所示的菜单，在此勾选需要的选项即可。

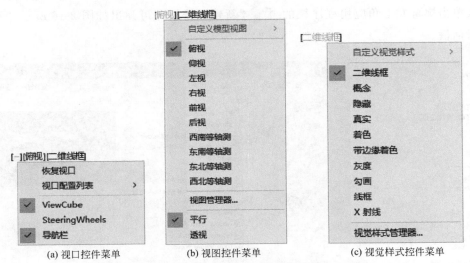

(a) 视口控件菜单　　(b) 视图控件菜单　　(c) 视觉样式控件菜单

图 2-12　视口控件、视图控件和视觉样式控件菜单

2. 三维基础

　　三维基础界面如图 2-13 所示，在此可以进行三维的基本操作，如创建、编辑曲面、网格、三维的实体模型等，也可以进行相关的二维操作。

3. 三维建模

　　三维建模界面如图 2-14 所示，在此可以进行三维的复杂操作，如三维的实体建模、实体编辑、生成断面图、剖面图等。

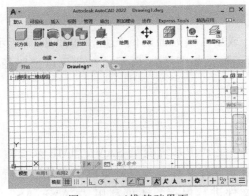

图 2-13　三维基础界面

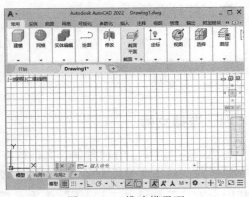

图 2-14　三维建模界面

第三节　AutoCAD 的文件操作

一、创建新文件

在 AutoCAD 2022 中创建一个新文件，只需在开始界面中单击"新建"，如图 2-15 所示，或单击屏幕左上角应用程序栏的 ⬜ "新建"按钮即可弹出如图 2-16 所示"选择样板"对话框。

图 2-15　创建文件

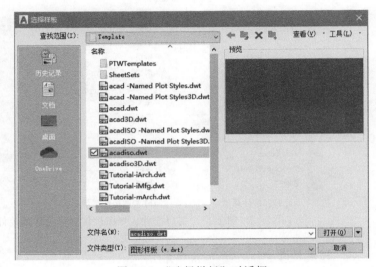

图 2-16　"选择样板"对话框

二、创建样板文件

单击如图 2-15 所示对话框中的"浏览模板"，也可弹出"选择样板"对话框，如图 2-16 所示。单击所需样板文件名（初学者一般选择样板文件 acadiso.dwt 即可），即可打开样板文件。

三、打开文件

单击如图 2-15 所示开始界面中的"打开"；或单击其后面的倒三角，如图 2-17 所示，再选择"打开文件"，即可打开"选择文件"对话框，如图 2-18 所示。在此可以按路径查找并打开已有文件。

四、存储文件

在 AutoCAD 中，有两种保存文件的方法：一是利用系统变量 SAVETIME 来设置自动存储时间。系统按照设定的时间每隔一段就自动保存文件，可以避免由于意外造成所做工作的丢失；二是利用"SAVE"选项对当前文件进行保存，还可利用"SAVE AS"选项将已经更改的文件以另外的名称保存，或者把当前文件另外保存为副本。

图 2-17 打开文件

图 2-18 "选择文件"对话框

　　低版本的 CAD 文件可以直接用高版本的 CAD 打开，但用高版本 CAD 创建的文件需要另存为低版本的 CAD 文件才能被低版本 CAD 打开。只需在"另存为"对话框中的"文件类型"中选择需要保存的版本即可，如图 2-19 所示。

图 2-19 高版本文件存为低版本文件

如果需要换名存盘（将当前绘制的图形以新文件名存盘），就要执行 SAVE AS 命令，AutoCAD 弹出"图形另存为"对话框，要求用户确定文件的保存位置及文件名，用户响应即可。如图 2-19 所示，修改要保存文件的路径和名字。

五、关闭文件

关闭当前图形文件时，可以单击应用程序按钮或倒三角 **A** ▾，再在打开的程序菜单中单击最下面的 ██ ▣ 关闭，或者单击绘图区右上角图标 ✖，或在命令行输入"CLOSE/CLOSEALL"，如果一个图形文件自上次保存后又进行过修改，系统将提示用户是否保存或取消本次操作，如图 2-20 所示。

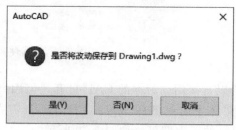

图 2-20　关闭已有文件

第四节　AutoCAD 的命令操作

一、命令的输入方法

CAD 命令的输入方法有五种：

① 通过点击功能区面板上的命令图标（按钮）输入命令，如图 2-21 所示。

图 2-21　命令图标

② 通过命令行直接输入命令，如图 2-22 所示。

默认情况下，系统在用户键入命令时自动完成命令名或系统变量。此外，还会显示一个如图 2-22 所示的有效选择列表，用户可以从中进行选择。

使用 AUTOCOMPLETE 命令还可以控制想要使用的一些自动功能。如果禁用自动完成功能，可以在命令行中输入一个字母并按 TAB 键以循环显示以该字母开头的所有命令和系统变量。按 Enter 键或空格键来启动命令或系统变量。

③ 通过按回车键或空格键输入前一次刚刚执行过的命令。

④ 通过单击鼠标右键输入命令。在不同的区域单击鼠标右键会弹出不同内容的随位菜单，可以从菜单中选择需要的命令。

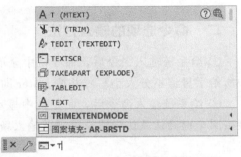

图 2-22　命令行和有效选择列表

⑤ 通过点击下拉菜单输入命令，如图 2-23 所示。

值得注意的是，AutoCAD 2022 的默认界面并不显示菜单栏。如需显示菜单栏，可以单击应用程序窗口中快速访问工具栏右侧的按钮 ![btn]，在弹出的随位菜单中单击"显示菜单栏"，如图 2-24 所示。如已显示的菜单栏需要关闭，则原"显示菜单栏"变为"隐藏菜单栏"，单击"隐藏菜单栏"即可。

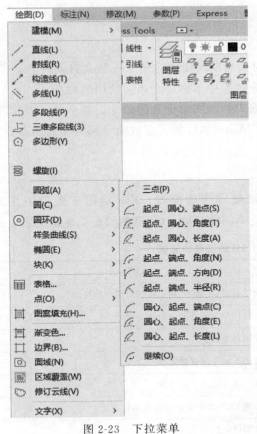

图 2-23　下拉菜单

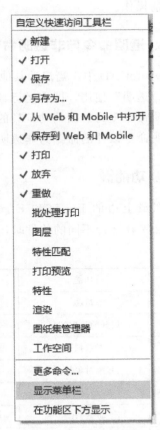

图 2-24　显示菜单栏

菜单中命令后面有"**＞**"符号的说明其含有子菜单，如图 2-23 所示的"圆弧"命令。有"**…**"符号的，单击此命令后会弹出对话框，如图 2-24 所示的"另存为"命令。

二、命令选项的输入方法

① 给系统输入命令后，命令栏中显示的"［……］"内为此命令的可选项，输入选项中所给字母（不分大小写）并按 Enter 即完成了该选项。

② 给系统输入命令后，命令栏中显示的"＜……＞"内为此命令的默认设置，可直接按回车键确认默认设置。否则就输入新的参数后再按回车键完成新的设置。

三、命令的终止

AutoCAD 2022 中，命令的终止有以下几种方法：

① 按 Enter（回车键）或空格键　这是最常用的结束命令方式。但书写文字除外。

② 单击鼠标右键　单击鼠标右键后，在弹出的随位菜单中选择"确认"或"取消"即可结束命令。

③ 按 Esc 键　键盘左上角的 Esc 键功能最强大，无论命令是否完成，都可以通过它结束当前操作。

四、透明命令与非透明命令

在 AutoCAD 中，当启动其他命令时，当前所使用的命令一般会自动终止。但有些命令可以"透明"使用，即在运行其他命令过程中不会终止当前使用的命令。

透明命令多为绘图辅助工具的命令或为修改图形设置的命令，如平移、缩放等。

透明命令以外的命令为非透明命令，AutoCAD 的大多数命令都为非透明命令。

五、功能键

键盘最上边的 Esc 键和 F1～F12 键统称为功能键。Esc 键用于强行中止或退出。F1～F12 键在运行不同的软件时，被定义不同的功能，CAD 的键盘功能键见表 2-3。

表 2-3　CAD 的键盘功能键

键	功能	说明
F1	帮助	显示活动工具提示、命令、选项板或对话框的帮助
F2	展开的历史记录	在命令窗口中显示展开的命令历史记录
F3	对象捕捉	打开和关闭对象捕捉
F4	三维对象捕捉	打开和关闭其他三维对象捕捉
F5	等轴测平面	循环浏览二维等轴测平面设置
F6	动态 UCS	打开和关闭 UCS 与平面曲面的自动对齐
F7	栅格显示	打开和关闭栅格显示
F8	正交	锁定光标按水平或垂直方向移动
F9	栅格捕捉	限制光标按指定的栅格间距移动
F10	极轴追踪	引导光标按指定的角度移动

续表

键	功能	说明
F11	对象捕捉追踪	从对象捕捉位置水平和垂直追踪光标
F12	动态输入	显示光标附近的距离和角度并在字段之间使用 Tab 键时接受输入

注意：F8 和 F10 相互排斥，即打开一个将关闭另外一个。

六、快捷键

快捷键是指在 CAD 软件操作中，为方便使用者，在命令输入时用输入较少字符的方法发出命令，来完成绘图、修改、保存等操作。这些命令键就是 CAD 快捷键，如表 2-4 所示。

表 2-4　快捷命令速查表

快捷键	命令全称	功能说明	快捷键	命令全称	功能说明
A	ARC	画弧	DLI	DIMLINEAR	线性标注
AA	AREA	查询面积	DO	DONUT	绘制圆环
ADC	ADCENTER	设计中心	DOR	DIMORDINATE	标注坐标值
AR	ARRAY	阵列	DOV	DIMOVERRIDE	临时覆盖系统尺寸
ATE	ATTEDIT	编辑属性	DR	DRAWORDER	控制重叠显示
ATT	ATTDEF	属性定义	DRA	DIMRADIUS	标注半径
AV	DSVIEWER	鸟瞰视图	DS	DSETTINGS	草图设置
B	BLOCK	块定义	DST	DIMSTYLE	标注样式
BH	BHATCH	填充	DT	DTEXT	单行文本
BO	BOUNDARY	边界创建	DV	DVIEW	视点动态设置
BR	BREAK	折断	E	ERASE	删除实体
C	CIRCLE	画圆	ED	DDEDIT	编辑文本
CH	PROPERTIES	特性	EL	ELLIPSE	绘制椭圆
CHA	CHAMFER	画倒角	EX	EXTEND	延长实体
CO	COPY	复制	EXIT	EXIT	退出系统
COL	COLOR	调色板	EXP	EXPORT	文件格式输出
CP	COPY	复制	EXT	EXTRUDE	拉伸二维成三维
D	DIMSTYLE	标注样式	F	FILLET	倒圆角
DAL	DIMALIGNED	标注平齐尺寸	FI	FILTER	过滤选择实体
DBA	DIMBASELINE	基线标注	G	GROUP	创建组
DCE	DIMCENTER	创建圆心标记	GR	DDGRIPS	选项设置
DCO	DIMCONTINUE	连续标注	H	BHATCH	填充
DDI	DIMDIAMETER	标注直径	HE	HATCHEDIT	编辑填充图样
DED	DIMEDIT	修改标注文字	HI	HIDE	消隐
DI	DIST	查询距离	I	INSERT	插入图块
DIV	DIVIDE	等分图元	IAD	IMAGEADJUST	图像调整

快捷键	命令全称	功能说明	快捷键	命令全称	功能说明
IAT	IMAGEATTACH	插入图像	PS	PSPACE	空间切换
ICL	IMAGECLIP	调整图像边框大小	PU	PURGE	清除无用的对象
IM	IMAGE	图像管理器	R	REDRAW	清除垃圾对象
IMP	IMPORT	输入文件	RA	REDRAWALL	重画所有图形
IN	INTERSECT	交集	RE	REGEN	重生成当前视窗
INF	INTERFERE	多维交集	REA	REGENALL	重生成所有视窗
IO	INSERTOBJ	插入 OLE 对象	REC	RECTANGLE	绘制矩形
L	LINE	直线	REG	REGION	面域
LA	LAYER	图层控制	REN	RENAME	重命名
LE	LEADER	指引标注	REV	REVOLVE	二维旋转成三维
LEN	LENGTHEN	拉长	RM	DDRMODES	草图设置
LI	LIST	列表显示实体信息	RO	ROTATE	旋转
LO	-LAYOUT	布局选项	RPR	RPREF	设置渲染参数
LS	LIST	列表显示实体信息	RR	RENDER	渲染
LT	LINETYPE	线型管理器	S	STRETCH	拉伸
LTS	LTSCALE	设置线型比例系数	SC	SCALE	比例
LW	LWEIGHT	设置线宽	SCR	SCRIPT	自动批处理
M	MOVE	移动	SE	DSETTINGS	草图设置
MA	MATCHPROP	属性匹配	SEC	SECTION	生成剖面
ME	MEASURE	定长等分	SET	SETVAR	设置系统变量
MI	MIRROR	镜像	SHA	SHADE	着色处理
ML	MLINE	平行线	SL	SLICE	将三维实体切开
MO	PROPERTIES	特性管理器	SN	SNAP	设置目标捕捉功能
MS	MSPACE	空间切换	SO	SOLID	绘制实心多边形
MT	MTEXT	多行文本	SP	SPELL	文本拼写检查
MV	MVIEW	创建视窗	SPE	SPLINEDIT	编辑曲线
O	OFFSET	偏移	SPL	SPLINE	绘制曲线
OP	OPTIONS	设置系统配置	ST	STYLE	文字样式
OS	OSNAP	捕捉设置	SU	SUBTRACT	布尔差集
P	PAN	移动	T	MTEXT	多行文本
PA	PASTESPEC	粘贴剪切板文件	TA	TABLET	数字化仪
PE	PEDIT	编辑多段线	TH	THICKNESS	厚度
PL	PLINE	绘制多段线	TI	TILEMODE	空间切换
PO	POINT	绘制点	TO	TOOLBAR	工具栏
POL	POLYGON	多边形	TOL	TOLERANCE	形位公差
PR	OPTIONS	设置系统配置	TOR	TORUS	圆环实体
PRE	PREVIEW	打印预览	TR	TRIM	修剪

续表

快捷键	命令全称	功能说明	快捷键	命令全称	功能说明
UC	DDUCS	坐标系设置	X	EXPLODE	炸开
UCP	DDUCSP	坐标系设置	XA	XATTACH	选择参照文件
UN	UNITS	图形单位	XB	XBIND	外部参照邦定
V	VIEW	视图	XC	XCLIP	设置图块或处理边界
VP	DDVPOINT	设置三维视点	XL	XLINE	参照线
W	WBLOCK	写块	XR	XREF	外部参照管理器
WE	WEDGE	绘制楔形体	Z	ZOOM	缩放

要想快速、准确绘图，熟练掌握 CAD 的功能键和快捷命令是必需的技能。

第五节　帮助系统

AutoCAD 2022 中提供了使用帮助的完整信息。按键盘上的 F1 键，或在应用程序窗口的信息中心单击 ⑦ 按钮，或在命令栏输入"HELP"，均可打开"帮助"窗口，如图 2-25 所示。通过此窗口可以浏览显示的可用文档概述、用户手册、命令参考、自定义等，也可以在"搜索"栏中输入关键字来搜索用户所用的信息。

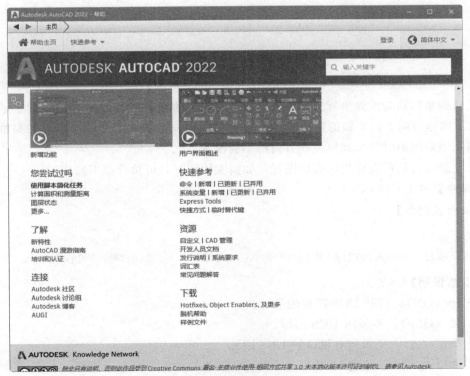

图 2-25　"帮助"窗口

第三章

AutoCAD绘图环境

第一节　坐标系与坐标输入

一、AutoCAD 2022 的坐标系

在 AutoCAD 2022 软件中，坐标分为世界坐标系（WCS），如图 3-1(a) 所示，和用户坐标系（UCS），如图 3-1(b) 所示。

(a) 世界坐标系　　　　　　　　(b) 用户坐标系

图 3-1　AutoCAD 坐标系

默认的坐标系为世界坐标系，它通常位于绘图区的左下角，其 X 轴的正向水平向右，Y 轴的正向垂直向上，Z 轴的正向由屏幕垂直指向用户。默认的坐标原点为三根轴交点。在绘制和编辑图形时其坐标原点和方向都不会改变。

系统默认为显示世界坐标系的图标，如需关闭图标，可执行如下操作：

【命令】　UCSICON

【命令及提示】

命令:_ucsicon
输入选项[开(ON)/关(OFF)/全部(A)/非原点(N)/原点(OR)/可选(S)/特性(P)]<开> :

【参数说明】

① 开（ON）：打开 UCS 图标的显示。

② 关（OFF）：不显示 UCS 图标。

③ 全部（A）：显示所有视口的 UCS 图标。

④ 非原点（N）：不管 UCS 原点在何处，在视口的左下角显示图标。

⑤ 原点（OR）：在当前 UCS 的原点（0，0，0）处显示图标。如果原点超出视图，它将显示在视口的左下角。

⑥ 可选（S）：控制 UCS 图标是否可选并且可以通过夹点操作。

⑦ 特性（P）：显示"UCS图标"对话框，从中可以控制 UCS 图标的样式、可见性和位置。

二、AutoCAD 2022 的坐标输入

AutoCAD中，有以下几种坐标系统。

① 绝对直角坐标，如图 3-2(a) 所示：即输入点的 X 值和 Y 值，坐标之间用逗号（英文半角）隔开。

② 相对直角坐标，如图 3-2(b) 所示：指相对前一点的直角坐标值，其表达方式是在绝对坐标表达式前加一个"@"号。

③ 绝对极坐标，如图 3-2(c) 所示：是输入该点距坐标系原点的距离以及这两点的连线与 X 轴正方向的夹角，中间用"<"号隔开。

④ 相对极坐标，如图 3-2(d) 所示：指相对于前一点的极坐标值，表达方式也为在极坐标表达式前加一个"@"号。

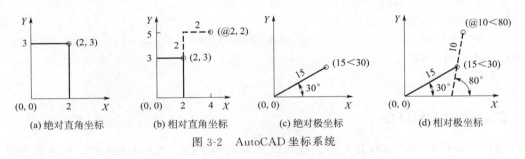

(a) 绝对直角坐标　　(b) 相对直角坐标　　(c) 绝对极坐标　　(d) 相对极坐标

图 3-2　AutoCAD 坐标系统

第二节　绘图参数设置

一、图形界限 LIMITS

图形界限是绘图的范围，相当于手工绘图时图纸的大小。设定合适的绘图界限，有利于确定图形绘制的大小、比例、图形之间的距离，以便检查图形是否超出"图框"。

【命令】　LIMITS

【命令及提示】

```
命令:_limits
重新设置模型空间界限:
指定左下角点或[开(ON)/关(OFF)]<0.0000,0.0000>:
指定右上角点<420.0000,297.0000>:
```

【参数说明】

① 指定左下角点：定义图形界限的左下角点，一般默认为坐标原点。

② 指定右上角点：定义图形界限的右上角点。

③ 开（ON）：打开图形界限检查。如果打开了图形界限检查，系统不接受设定的图形界限之外的点输入。但对具体的情况检查的方式不同。如对直线，如果有任何一点在界限之外，均无法绘制该直线。对圆、文字而言，只要圆心、起点在界限范围之内即可，甚至对于单行文字，只要定义的文字起点在界限之内，实际输入的文字不受限制。对于编辑命令，拾取图形对象点不受限制，除非拾取点同时作为输入点，否则，界限之外的点无效。

④ 关（OFF）：关闭图形界限检查。

【实例】

设置绘图界限为 420×297 的 A3 图幅，并通过栅格显示该界限。

操作过程如下。

```
命令:_limits
重新设置模型空间界限:
指定左下角点或[开(ON)/关(OFF)]<0.0000,0.0000> :    回车,默认
指定右上角点<421.0000,297.0000> :    回车,默认
命令:_zoom    回车
指定窗口角点,输入比例因子(nX 或 nXP),或者[全部(A)/中心点(C)/动态(D)/范围(E)/上一个(P)/
比例(S)/窗口(W)]<实时> :a    回车
正在重生成模型。
```

二、单位 UNITS

对任何图形而言，总有其大小、精度以及采用的单位。AutoCAD 中，在屏幕上显示的只是屏幕单位，但屏幕单位应该对应一个真实的单位。不同的单位其显示格式是不同的。同样也可以设定或选择角度类型、精度和方向。

【命令】 UNITS

执行该命令后，弹出图 3-3 所示"图形单位"对话框。

该对话框中包括长度、角度、插入时的缩放单位、输出样例和光源五个区。

（1）长度区　设定长度的单位类型及精度。

① 类型：通过下拉列表框，可以选择长度单位类型。

② 精度：通过下拉列表框，可以选择长度精度，也可以直接键入。

（2）角度区　设定角度单位类型和精度。

① 类型：通过下拉列表框，可以选择角度单位类型。

② 精度：通过下拉列表框，可以选择角度精度，也可以直接键入。

③ 顺时针：控制角度方向的正负。选中该复选框时，顺时针为正，否则，逆时针为正。缺省逆时针为正。

（3）插入时的缩放单位　控制插入到当前图形中的块和图形的测量单位。

（4）输出样例区　该区示意了以上设置后的长度和角度单位格式。

（5）光源　控制当前图形中光度控制光源的强度测量单位。有国际、美国和常规三种选择。

图形单位对话框还有四个按钮：确定、取消、方向和帮助。其中方向按钮用来设定角度方向。点取该按钮后，弹出图 3-4 所示"方向控制"对话框。该对话框中可以设定基准角度方向，缺省 0°为东的方向。如果要设定除东、南、西、北四个方向以外的方向作为 0°方向，可以点取"其他"单选框，此时下面的"拾取"和"输入"角度项为有效，用户可以点取拾取按钮 ，进入绘图界面点取某方向作为 0°方向或直接键入某角度作为 0°方向。

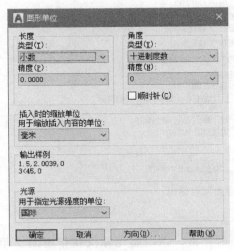

图 3-3 "图形单位"对话框

图 3-4 "方向控制"对话框

<h1 style="text-align:center">第三节 辅助工具设置</h1>

一、捕捉和栅格

捕捉和栅格提供了一种精确绘图工具。通过捕捉可以将屏幕上的拾取点锁定在特定的位置上，而这些位置，隐含了间隔捕捉点。栅格是在屏幕上可以显示出来的具有指定间距的网格，这些网格只是在绘图时提供一种参考作用，其本身不是图形的组成部分，也不会被输出。栅格设定太密时，在屏幕上显示不出来。可以设定捕捉点即栅格点。

【命令】 DSETTINGS

也可以在状态栏中单击 ∠ □ ▼ 倒三角符号，在弹出的菜单中单击 **对象捕捉设置...** 进行设置。

执行该命令后，弹出如图 3-5 所示"草图设置"对话框。其中第一个选项卡即"捕捉和栅格"选项卡。

该选项卡中包括"启用捕捉"和"启用栅格"两大项。

1. 启用捕捉

打开或关闭捕捉模式。也可以通过单击状态栏上的"捕捉"、按 F9 键，或使用

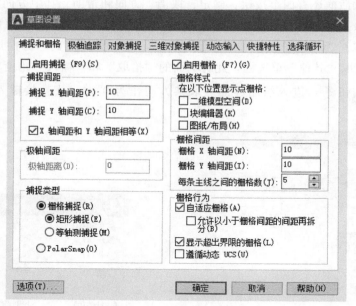

图 3-5 "草图设置"对话框

SNAPMODE 系统变量，来打开或关闭捕捉模式。

（1）捕捉间距　控制捕捉位置的不可见矩形栅格，以限制光标仅在指定的 x 和 y 间隔内移动。

① 捕捉 X 轴间距：指定 x 方向的捕捉间距。间距值必须为正实数（SNAPUNIT 系统变量）。

② 捕捉 Y 轴间距：指定 y 方向的捕捉间距。间距值必须为正实数（SNAPUNIT 系统变量）。

③ X 和 Y 间距相等：为捕捉间距和栅格间距强制使用同一 x 和 y 间距值。捕捉间距可以与栅格间距不同。

（2）极轴间距　控制在极轴捕捉模式下的极轴间距。选定"捕捉类型和样式"下的"PolarSnap"时，设定捕捉增量距离。如果该值为 0，则 PolarSnap 距离采用"捕捉 X 轴间距"的值。"极轴距离"设置与极坐标追踪和/或对象捕捉追踪结合使用。如果两个追踪功能都未启用，则"极轴距离"设置无效。（POLARDIST 系统变量）

（3）捕捉类型　设定捕捉样式和捕捉类型。

① 栅格捕捉：设定栅格捕捉类型。如果指定点，光标将沿垂直或水平栅格点进行捕捉（SNAPTYPE 系统变量）。分成矩形捕捉和等轴测捕捉两种方式。

a. 矩形捕捉：x 和 y 成 90°的捕捉格式。当捕捉类型设定为"栅格"并且打开"捕捉"模式时，光标将捕捉矩形捕捉栅格。

b. 等轴测捕捉：设定成正等轴测捕捉方式。当捕捉类型设定为"栅格"并且打开"捕捉"模式时，光标将捕捉等轴测捕捉栅格。在等轴测捕捉模式下，可以通过"F5"和">"在三个轴测平面之间切换。

② PolarSnap：将捕捉类型设定为"PolarSnap"。如果启用了"捕捉"模式并在极轴追踪打开的情况下指定点，光标将沿在"极轴追踪"选项卡上相对于极轴追踪起点设置的

极轴对齐角度进行捕捉。

2. 启用栅格

打开或关闭栅格。也可以通过单击状态栏上的"栅格"、按 F7 键，或使用 GRID-MODE 系统变量，来打开或关闭栅格模式。

（1）栅格样式　在二维环境下设定栅格样式。也可以使用 GRIDSTYLE 系统变量设定栅格样式。

① 二维模型空间：将二维模型空间的栅格样式设定为点栅格。

② 块编辑器：将块编辑器的栅格样式设定为点栅格。

③ 图纸/布局：将图纸和布局的栅格样式设定为点栅格。

（2）栅格间距　控制栅格的显示，有助于直观显示距离。利用 LIMITS 命令和 GRIDDISPLAY 系统变量可控制栅格的界限。

① 栅格 X 轴间距：指定 x 方向上的栅格间距。如果该值为 0，则栅格采用"捕捉 X 轴间距"的数值集。

② 栅格 Y 轴间距：指定 y 方向上的栅格间距。如果该值为 0，则栅格采用"捕捉 Y 轴间距"的数值集。

③ 每条主线之间的栅格数：指定主栅格线相对于次栅格线的频率。将 GRIDSTYLE 设定为 0 时，将显示栅格线而不显示栅格点。

（3）栅格行为　控制将 GRIDSTYLE 设定为 0 时，所显示栅格线的外观。

① 自适应栅格：缩小时，限制栅格密度。放大时，生成更多间距更小的栅格线。主栅格线的频率决定这些栅格线的频率。

② 显示超出界线的栅格：显示超出 LIMITS 命令指定区域的栅格。

③ 遵循动态 UCS：更改栅格平面以跟随动态 UCS 的 XY 平面。

二、极轴追踪

利用极轴追踪可以在设定的极轴角度上根据提示精确移动光标。极轴追踪提供了一种拾取特殊角度上点的方法。

【命令】　DSETTINGS

也可以在状态栏中单击 ∠▢▾ 倒三角符号，在弹出的菜单中单击 对象捕捉设置… 进行设置。

"草图设置"对话框中的"极轴追踪"选项卡如图 3-6 所示。

该选项卡中包含了"启用极轴追踪"复选框，以及极轴角设置、对象捕捉追踪设置和极轴角测量单位三个区。

（1）启用极轴追踪　该复选框控制在绘图时是否使用极轴追踪。

（2）极轴角设置区

① 角增量：设置角度增量大小。缺省为 90°，即捕捉 90° 的整数倍角度：0°、90°、180°、270°。用户可以通过下拉列表选择其他的预设角度，也可以键入新的角度。绘图时，当光标移到设定的角度及其整数倍角度附近时，自动被"吸"过去并显示极轴和当前方位。

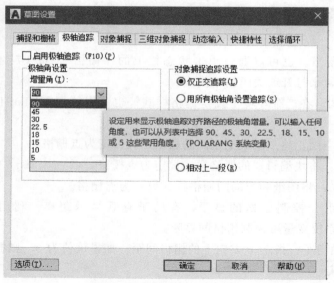

图 3-6 "极轴追踪"选项卡

② 附加角：该复选框设定是否启用附加角。附加角度是绝对的而非增量的。在启用极轴追踪状态中会捕捉角增量及其整数倍角度，并且会捕捉附加角设定的角度，但不一定捕捉附加角的倍数角度。如设定了角增量为 45°，附加角为 30°，则自动捕捉的角度为 0°、45°、90°、135°、180°、225°、270°、315°及 30°，不会捕捉 60°、120°、240°、300°。

③ 新建：新增一附加角。

④ 删除：删除一选定的附加角。

（3）对象捕捉追踪设置区

① 仅正交追踪：仅仅在对象捕捉追踪时采用正交方式。

② 用所有极轴角设置追踪：在对象捕捉追踪时采用所有极轴角。

（4）极轴角测量区

① 绝对：设置极轴角为绝对角度。在极轴显示时有明确的提示。

② 相对上一段：设置极轴角为相对上一段的角度。在极轴显示时有明确的提示。

三、对象捕捉

绘制的图形各组成元素之间一般不会是孤立的，而是互相关联的。一个图形中有一矩形和一个圆，该圆和矩形之间的相对位置必须确定。如果圆心在矩形的左上角顶点上，在绘制圆时，必须以矩形的该顶点为圆心来绘制，这里就应采用捕捉矩形顶点方式来精确定点。以此类推，几乎在所有的图形中，都会频繁涉及对象捕捉。

1. 对象捕捉模式

为不同的对象设置不同的捕捉模式。

【命令】 DSETTINGS

同样可以在状态栏中进行。"草图设置"对话框中的"对象捕捉"选项卡如图 3-7所示。

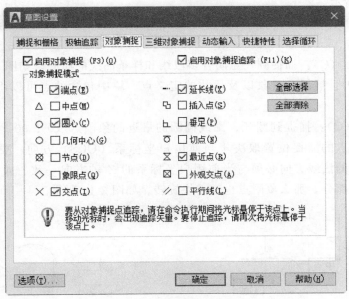

图 3-7　"对象捕捉"选项卡

"对象捕捉"选项卡中包含了"启用对象捕捉""启用对象捕捉追踪"两个复选框以及对象捕捉模式区。

（1）启用对象捕捉　控制是否启用对象捕捉。

（2）启用对象捕捉追踪　控制是否启用对象捕捉追踪。如图 3-8 所示，捕捉该正六边形的中心。可以打开对象捕捉追踪，然后在输入点的提示下，首先将光标移到直线 A 上，出现中点提示后，将光标移到端点 B 上，出现端点提示后，向左移到中心位置附近，出现提示，该点即是中心点。

（3）"对象捕捉模式"区的各项说明

① 端点（E）：捕捉直线、圆弧、多段线、填充直线、填充多边形等端点，拾取点靠近哪个端点，即捕捉该端点。如图 3-9 所示。

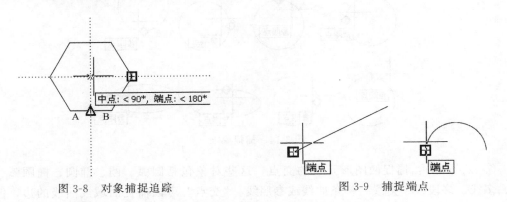

图 3-8　对象捕捉追踪　　　　　　图 3-9　捕捉端点

② 中点（M）：捕捉直线、圆弧、多段线的中点。对于参照线，"中点"将捕捉指定的第一点（根）。当选择样条曲线或椭圆弧时，"中点"将捕捉对象起点和端点之间的中

点，如图 3-10 所示。

③ 圆心（C）：捕捉圆、圆弧或椭圆弧的圆心，拾取圆、圆弧、椭圆弧而非圆心，如图 3-11 所示。

④ 几何中心（G）：捕捉到任意闭合多段线和样条曲线的质心。如图 3-12 所示。

⑤ 节点（D）：捕捉点对象以及尺寸的定义点。块中包含的点可以用作快速捕捉点。如图 3-13 所示。

⑥ 象限点（Q）：捕捉到圆弧、圆或椭圆的最近的象限点（0°、90°、180°、270°点）。圆和圆弧的象限点的捕捉位置取决于当前用户坐标系（UCS）方向。要显示"象限点"捕捉，圆或圆弧的法线方向必须与当前用户坐标系的 Z 轴方向一致。如果圆弧、圆或椭圆是旋转块的一部分，那么象限点也随着块旋转。如图 3-14 所示。

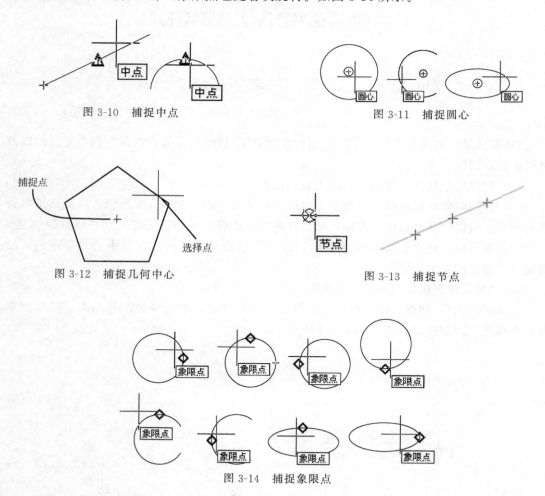

图 3-10　捕捉中点　　　　　　　　　图 3-11　捕捉圆心

图 3-12　捕捉几何中心　　　　　　　图 3-13　捕捉节点

图 3-14　捕捉象限点

⑦ 交点（I）：捕捉两图形元素的交点，这些对象包括圆弧、圆、椭圆、椭圆弧、直线、多线、多段线、射线、样条曲线或参照线。"交点"可以捕捉面域或曲线的边，但不能捕捉三维实体的边或角点。块中直线的交点同样可以捕捉，如果块以一致的比例进行缩放，可以捕捉块中圆弧或圆的交点。如图 3-15 所示。

⑧ 延长线（X）：即延伸，当光标经过对象的端点时，显示临时延长线或圆弧，以

便用户在延长线或圆弧上指定点。与"交点"或"外观交点"一起使用"延伸"，可获得延伸交点。要使用"延伸"，在直线或圆弧端点上暂停后将显示小的加号（＋），表示直线或圆弧已经选定，可以用延伸。沿着延伸路径移动光标将显示一个临时延伸路径。如果"交点"或"外观交点"处于"开"状态，就可以找出直线或圆弧与其他对象的交点。如图 3-16 所示。

⑨ 插入点（S）：捕捉块、文字、属性、形、属性定义等插入点。如果选择块中的属性，AutoCAD 将捕捉属性的插入点而不是块的插入点。因此，如果一个块完全由属性组成，只有当其插入点与某个属性的插入点一致时才能捕捉到其插入点。

图 3-15　捕捉交点　　　　　　图 3-16　捕捉延长线

⑩ 垂足（P）："垂足"可以捕捉到与圆弧、圆、参照、椭圆弧、直线、多线、多段线、射线、实体或样条曲线正交的点，也可以捕捉到对象的外观延伸垂足，所以最后结果是垂足未必在所选的对象上。当用"垂足"指定第一点时，AutoCAD 将提示指定对象上的一点。当用"垂足"指定第二点时，AutoCAD 将捕捉刚刚指定的点以创建对象或对象外观延伸的一条垂线。对于样条曲线，"垂足"将捕捉指定点的法线矢量所通过的点。法线矢量将捕捉样条曲线上的切点。如果指定点在样条曲线上，则"垂足"将捕捉该点。在某些情况下，垂足对象捕捉点不太明显，甚至可能会没有垂足对象捕捉点存在。如果"垂足"需要多个点以创建垂直关系，AutoCAD 显示一个递延的垂足自动捕捉标记和工具栏提示，并且提示输入第二点。如图 3-17 绘制一直线同时垂直于直线和圆，在输入点的提示下，采用"垂足"响应。

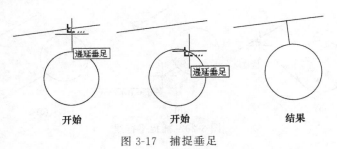

开始　　　　　　　开始　　　　　　　结果

图 3-17　捕捉垂足

⑪ 切点（N）：捕捉与圆、圆弧、椭圆相切的点。如采用 TTT、TTR 方式绘制圆时，必须和已知的直线或圆、圆弧相切。如绘制一直线和圆相切，则该直线的上一个端点和切点之间的连线保证和圆相切。对于块中的圆弧和圆，如果块以一致的比例进行缩放并且对象的厚度方向与当前 UCS 平行，就可以使用切点捕捉。对于样条曲线和椭圆，指定的另一个点必须与捕捉点处于同一平面。如果"切点"对象捕捉需要多个点建立相切的关系，

AutoCAD 显示一个递延的自动捕捉"切点"创建两点或三点圆。如图 3-18 绘制一直线垂直于直线并和圆相切。

⑫ 最近点（R）：捕捉该对象上和拾取点最靠近的点，如图 3-19 所示。

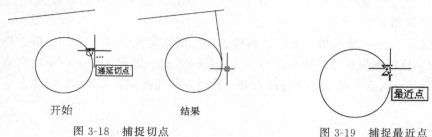

图 3-18 捕捉切点　　　　　　　　　　图 3-19 捕捉最近点

⑬ 外观交点（A）：和交点类似的设定。捕捉空间两个对象的视图交点，注意在屏幕上看上去"相交"，如果第三个坐标不同，这两个对象并不真正相交。采用"交点"模式无法捕捉该"交点"。如果要捕捉该点，应该设定成"外观交点"。

⑭ 平行线（L）：绘制直线段时应用"平行线"捕捉。要想应用单点对象捕捉，请先指定直线的"起点"，选择"平行"对象捕捉（或将"平行"对象捕捉设置为执行对象捕捉），然后移动光标到想与之平行的对象上，随后将显示小的平行线符号，表示此对象已经选定。再移动光标，在最近与选定对象平行时自动"跳到"平行的位置。该平行对齐路径以对象和命令的起点为基点。可以与"交点"或"外观交点"对象捕捉一起使用"平行"捕捉，从而找出平行线与其他对象的交点。

【实例】

从圆上一点开始，绘制直线的平行线。

在提示输入下一点时，将光标移到直线上，如图 3-20（a）所示。然后将光标移到与直线平行的方向附近，此时会自动出现一"平行"提示，如图 3-20（b）所示。点取绘制该平行线，结果如图 3-20（c）所示。

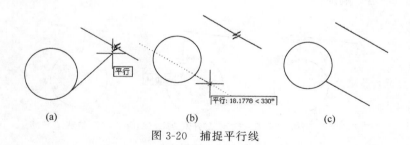

图 3-20 捕捉平行线

2. 设置对象捕捉的方法

设定对象捕捉有以下几种方法。

① 快捷菜单：在绘图区，通过 Shift＋鼠标右键执行。如图 3-21 所示。

② 键盘输入包含前三个字母的词。如在提示输入点时输入"mid"，此时会用中点捕捉模式覆盖其他对象捕捉模式，同时可以用诸如"end，per，qua""qui，end"的方式输

入多个对象捕捉模式。

③ 通过"对象捕捉"选项卡来设置，如图 3-7 所示。

3. 对象捕捉和极轴追踪的参数设置

在图形比较密集时，即使采用对象捕捉，也可能由于图线较多而出现误选现象。所以应该设置合适的靶框。同样，用户也可以设置在自动捕捉时提示标记或在极轴追踪时是否显示追踪向量等。设置捕捉参数可以满足用户的需要。

【命令】　OPTIONS

【快捷菜单】　在命令行或绘图区中单击鼠标右键，在快捷菜单中选择"选项"。

执行"选项"命令以后，在弹出的"选项"对话框中点选"绘图"选项卡，可以设置对象捕捉参数和极轴追踪参数，如图 3-22 所示。该选项卡中包含如下选项。

图 3-21　对象捕捉快捷菜单

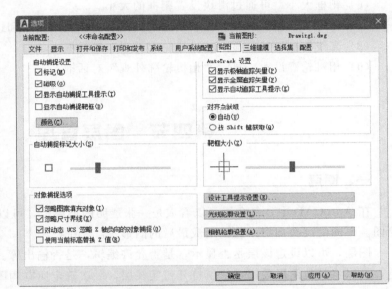

图 3-22　"绘图"选项卡

（1）自动捕捉设置

① 标记：设置是否显示自动捕捉标记，不同的捕捉点，标记不同。

② 磁吸：设置是否将光标自动锁定在最近的捕捉点上。

③ 显示自动捕捉工具提示：控制是否显示捕捉点类型提示。

④ 显示自动捕捉靶框：控制是否显示自动捕捉靶框。

⑤ 颜色：设置自动捕捉标记颜色。

（2）自动捕捉标记大小　通过滑块设置自动捕捉标记大小。向右移动增大，向左移动减小。

（3）对象捕捉选项　设置执行对象捕捉模式。

① 忽略图案填充对象：指定对象捕捉的选项。

② 忽略尺寸界线：指定是否可以捕捉到尺寸界线。

③ 对动态 UCS 忽略 Z 轴负向的对象捕捉：指定使用动态 UCS 期间对象捕捉忽略具有负 z 值的几何体。

④ 使用当前标高替换 Z 值：指定对象捕捉忽略对象捕捉位置的 z 值，并使用为当前 UCS 设置的标高的 z 值。

（4）AutoTrack 设置　控制与 AutoTrack™ 行为相关的设置，此设置在启用极轴追踪或对象捕捉追踪时可用。

① 显示极轴追踪矢量：控制是否显示极轴追踪矢量。

② 显示全屏追踪矢量：控制是否显示全屏追踪矢量，该矢量显示的是一条参照线。

③ 显示自动追踪工具提示：控制是否显示自动追踪工具栏提示。

（5）对齐点获取

① 自动：对齐点自动获取。

② 用 Shift 键获取：对齐点必须通过按 Shift 键才能获取。

（6）靶框大小　可通过滑块设置靶框的大小。

（7）设计工具提示设置　控制绘图工具提示的颜色、大小和透明度。

（8）光线轮廓设置　显示"光线轮廓外观"对话框。

（9）相机轮廓设置　显示"相机轮廓外观"对话框。

第四节　图层管理

一、图层

在 AutoCAD 中，每个层可以看成是一张透明的玻璃板，可以在不同的"玻璃板"上绘图。不同的层叠加在一起，形成最后的图形。

图层，可以设定该层是否显示，是否允许编辑，是否输出等。例如要改变粗实线的颜色，可以将其他图层关闭，仅仅打开粗实线层，一次选定所有的图线进行修改。这样做显然比在大量的图线中去将粗实线挑选出来轻松得多。在图层中可以设定每层的颜色、线型、线宽。只要图线的相关特性设定成"随层"，图线都将具有所属层的特性。所以用图层来管理图形是十分有效的。

【命令】　LAYER

【工具钮】

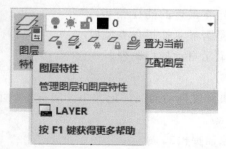

执行图层命令后，弹出图 3-23 所示的"图层特性管理器"对话框。该对话框显示图形中的图层的列表及其特性。可以添加、删除和重命名图层，更改图层特性，设置布局视口的特性，替代或添加图层说明并实时应用这些更改。无需单击"确定"或"应用"即可查看特性更改。图层过滤器控制将在列表中显示的图层，也可以用于同时更改多个图层。

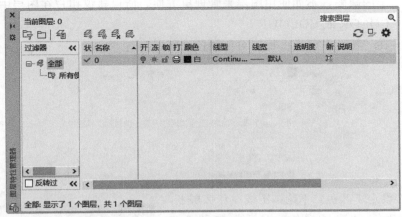

图 3-23　"图层特性管理器"对话框

（1）过滤器　显示"图层过滤器特性"对话框，从中可以根据图层的一个或多个特性创建图层过滤器。

（2）图层状态管理器

① 新建图层 　：创建新图层。列表将显示名为 LAYER1 的图层。该名称处于选定状态，因此可以立即输入新图层名。新图层将继承图层列表中当前选定图层的特性（颜色、开或关状态等）。新图层将在最新选择的图层下进行创建。

② 所有视口中已冻结的新图层视口 　：创建新图层，然后在所有现有布局视口中将其冻结。可以在"模型"选项卡或布局选项卡上访问此按钮。

③ 删除图层 　：删除选定图层。只能删除未被参照的图层。参照的图层包括图层 0 和 DEFPOINTS、包含对象（包括块定义中的对象）的图层、当前图层以及依赖外部参照的图层。局部打开图形中的图层也被视为已参照并且不能删除。

④ 置为当前 　：将选定图层设定为当前图层。将在当前图层上绘制创建的对象。

（3）列表显示区　在图 3-24 所示的列表显示区，显示可以修改图层的名称。通过点击可以控制图层的开/关、冻结/解冻、锁定/解锁。点取颜色、线型、线宽后，将自动弹出相应的"颜色选择"对话框、"线型管理"对话框、"线宽设置"对话框。其中关闭图层和冻结图层，都可以使该层上的图线隐藏，不被输出和编辑，它们的区别在于冻结图层后，图形在重生成（REGEN）时不计算，而关闭图层时，图形在重生成时要计算。

图 3-24　图层列表显示区

二、颜色

颜色的合理使用，可以充分体现设计效果，而且有利于图形的管理。如在选择对象时，可以通过过滤选中某种颜色的图线。

设定图线的颜色有两种思路：直接指定颜色和设定颜色成"随层"或"随块"。直接指定颜色有一定的缺陷，不如使用图层来管理更方便，所以建议用户在图层中管理颜色。

【命令】 COLOR 或 COLOUR

【按钮】 在"特性"面板中设置对象颜色"随层"

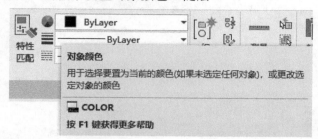

如果直接设定了颜色，不论该图线在什么层上，都不会改变颜色。"选择颜色"对话框如图 3-25 所示。

选择颜色不仅可以直接在对应的颜色小方块上点取或双击，也可以在颜色文本框中键入英文单词或颜色的编号，在随后的小方块中会显示相应的颜色。另外可以设定成"随层"或"随块"。

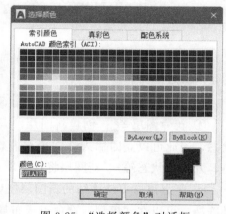

图 3-25 "选择颜色"对话框

三、线宽

不同的图形有不同的宽度要求，并且代表不同的含义。

【命令】 LINEWEIGHT 或 LWEIGHT

【按钮】 在"特性"面板中设置对象线宽"随层"

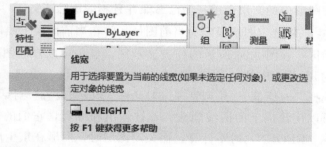

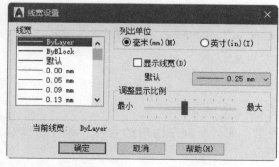

图 3-26 "线宽设置"对话框

单击线宽"ByLayer"后面的▼，在出现的面板上单击**线宽设置...**，弹出图 3-26 所示的"线宽设置"对话框。

该对话框包括以下内容。

（1）线宽　通过滑块上下移动选择不同的线宽。

（2）列出单位　选择线宽单位为"毫米"或"英寸"。

（3）显示线宽　控制是否显示线宽。

（4）默认　设定默认线宽的大小。

（5）调整显示比例　调整线宽显示比例。

（6）当前线宽　提示当前线宽设定值。

四、线型

线型是图样表达的关键要素之一，不同的线型表达了不同的含义。如在建筑结构图中，粗实线通常表示钢筋，虚线表示不可见轮廓线，点划线表示中心线、轴线、对称线等。所以，不同的元素应该采用不同的图线来绘制。

有些绘图机上可以设置不同的线型，但一方面由于通过硬件设置比较麻烦，而且不灵活；另一方面，在屏幕上也需要直观显示出不同的线型。所以目前对线型的控制，基本上都由软件来完成。

常用线型是预先设计好储存在线型库中的，只需加载即可。

【命令】　LTYPE 或 LINETYPE

【按钮】　在"特性"面板中设置对象线型"随层"

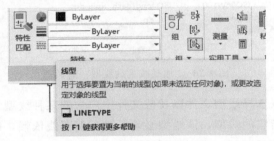

单击线型"ByLayer"后面的▼，在出现的面板上单击**其他...**，弹出图 3-27 所示的"线型管理器"对话框。

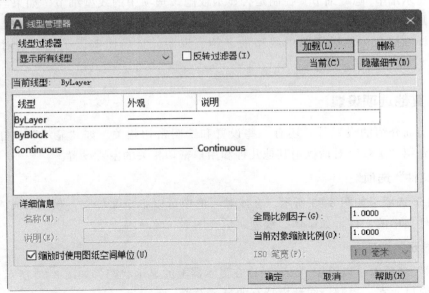

图 3-27　"线型管理器"对话框

该对话框中列表显示了目前已加载的线型，包括线型名称、外观和说明。另外还有线型过滤器区，加载、删除、当前及显示细节按钮。详细信息区是否显示可通过显示细节或隐藏细节按钮来控制。

（1）线型过滤器

① 下拉列表框：过滤出列表显示的线型。

② 反向过滤器：按照过滤条件反向过滤线型。

（2）加载　加载或重载指定的线型。弹出图 3-28 所示的"加载或重载线型"对话框。

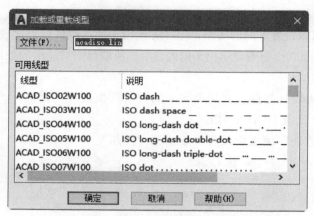

图 3-28　"加载或重载线型"对话框

在该对话框中可以选择线型文件以及该文件中包含的某种线型。

（3）删除　删除指定的线型，该线型必须不被任何图线依赖，即图样中没有使用该种线型。实线（CONYINUOUS）线型不可被删除。

（4）当前　将指定的线型设置成当前线型。

（5）显示细节/隐藏细节　控制是否显示或隐藏选项中的线型细节。如果当前没有显示细节，则为"显示细节"按钮，否则为"隐藏细节"按钮。

（6）详细信息　包括了选中线型的名称、说明、全局比例因子、当前对象缩放比例等。

五、其他选项设置

除了前面介绍的设置外，还有一些设置和绘图密切相关。如"显示""打开/保存"等。下面介绍"选项"对话框中其他几种和用户密切相关的主要设置。

1."文件"选项

"文件"选项卡如图 3-29 所示。在该对话框中可以指定文件夹，供 AutoCAD 搜索不在缺省文件夹中的文件，如字体、线型、填充图案、菜单等。

2."显示"选项

"显示"选项卡可以设定 AutoCAD 在显示器上的显示状态。如图 3-30 所示。

（1）窗口元素　控制绘图环境特有的显示设置。

① 颜色主题：以深色或亮色控制元素（例如状态栏、标题栏、功能区和应用程序菜

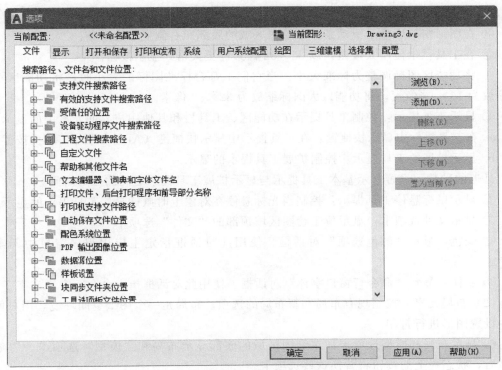

图 3-29　"文件"选项卡

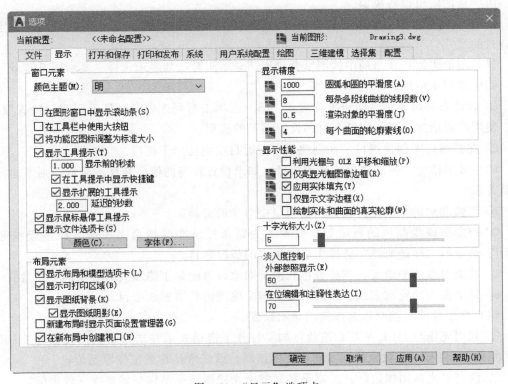

图 3-30　"显示"选项卡

单边框）的颜色设置。

② 在图形窗口中显示滚动条：在绘图区域的底部和右侧显示滚动条。

③ 在工具栏中使用大按钮：以 32×32 像素的更大格式显示按钮。

④ 将功能区图标调整为标准大小：当它们不符合标准图标的大小时，将功能区小图标缩放为 16×16 像素，将功能区大图标缩放为 32×32 像素。

⑤ 显示工具提示：控制工具提示在功能区、工具栏和其他用户界面元素中的显示。

a. 在工具提示中显示快捷键：在工具提示中显示快捷键（Alt＋按键、Ctrl＋按键）。

b. 显示扩展的工具提示：控制扩展工具提示的显示。

延迟的秒数：设置显示基本工具提示与显示扩展工具提示之间的延迟时间。

⑥ 显示鼠标悬停工具提示：控制当光标悬停在对象上时鼠标悬停工具提示的显示。

⑦ 显示文件选项卡：显示位于绘图区域顶部的"文件"选项卡。

⑧ 颜色：显示"颜色选项"对话框。使用此对话框指定主应用程序窗口中元素的颜色。

⑨ 字体：显示"命令行窗口字体"对话框。使用此对话框指定命令行窗口文字字体。

（2）布局元素　控制现有布局和新布局的选项。布局是一个图纸空间环境，用户可在其中设置图形进行打印。

① 显示布局和模型选项卡：在绘图区域的底部显示布局和"模型"选项卡。清除该选项后，状态栏上的按钮将替换这些选项卡。

② 显示可打印区域：显示布局中的可打印区域。可打印区域是指虚线内的区域，其大小由所选的输出设备决定。

③ 显示图纸背景：显示布局中指定的图纸尺寸的表示。图纸尺寸和打印比例确定图纸背景的尺寸。

显示图纸阴影：在布局中的图纸背景周围显示阴影。如果未选择"显示图纸背景"选项，则该选项不可用。

④ 新建布局时显示页面设置管理器：第一次单击布局选项卡时显示页面设置管理器。可以使用此对话框设置与图纸和打印设置相关的选项。

⑤ 在新布局中创建视口：在创建新布局时自动创建单个视口。

（3）显示精度　控制对象的显示质量。如果设置较高的值提高显示质量，则性能将受到显著影响。

① 圆弧和圆的平滑度：设置当前视口中对象的分辨率。

② 每条多段线曲线的线段数：设置要为每条样条曲线拟合多段线（此多段线通过 PEDIT 命令的"样条曲线"选项生成）生成的线段数目。

③ 渲染对象的平滑度：调整着色和渲染对象以及删除了隐藏线的对象的平滑度。

④ 每个曲面的轮廓素线：指定对象上每个曲面的轮廓素线数目。

（4）显示性能　控制影响性能的显示设置。

① 利用光栅与 OLE 平移和缩放：如果打开了拖动显示并选择"利用光栅与 OLE 平移和缩放"，将有一个对象的副本随着光标移动，就好像是在重定位原始位置。

② 仅亮显光栅图像边框：控制是亮显整个光栅图像还是仅亮显光栅图像边框。

③ 应用实体填充：指定是否填充图案、二维实体以及具有指定线宽的多段线。

④ 仅显示文字边框：控制文字的显示方式。

⑤ 绘制实体和曲面的真实轮廓：控制三维实体对象轮廓边在二维线框或三维线框视觉样式中的显示。

（5）十字光标大小　按屏幕大小的百分比确定十字光标的大小。

（6）淡入度控制　控制 DWG 外部参照和参照编辑的淡入度的值。

① 外部参照显示：控制所有 DWG 外部参照对象的淡入度。此选项仅影响屏幕上的显示，不影响打印或打印预览。

② 在位编辑和注释性表达：在位参照编辑的过程中指定对象的淡入度值。未被编辑的对象将以较低强度显示。通过在位编辑参照，可以编辑当前图形中的块参照或外部参照。有效值范围为 0～90%。

3. "打开和保存" 选项

"打开和保存" 选项卡控制了打开和保存的一些设置，如图 3-31 所示。

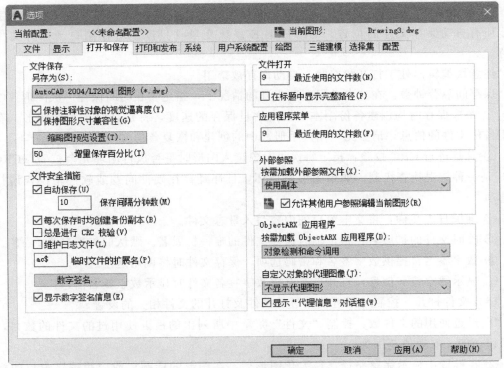

图 3-31　"打开和保存" 选项卡

（1）文件保存　控制保存文件的相关设置。

① 另存为：显示使用 SAVE、SAVEAS、QSAVE、SHAREWITHSEEK 和 WBLOCK 保存文件时所用的有效文件格式。为此选项选定的文件格式将成为保存图形的默认格式。

注意 AutoCAD 2004 是 AutoCAD 2004—2006 版本使用的图形文件格式。AutoCAD 2007 是 AutoCAD 2007—2009 版本使用的文件格式。AutoCAD 2010 是 AutoCAD 2010—2012 版本使用的文件格式。AutoCAD 2013 是 AutoCAD 2013—2017 版本使用的文件格

式。AutoCAD 2018 是 AutoCAD 2018—2022 版本使用的文件格式。

② 保持注释性对象的视觉逼真度：控制保存图形时是否保存其视觉逼真度。

注释性对象可能有多种比例图示。注释性对象已分解，并且比例图示已保存到单独图层中，这些单独图层基于原始图层命名并附加一个编号。

③ 保持图形尺寸兼容性：控制打开和保存图形时支持的最大对象大小限制。

④ 缩略图预览设置：显示"缩略图预览设置"对话框，此对话框控制保存图形时是否更新缩略图预览。

⑤ 增量保存百分比：设置图形文件中潜在浪费空间的百分比。完全保存将消除浪费的空间。增量保存较快，但会增加图形的大小。如果将"增量保存百分比"设定为 0，则每次保存都是完全保存。要优化性能，可将此值设定为 50。如果硬盘空间不足，请将此值设定为 25。如果将此值设定为 20 或更小，SAVE 和 SAVEAS 命令的执行速度将明显变慢。

（2）文件安全措施　帮助避免数据丢失以及检测错误。

① 自动保存：以指定的时间间隔自动保存图形。可以用 SAVEFILEPATH 系统变量指定所有自动保存文件的位置。SAVEFILE 系统变量（只读）可存储自动保存文件的名称。

注意块编辑器处于打开状态时，自动保存被禁用。

保存间隔分钟数：在"自动保存"为开的情况下，指定多长时间保存一次图形。

② 每次保存时均创建备份副本：提高增量保存的速度，特别是对于大型图形。有关使用备份文件的信息，请参见《用户手册》中的创建和恢复备份文件。

③ 总是进行 CRC 校验：指定每次将对象读入图形时是否执行循环冗余校验（CRC）。CRC 是一种错误检查机制。如果图形被损坏，且怀疑存在硬件问题或软件错误，请打开此选项。

④ 维护日志文件：将文本窗口的内容写入日志文件。

⑤ 临时文件的扩展名：指定临时保存文件的唯一扩展名。默认的扩展名为 .ac$。

⑥ 数字签名：提供数字签名和密码选项，保存文件时将调用这些选项。

⑦ 显示数字签名信息：打开带有有效数字签名文件时显示数字签名信息。

（3）文件打开　控制与最近使用过的文件及打开的文件相关的设置。

① 最近使用的文件数：控制"文件"菜单中所列出的最近使用过的文件的数目，以便快速访问。有效值范围为 0～9。

② 在标题中显示完整路径：最大化图形后，在图形的标题栏或应用程序窗口的标题栏中显示活动图形的完整路径。

（4）应用程序菜单

最近使用的文件数：控制应用程序菜单的"最近使用的文档"快捷菜单中所列出的最近使用过的文件数。有效值为 0～50。

（5）外部参照　控制与编辑和加载外部参照有关的设置。

① 按需加载外部参照文件：打开或关闭外部参照的按需加载功能，并控制是打开参照的图形还是打开副本。

a. 禁用：关闭按需加载。

b. 启用：打开按需加载来提高性能。处理包含空间索引或图层索引的剪裁外部参照时，选择"启用"设置可加速加载过程。如果选择此选项，则当文件被参照时，其他用户不能编辑该文件。

c. 使用副本：打开按需加载，但仅使用参照图形的副本。其他用户可以编辑原始图形。

② 允许其他用户参照编辑当前图形：控制当前图形被其他图形参照时是否可以在位编辑。

（6）ObjectARX 应用程序　控制"AutoCAD 实时扩展"应用程序及代理图形的有关设置。

① 按需加载 ObjectARX 应用程序：指定是否以及何时按需加载某些应用程序。

a. 关闭按需加载：关闭按需加载。

b. 自定义对象检测：在打开包含自定义对象的图形时按需加载源应用程序。在调用该应用程序的某个命令时，此设置并不按需加载该应用程序。

c. 命令调用：在调用源应用程序的某个命令时按需加载该应用程序。在打开包含自定义对象的图形时，此设置并不按需加载该应用程序。

d. 对象检测和命令调用：在打开包含自定义对象的图形或调用源应用程序的某个命令时，按需加载该应用程序。

② 自定义对象的代理图像：控制代理对象在图形中的显示。

③ 显示"代理信息"对话框：创建代理时显示通知。

4."系统"选项

"系统"选项卡可以控制系统设置。设置诸如是否"允许长符号名"、是否在"用户输入内容出错时进行声音提示"、是否"在图形文件中保存链接索引"，指定当前系统定点设备等，如图 3-32 所示。

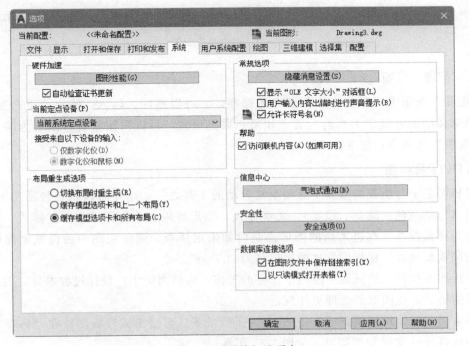

图 3-32　"系统"选项卡

5. "用户系统配置"选项

在"用户系统配置"选项卡中可以实现控制优化工作方式的选项。设置按键格式、坐标输入的优先次序、对象排序方式、设置线宽等。如图 3-33 所示。

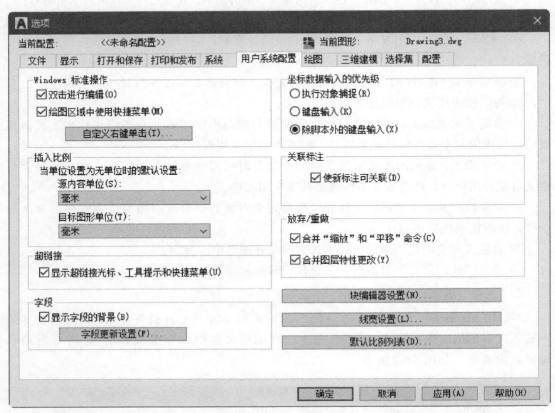

图 3-33　用户系统配置

6. "配置"选项

"配置"选项卡可以将当前配置命名保存，并可以删除、输入、输出、重命名配置，可以将选择的配置设定为当前配置。如果想取消设置，可以采用重置，恢复为缺省的配置。"配置"选项卡如图 3-34 所示。

7. DWT 样板图

样板图是十分重要的减少不必要重复劳动的工具之一。用户可以将各种常用的设置，如图层（包括颜色、线型、线宽）、文字样式、图形界限、单位、尺寸标注样式、输出布局等作为样板保存。在进入新的图形绘制时如采用样板，则样板图中的设置全部可以使用，无须重新设置，样板图文件的扩展名为".dwt"。

样板图不仅极大地减轻了绘图中重复的工作，将精力集中在设计过程本身，而且统一了图纸的格式，使图形的管理更加规范。

通常情况下，样板图存放于 Template 子目录下。要输出成样板图，在"另存为"对话框中选择 dwt 文件类型即可，如图 3-35 所示。

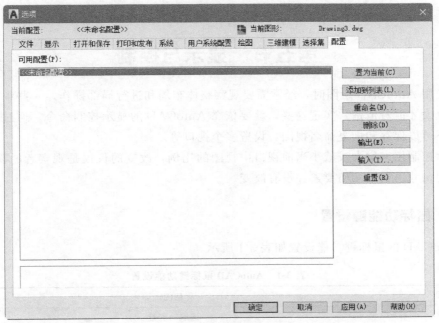

图 3-34 "配置"选项卡

图 3-35 另存为样板图文件

第五节 显示与控制

在使用 AutoCAD 绘图时,经常需要观察整体布局和进行局部操作,一些细微部分常常需要放大才能看清楚。实现这些,就要依靠 AutoCAD 的显示控制命令。通过显示控制命令,还可以保存和恢复命名视图,设置多个视口等。

显示控制用来增大或减小当前视口中视图的比例,改变的仅仅是观察者的视觉效果,而图形的尺寸、空间几何要素并没有改变。

一、鼠标功能键设置

AutoCAD 的鼠标键功能设置如表 3-1 所示。

表 3-1　AutoCAD 鼠标键功能设置

鼠标键	功能	
左键	选取功能键	
右键	打开快捷菜单	
中间键/中间滚轮	旋转轮子向前或向后①	即时放大或缩小①
	压着不放和拖曳	即时平移
	双击	缩放成实际范围
	Shift+压着不放和拖曳	作垂直或水平的平移
	Ctrl+压着不放和拖曳	摇杆式即时平移
	Mbuttonpan=0,按一下轮子	对象捕捉快捷菜单
Shift+右键	对象捕捉快捷菜单	

①三键式鼠标无此功能。

二、实时平移

【命令】 PAN

【工具钮】

平移
沿屏幕方向平移视图。

实时平移可以在不改变图形缩放比例的情况下,在屏幕上观察图形的不同内容,相当于移动图纸。在屏幕上单击鼠标的右键,在随位菜单中单击 🖑 **平移(A)** 或在命令行中输入 PAN 命令,光标变成一只手🖑的形状,按住鼠标左键移动,可以使图形一起移动。或者按住鼠标中间滚轮也可以实现实时平移操作。屏幕图像由于是即时平移,AutoCAD 记录的画面很多,所以随后显示上一个命令意义不大。如退出,则再次单击右键,单击 退出 即可。

【技巧】

① 在用 AutoCAD 绘制大型、复杂的图时，可不断用该命令移动视窗，以便观察和作图。

② PAN 命令是一透明命令，可在执行其他命令的过程中随时启动。

三、图形缩放

【命令】 ZOOM

【工具钮】

范围缩放

缩放以显示所有对象的最大范围。

【命令及提示】

命令：_zoom

指定窗口角点，输入比例因子(nX 或 nXP)，或 [全部(A)/中心点(C)/动态(D)/范围(E)/上一个(P)/比例(S)/窗口(W)]<实时>：

【参数说明】

① 指定窗口角点：通过定义一窗口来确定放大范围，在视口中点取一点即确定该窗口的一个角点，随即提示输入另一个角点。执行结果同窗口参数。对应菜单：视图→缩放→窗口。

② 输入比例因子（nX 或 nXP）：按照一定的比例来进行缩放。大于 1 为放大，小于 1 为缩小。X 指相对于模型空间缩放，XP 指相对于图纸空间缩放。对应菜单：视图→缩放→比例。

③ 全部（A）：在当前视口中显示整个图形，其范围取决于图形所占范围和绘制界限中较大的一个。对应菜单：视图→缩放→全部。

④ 中心点（C）：指定一中心点，将该点作为视口中图形显示的中心。在随后的提示中，要求指定中心点和缩放系数及高度，系统根据给定的缩放系数（nX）或欲显示的高度进行缩放。如果不想改变中心点，在中心点提示后直接回车即可。对应菜单：视图→缩放→中心点。

⑤ 动态（D）：动态显示图形。该选项集成了平移命令和显示缩放命令中的"全部"和"窗口"功能。当使用该选项时，系统显示一平移观察框，可以拖动它到适当的位置并单击，此时出现一向右的箭头，可以调整观察框的大小。如果再单击鼠标左键，可以移动观察框。如果回车或单击鼠标右键，在当前窗口中将显示观察框中的部分内容。对应菜单：视图→缩放→动态。

⑥ 范围（E）：将图形在当前视口中最大限度地显示。对应菜单：视图→缩放→范围。

⑦ 上一个（P）：恢复上一个视口内显示的图形，最多可以恢复 10 个图形显示。对应菜单：视图→缩放→上一个。

⑧ 比例（S）：根据输入的比例显示图形，对模型空间，比例系数后加一（X），对于图纸空间，比例后加上（XP）。显示的中心为当前视口中图形的显示中心。对应菜单：视

图→缩放→比例。

⑨ 窗口（W）：缩放由两点定义的窗口范围内的图形到整个视口范围。对应菜单：视图→缩放→窗口。

⑩ 实时：在提示后直接回车，进入实时缩放状态。按住鼠标向上或向左为放大图形显示，按住鼠标向下或向右为缩小图形显示。对应菜单：视图→缩放→实时。

【技巧】

① 如果圆曲线在图形放大后成折线，这时可用 REGEN 命令重生成图形。

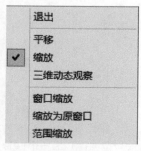

图 3-36 弹出式菜单

② 该命令为透明命令，可在其他命令的执行过程中执行。为图形的绘制和编辑带来方便。

③ 在 ZOOM 命令提示下，直接输入比例系数则以比例方式缩放；如果直接用定标设备在屏幕上拾取两对角点，则以窗口方式缩放。

④ 在启用"实时"选项后，单击鼠标右键可出现弹出式菜单，如图 3-36 所示，可以从该菜单项中对图形进行缩放和平移以及退出实时状态，回到原始状态。

【实例】

用 ZOOM 命令将如图 3-37 所示的图形缩小为当前视窗的 1/2，然后使它全屏显示，最后让它满幅显示。

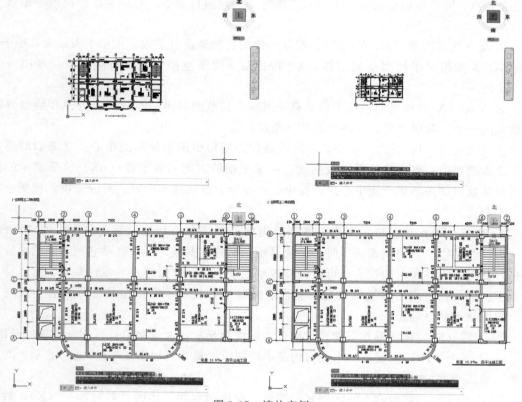

图 3-37 缩放实例

操作过程如下。

命令:_zoom

指定窗口角点,输入比例因子(nX 或 nXP),或[全部(A)/中心点(C)/动态(D)/范围(E)/上一个(P)/比例(S)/窗口(W)]<实时>:0.5x

命令:ZOOM

指定窗口角点,输入比例因子(nX 或 nXP),或[全部(A)/中心点(C)/动态(D)/范围(E)/上一个(P)/比例(S)/窗口(W)]<实时>:e

命令:ZOOM

指定窗口角点,输入比例因子(nX 或 nXP),或[全部(A)/中心点(C)/动态(D)/范围(E)/上一个(P)/比例(S)/窗口(W)]<实时>:a

四、图形重现

在绘图过程中,有时会在屏幕上留下一些"橡皮屑"。为了去除这些"橡皮屑",更有利于我们绘制和观察图形,可以执行图形重现(重画)。

【命令】 REDRAW 或 REDRAWALL

REDRAW 命令只对当前视窗中的图形起作用,重现以后可以消除残留在屏幕上的标记点痕迹,使图形变得清晰,如果屏幕上有好几个视窗,可用 REDRAWALL 命令对所有视窗中的图形进行重现显示。

打开或关闭图形中某一图层或者关闭栅格后,系统也将自动对图形刷新并重新显示。

五、重生成图形(包括全部重生成)

重生成同样可以刷新视口,它和重画的区别在于刷新的速度不同。重生成的速度较重画要慢。

【命令】 REGEN 或 REGENALL

AutoCAD 在可能的情况下会执行重画而不执行重生成来刷新视口。有些命令执行时会引起重生成,如果执行重画无法清除屏幕上的痕迹,也只能重生成。

REGEN 命令重新生成当前视口。REGENALL 命令对所有的视口都执行重生成。

六、显示图标、属性、文本窗口

如果想知道目前工作的坐标系统或不希望 UCS 图标影响图形观察,或者需要放大文本窗口观察历史命令及其提示以及查询命令的结果,或者希望不显示属性等,均可以通过显示控制命令来实现。

1. UCS 图标显示

显示命令可以控制 UCS 图标是否显示以及是显示在原点还是始终显示在绘图区的左下角。

【命令】 UCSICON

【命令及提示】

命令:_ucsicon

输入选项[开(ON)/关(OFF)/全部(A)/非原点(N)/原点(OR)/特性(P)]<开> :

【参数说明】

① 开（ON）：打开 UCS 图标的显示。

② 关（OFF）：不显示 UCS 图标。

③ 全部（A）：显示所有视口的 UCS 图标。

④ 非原点（N）：UCS 可以不在原点显示，显示在绘图区的左下角。

⑤ 原点（OR）：UCS 始终在原点显示。

⑥ 特性（P）：显示"UCS 图标"对话框，从中可以控制 UCS 图标的样式，可见性和位置。

【实例】

关闭和打开 UCS 图标。

操作过程如下。

命令:_ucsicon

输入选项[开(ON)/关(OFF)/全部(A)/非原点(N)/原点(OR)/特性(P)]<开> :off

命令:UCSICON

输入选项[开(ON)/关(OFF)/全部(A)/非原点(N)/原点(OR)/特性(P)]<开> :

结果如图 3-38 所示。

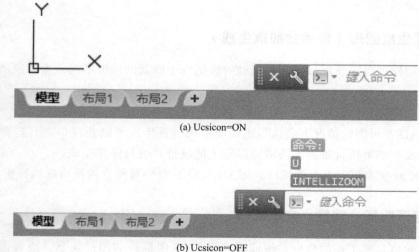

(a) Ucsicon=ON

(b) Ucsicon=OFF

图 3-38 "关闭"和"打开"USC 图标

2. 属性显示全局控制

【命令】 ATTDISP

【命令及提示】

命令:_attdisp

输入属性的可见性设置[普通(N)/开(ON)/关(OFF)]<普通>：
正在重生成模型

【参数说明】

① 普通（N）：保持每个属性的当前可见性，只显示可见属性。

② 开（ON）：使所有属性可见。

③ 关（OFF）：使所有属性不可见。

属性显示开关的效果如图 3-39 所示。

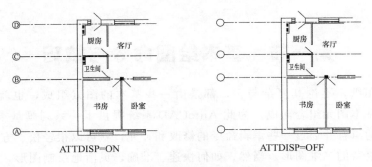

ATTDISP=ON　　　　　　　　ATTDISP=OFF

图 3-39　属性显示全局控制

3. 文本窗口控制

通过显示命令可以控制文本窗口打开的方式为带标题和菜单的放大文本窗口或缩小为命令行窗口。

【命令】　TEXTSCR

执行该命令后系统将弹出如图 3-40 所示的文本窗口。

虽然命令行窗口同样可以通过鼠标拖动移到屏幕中间，并且可以改变其大小超过缺省的文本窗口大小，但文本窗口带有编辑菜单，而命令行窗口不带该菜单。

文本窗口记录了打开图形后用户对图形进行的一切操作。

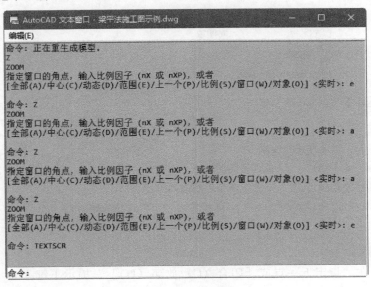

图 3-40　文本窗口

第四章

AutoCAD绘图

第一节　基本绘图命令与技巧

建筑结构图纸，不论其复杂与否，都是由一些基本的图素组成，也就是由一些点、线、圆、弧等基本图元组合而成。为此 AutoCAD 系统提供了一系列画基本图元的命令，利用这些命令的组合并通过一些编辑命令的修改和补充，就可以很轻松、方便地完成我们所需要的任何复杂的二维图形。当然，如何快速、准确、灵活地绘制图形，关键还在于是否熟练掌握并理解了绘图命令、编辑命令的使用方法和技巧。

一、绘制直线

用直线（line）命令可以创建一系列的连续直线段，每一条线段都可以独立于系列中的其他线段单独进行编辑。

【命令】　LINE（L）

【工具钮】

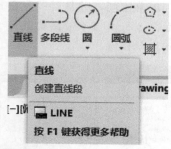

【命令及提示】

命令:_line
指定第一点:　　指定直线的起点
指定下一点或[放弃(U)]:　　指定直线的端点
指定下一点或[放弃(U)]:　　指定下一条直线的端点,形成折线
指定下一点或[闭合(C)/放弃(U)]:　　继续指定下一条直线的端点,直至回车、空格键或 Esc 键终止直线命令

【参数说明】

① 闭合：在"指定下一点或［闭合（C）/放弃（U）］:"提示下键入 c，则将刚才所画的折线封闭起来，形成一个封闭的多边形。

② 放弃：在"指定下一点或 [闭合（C）/放弃（U）]："提示下键入 u，则取消刚画的线段，退回到前一线段的终点。

【技巧】

① 如果绘制水平线或垂直线，可用"F8"快捷键或点取状态栏上的"正交"键切换到"正交开"状态，用鼠标点取线段的起点和端点，即可快速绘制水平线和垂直线。如要绘制斜线，再按"F8"一次，切换到"正交关"状态。

② 当直线的起点已确定时，直线的方向可由下一点确定，即起点与十字光标当前位置的连线方向为直线方向，这时可直接输入直线的长度，按回车确定。

【实例】

用直线命令绘制一个边长为 300×450 的长方形梁截面图，如图 4-1 所示。

操作过程如下。

图 4-1　绘制长方形实例

```
命令:_line
指定第一点:    输入 line 启用直线命令,指定 A 点
指定下一点或[放弃(U)]:< 正交开> 300    按 F8 切换到"正交开"状态,输入 300 确定 B 点
指定下一点或[放弃(U)]:450    在 x 轴正方向上输入 450 确定 C 点
指定下一点或[闭合(C)/放弃(U)]:300    在 y 轴负方向上输入 300 确定 D 点
指定下一点或[闭合(C)/放弃(U)]:c    输入 c 闭合该折线,退出直线命令
```

二、绘制构造线和射线

向一个或两个方向无限延伸的直线（分别称为射线和构造线），可用作创建其他对象的参照。

1. 绘制构造线

【命令】　XLINE（XL）

【工具钮】

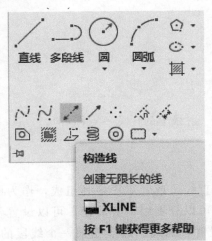

构造线可以放置在三维空间中的任意位置。可以使用多种方法指定它的方向。创建直线的默认方法是两点法：指定两点定义方向。第一个点（根）是构造线概念上的中点，即

通过"中点"对象捕捉捕捉到的点。

【命令及提示】

命令：_xline
指定点或[水平(H)/垂直(V)/角度(A)/二等分(B)/偏移(O)]：

【参数说明】

① 水平和垂直：创建一条经过指定点并且与当前 UCS 的 x 或 y 轴平行的构造线。

② 角度：用两种方法中的一种创建构造线。或者选择一条参考线，指定那条直线与构造线的角度，或者通过指定角度和构造线必经的点来创建与水平轴成指定角度的构造线。

③ 二等分：创建二等分指定角的构造线。指定用于创建角度的顶点和直线。

④ 偏移：创建平行于指定基线的构造线。指定偏移距离，选择基线，然后指明构造线位于基线的哪一侧。

2. 绘制射线

【命令】 RAY

【工具钮】

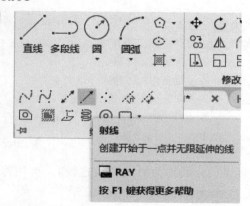

【命令及提示】

命令：_ray
指定起点：
指定通过点：
指定通过点：

【参数说明】

① 指定通过点：给出射线的起点。

② 指定通过点：给出射线的通过点（射线上的任意一点即可）。

三、绘制多段线

多段线由不同宽度的、首尾相连的直线段或圆弧段序列组成，作为单一对象使用。使用多线段可以一次编辑所有线段，也可以分别编辑各线段。可以设置各线段的宽度，使线段倾斜或闭合多段线。绘制弧线段时，弧线的起点是前一个线段的端点。可以指定圆弧的角度、圆心、方向或半径。通过指定第二点和一个端点也可以完成弧的绘制。多段线是一个整体。

【命令】　PLINE（PL）

【工具钮】

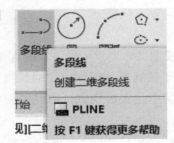

【命令及提示】

命令：_pline

指定起点：　　指定多段线的起点

当前线宽为 0.0000　　系统默认的当前线宽

指定下一个点或[圆弧(A)/半宽(H)/长度(L)/放弃(U)/宽度(W)]:a　　进入画圆弧状态

指定圆弧的端点或[角度(A)/圆心(CE)/方向(D)/半宽(H)/直线(L)/半径(R)/第二个点(S)/放弃(U)/宽度(W)]:　　指定圆弧的端点,亦可输入参数对圆弧进行控制

指定圆弧的端点或[角度(A)/圆心(CE)/闭合(CL)/方向(D)/半宽(H)/直线(L)/半径(R)/第二个点(S)/放弃(U)/宽度(W)]:　　可回车结束命令,亦可进入其他操作项

【参数说明】

①　圆弧：由直线转换为圆弧方式，绘制圆弧多段线，同时提示转换为绘制圆弧的系列参数。

　a. 端点：输入绘制圆弧的端点。

　b. 角度：输入绘制圆弧的角度。

　c. 圆心：输入绘制圆弧的圆心。

　d. 闭合：将多段线首尾相连封闭图形。

　e. 方向：确定圆弧的方向。

　f. 半宽：输入多段线一半的宽度。

　g. 直线：转换成直线绘制方式。

　h. 半径：输入圆弧的半径。

　i. 第二点：输入决定圆弧的第二点。

　j. 放弃：放弃最后绘制的一段圆弧。

　k. 宽度：输入多段线的宽度。

②　半宽：输入多段线一半的宽度。在绘制多段线过程中，每一段都可以重新设置半宽值。

③　长度：输入预绘制的直线的长度，其方向与前一直线相同或与前一圆弧相切。

④　放弃：放弃最后绘制的一段多段线。

⑤　宽度：输入多段线的宽度，要求设置起始线宽和终点线宽。

【技巧】

①　如要用多段线命令绘制空心线，可将系统变量 FILL 设置成 OFF；转换到绘制实心线则将其设置为 ON。

②　可以通过设置不同的起始线宽和终点线宽，来绘制图中常用的箭头符号或渐变线。

③ 在设定多段线线宽时，要考虑出图比例，建议多用颜色来区分线宽，这样打印输出时，无论比例大小，线型都不受影响。

【注意】

① 多段线用"分解"命令分解后将失去宽度意义，变成一段一段的直线或圆弧。

② 打印输出多段线时，如果多线的线宽大于该线所在图层设定的线宽，则以设定的多线线宽为准，不受图层限制；如果它小于图层中设定的线宽，则以图层中设定的线宽为准。

【实例】

绘制如图 4-2 所示箭头，AB 长 10，箭头 B 处宽为 2，C 处宽为 0，BC 长为 5。

| (a) | (b) |

图 4-2　多段线绘图实例

操作过程如下。

命令:_pline
指定起点:　　　指定 A 点
当前线宽为 0.0000
指定下一个点或 [圆弧(A)/半宽(H)/长度(L)/放弃(U)/宽度(W)]:10　　　输入 AB 长后回车
指定下一点或 [圆弧(A)/闭合(C)/半宽(H)/长度(L)/放弃(U)/宽度(W)]:w　　　输入线宽选项后回车
指定起点宽度<0.0000>:2　　输入 B 处线宽后回车
指定端点宽度<2.0000>:0　　输入 C 处线宽后回车
指定下一点或 [圆弧(A)/闭合(C)/半宽(H)/长度(L)/放弃(U)/宽度(W)]:5　　　输入 BC 长后回车
指定下一点或 [圆弧(A)/闭合(C)/半宽(H)/长度(L)/放弃(U)/宽度(W)]:　　　回车结束命令

四、绘制多线

多线可包含多条平行线，这些平行线称为元素。通过指定距多线初始位置的偏移量可以确定元素的位置。可以创建和保存多线样式或使用包含两个元素的默认样式。可以设置每个元素的颜色和线型，显示或隐藏多线的接头。所谓接头是那些出现在多线元素每个顶点处的线条。有多种类型的封口可用于多线。

1. 设置多线样式

【命令】 MLSTYLE

启用多线样式命令后，弹出"多线样式"对话框。显示当前的多线样式。如图 4-3 所示。

【选项及说明】

① 当前多线样式：显示当前多线样式的名

图 4-3　"多线样式"对话框

称，该样式将在后续创建的多线中用到。

② 样式：显示已加载到图形中的多线样式列表。多线样式列表可包括存在于外部参照图形（xref）中的多线样式。外部参照的多线样式名称使用与其他外部依赖非图形对象所使用语法相同。请参见《用户手册》中的参照图形（外部参照）概述。

③ 说明：显示选定多线样式的说明。

④ 预览：显示选定多线样式的名称和图像。

⑤ 置为当前：设置用于后续创建的多线的当前多线样式。注意不能将外部参照中的多线样式设定为当前样式。

⑥ 新建：显示"创建新的多线样式"对话框，从中可以创建新的多线样式。

⑦ 修改：显示"修改多线样式"对话框，如图 4-4 所示，从中可以修改选定的多线样式。注意不能编辑图形中正在使用的任何多线样式的元素和多线特性。要编辑现有多线样式，必须在使用该样式绘制任何多线之前进行。

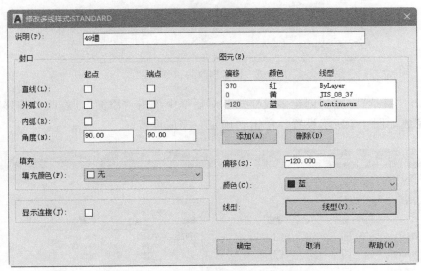

图 4-4 "修改多线样式"对话框

⑧ 重命名：重命名当前选定的多线样式。不能重命名 STANDARD 多线样式。

⑨ 删除：从"样式"列表中删除当前选定的多线样式。此操作并不会删除 MLN 文件中的样式。不能删除 STANDARD 多线样式、当前多线样式或正在使用的多线样式。

⑩ 加载：显示"加载多线样式"对话框，可以从多线线型库中调出多线。点取后弹出如图 4-5 所示的"加载多线样式"对话框。可以浏览文件，从中选择线型进行加载。

⑪ 保存：将多线样式保存或复制到多线库（MLN）文件。如果指定了一个已存在的 MLN 文件，新样式定义将添加到此文件中，并且不会删除其中已有的定义。

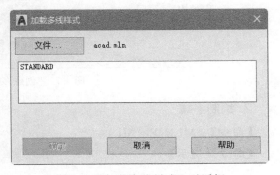

图 4-5 "加载多线样式"对话框

【技巧】

① 用 PRUGR 命令可清除图形中未用的多线线型定义。

② 利用多线设置中的偏移项可设置到偏移点的距离不等的多线样式。比如设置 490 的墙等。

【实例】

设置建筑平面图中的 490mm 的墙。

操作过程如下。

① 命令：MLSTYLE，弹出"多线样式"对话框。

② 单击"新建"将名称改为"490墙"，如图 4-6 所示。

图 4-6 将名称改为"490 墙"

③ 单击"继续"，在"创建多线样式"对话框中单击"添加"，修改"偏移"的数据，更改颜色完成如图 4-7 所示设置，单击"确定"完成设置。

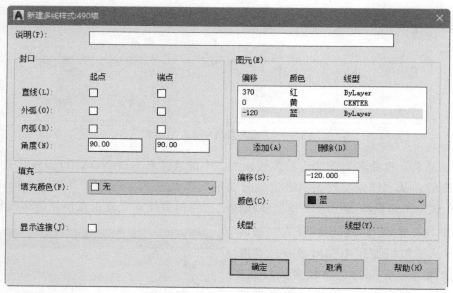

图 4-7 "创建多线样式"设置

2. 绘制多线

【命令】 MLINE（ML）

【命令及提示】

```
命令:_mline
```

当前设置:对正= 上,比例= 20.00,样式= STANDARD

指定起点或[对正(J)/比例(S)/样式(ST)]:　　指定多线的起点

指定下一点:　　指定多线的第二点

指定下一点或[放弃(U)]:　　指定多线的第三点,可放弃返回到上一点

指定下一点或[闭合(C)/放弃(U)]:　　指定多线的下一点,可闭合该多线

【参数说明】

① 对正 (J):设置基准对正位置,包括以下三种(缺省值为上):

a. 上 (T):以多线的外侧线为基准绘制多线。

b. 无 (Z):以多线的中轴线为基准,即 0 偏差位置绘制多线。

c. 下 (B):以多线的内侧线为基准绘制多线。

② 比例 (S):设定多线的比例,即两条平行线之间的距离大小。

③ 样式 (ST):输入采用的多线样式名,缺省为 STANDARD。

④ 放弃 (U):取消最后绘制的一段多线。

【技巧】

按顺时针方向画多线时,多线的外侧为上侧;按逆时针方向画多线时,多线的内侧为上侧。

【实例】

绘制前面设置的、封闭的 490mm 墙多线,如图 4-8 所示。

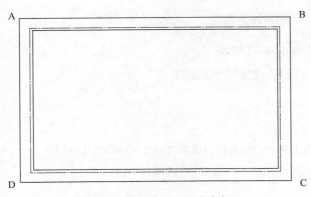

图 4-8　绘制 490mm 墙实例

操作过程如下。

命令:_mline

当前设置:对正= 上,比例= 20.00,样式= STANDARD

指定起点或[对正(J)/比例(S)/样式(ST)]:j　　输入 j 后回车

输入对正类型[上(T)/无(Z)/下(B)]<无> :z　　输入 z 后回车

当前设置:对正= 无,比例= 0.10,样式= STANDARD

指定起点或[对正(J)/比例(S)/样式(ST)]:s　　输入 s 后回车

输入多线比例<20.00> :0.1　　输入 0.1 后回车

当前设置:对正= 无,比例= 0.10,样式= STANDARD

指定起点或[对正(J)/比例(S)/样式(ST)]:　　从 A 点开始绘制

指定下一点:　　绘制到 B 点

指定下一点或[放弃(U)]：　　绘制到 *C* 点

指定下一点或[闭合(C)/放弃(U)]：　　绘制到 *D* 点

指定下一点或[闭合(C)/放弃(U)]:c　　输入 *c(闭合)后回车*

如图 4-8 所示。

【注意】

① 多线的线型、颜色、线宽、偏移等特性由"修改多线样式"控制，修改它只能用"多线编辑"命令。

② 多线命令不能绘制弧形多线，它只能绘制由直线段组成的多线，它的多条平行线是一个完整的整体，也可以用"分解"命令分解成直线。

五、绘制矩形

RECTANG 命令以指定两个对角点的方式绘制矩形，当两个对角点形成的边相同时则生成正方形。

【命令】 RECTANG（REC）

【工具钮】

【命令及提示】

命令:_rectang

指定第一个角点或[倒角(C)/标高(E)/圆角(F)/厚度(T)/宽度(W)]：

指定另一个角点或[面积(A)/尺寸(D)/旋转(R)]：

【参数说明】

① 指定第一个角点：定义矩形的一个顶点。

② 指定另一个角点：定义矩形的另一个角点。

③ 倒角（C）：设定倒角的距离，从而绘制带倒角的矩形。

a. 第一倒角距离：定义第一倒角距离。

b. 第二倒角距离：定义第二倒角距离。

④ 标高（E）：设定矩形在三维空间中的基面高度。

⑤ 圆角（F）：设定矩形的倒圆角半径，从而绘制带圆角的矩形。

矩形的圆角半径：定义圆角半径。

⑥ 厚度（T）：设定矩形的厚度，即三维空间 *z* 轴方向的厚度。

⑦ 宽度（W）：定义矩形的线条宽度。

⑧ 面积（A）：输入面积后执行以下操作之一：

a. 输入 L 以输入长度。宽度基于长度和面积计算得出。

b. 输入 W 以输入宽度。长度基于宽度和面积计算得出。

⑨ 尺寸（D）：按输入长度和输入宽度绘制矩形。

⑩ 旋转（R）：输入旋转值或输入 P 以拾取两个点来定义旋转角度绘制旋转矩形。

【技巧】

选择对角点时，没有方向限制，可以从左到右，也可以从右到左。

【注意】

① 绘制的矩形是一多段线，可以通过分解命令使之分解成单个的线段，同时失去线宽性质。

② 线宽是否填充和系统变量 FILL 的设置有关。

【实例】

绘制一个倒圆角半径为 2 的矩形，矩形线宽为 0.4，如图 4-9 所示。

图 4-9 倒圆角矩形

操作过程如下。

```
命令:_rectang
指定第一个角点或[倒角(C)/标高(E)/圆角(F)/厚度(T)/宽度(W)]:w    进入设置线宽状态
指定矩形的线宽<0.0000>:0.4    设置矩形的线条宽度为 0.4
指定第一个角点或[倒角(C)/标高(E)/圆角(F)/厚度(T)/宽度(W)]:f    进入圆角设置状态
指定矩形的圆角半径<0.0000>:2    设置倒圆角的半径为 2
指定第一个角点或[倒角(C)/标高(E)/圆角(F)/厚度(T)/宽度(W)]:    指定矩形的第一角点
指定另一个角点:    指定矩形的另一个角点
```

六、绘制正多边形

绘制多边形除了用 LINE 和 PLINE 命令定点绘制外，还可以用 PLOYGON 命令很方便地绘制正多边形。

在 AutoCAD 中可以精确绘制边数多达 1024 的正多边形。创建正多边形是绘制正方形、等边三角形和八边形等的简便方式。

【命令】 POLYGON（POL）

【工具钮】

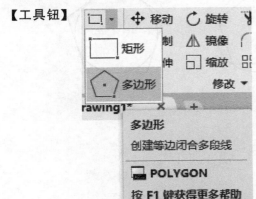

【命令及提示】

命令:_polygon
输入侧面数<4>:
指定正多边形的中心点或[边(E)]:
输入选项[内接于圆(I)/外切于圆(C)]<I>:
指定圆的半径:　　需要数值距离或第二点
指定圆的半径:

【参数说明】

① 侧面数:输入正多边形的边数,最大为 1024,最小为 3。
② 中心点:指定绘制的正多边形的中心点。
③ 边(E):采用输入其中一条边的方式产生正多边形。
④ 内接于圆(I):绘制的正多边形内接于随后定义的圆。
⑤ 外切于圆(C):绘制的正多边形外切于随后定义的圆。
⑥ 圆的半径:定义内接圆或外切圆的半径。

【技巧】

① 键入 e,即采用给定边长的两个端点画多边形,系统提示输入边的第一端点和第二端点,这两点不仅确定了边长,还确定了多边形的位置和方向。
② 绘制的正多边形实质上是一条多段线,可以通过分解命令使之分解成单个的线段,然后进行编辑。也可以用 PEDIT 命令对其进行线宽、顶点等方面的修改。

【注意】

① 因为正多边形是一条多段线,所以不能用"中心点"捕捉方式来捕捉一个已存在的多边形的中心。
② 内接于圆方式画多边形是以中心点到多边形顶点的距离确定半径的,而外切于圆方式画多边形则是以中心点到多边形各边的垂直距离来确定半径的,同样的半径,两种方式绘制出的正多边形大小不相等。

【实例】

用 POLYGON 命令绘制如图 4-10 所示的正五边形,圆的直径为 10。

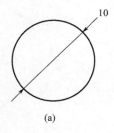
(a)
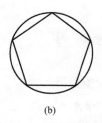
(b)
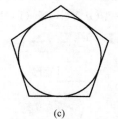
(c)

图 4-10　正五边形实例

操作过程如下。

命令:_polygon
输入侧面数<4>:5
指定正多边形的中心点或[边(E)]:　　指定中心点

输入选项[内接于圆(I)/外切于圆(C)]<I>：　　采用内接于圆方式

指定圆的半径:5　　中心点到顶点的距离为 5

　　结果如图 4-10(b) 所示。

命令:POLYGON

输入侧面数<5>：　　回车重复命令

指定正多边形的中心点或 [边(E)]：　　指定中心点

输入选项[内接于圆(I)/外切于圆(C)]<I> :c　　采用外切于圆方式

指定圆的半径:5　　中心点到各边的垂直距离为 5

　　结果如图 4-10(c) 所示。

七、绘制圆弧

　　圆弧是常见的图形之一，绘制的方法有很多种，可以通过圆弧命令直接绘制，也可以通过打断圆成圆弧以及倒圆角等方法产生圆弧。

【命令】　ARC（A）

【工具钮】

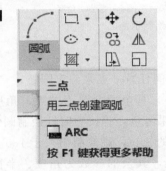

　　AutoCAD 中共有 11 种不同的定义圆弧的方式，如图 4-11 所示。

【命令及提示】

命令:_arc

指定圆弧的起点或[圆心(C)]：

指定圆弧的第二个点或[圆心(C)/端点(E)]：

指定圆弧的端点：

【参数说明】

　　如图 4-12 所示。

① 三点：指定圆弧的起点、终点以及圆弧上的任意一点。

② 起点：指定圆弧的起始点。

③ 端点：指定圆弧的终止点。

④ 圆心：指定圆弧的圆心。

⑤ 方向：指定和圆弧起点相切的方向。

⑥ 长度：指定圆弧的弦长。正值绘制小于 180°的圆弧，负值绘制大于 180°的圆弧。

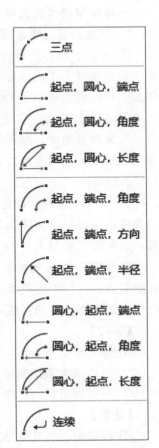

图 4-11　定义圆弧菜单

⑦ 角度：指定圆弧包含的角度。顺时针为负，逆时针为正。

⑧ 半径：指定圆弧的半径。按逆时针绘制，正值绘制小于 180° 的圆弧，负值绘制大于 180° 的圆弧。

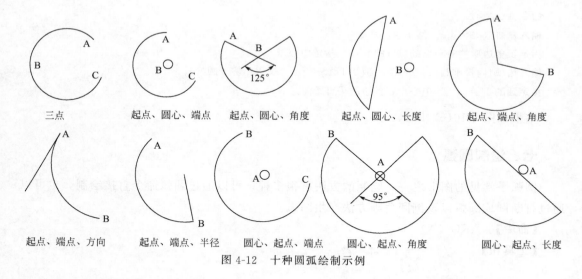

图 4-12　十种圆弧绘制示例

一般绘制圆弧的选项组合如下。

① 三点：通过指定圆弧上的起点、终点和中间任意一点来确定圆弧。

② 起点、圆心：首先输入圆弧的起点和圆心，其余的参数为端点、角度或弦长。如果给定的角度为正值，将按逆时针绘制圆弧。如果为负，将按顺时针绘制圆弧。如果给出正的弦长，则绘制小于 180° 的圆弧，反之给出负的弦长，则绘制出大于 180° 的圆弧。

③ 起点、端点：首先定义圆弧的起点和端点，其余的参数为角度、半径、方向或圆心。如果提供角度，则正的角度按逆时针绘制圆弧，负的角度按顺时针绘制圆弧。如果选择半径选项，按照逆时针绘制圆弧，负的半径绘制大于 180° 的圆弧，正的半径绘制小于 180° 的圆弧。

④ 圆心、起点：首先输入圆弧的圆心和起点，其余的参数为角度、弦长或端点。正的角度按逆时针绘制圆弧，而负的角度按顺时针绘制圆弧。正的弦长绘制小于 180° 的圆弧，负的弦长绘制大于 180° 的圆弧。

⑤ 连续：在开始绘制圆弧时如果不输入点，而是键入回车或空格，则采用连续的圆弧绘制方式。所谓的连续，指该圆弧的起点为上一个圆弧的终点或上一个直线的终点，同时所绘圆弧和已有的直线或圆弧相切。

【技巧】

① 输入圆心角为正，圆弧按逆时针方向绘制，反之则按顺时针方向绘制。

② 可以增大系统变量 VIEWRES 的值，该值越大，则圆弧越光滑。

③ 可以画出圆而难以直接绘制圆弧时可以打断或修剪圆成所需的圆弧。

【注意】

① 获取圆心或其他某点时可以配合对象捕捉方式准确绘制圆弧。

② 在菜单中点取圆弧的绘制方式是明确的，相应的提示不再给出可以选择的参数。

而通过按钮或命令行输入绘制圆弧命令时，相应的提示会给出可能的多种参数。

③ ARC 命令不能一次绘制封闭的圆或自身相交的圆弧。定位点相同，而定位顺序不同，绘制出的圆弧不一定相同。

【实例】

画一个如图 4-13 所示的圆弧，弧 DE 半径为 200，为半圆弧，弧 BD 半径为 100，∠BCD 为 150°，AB 长为 160，半径为 100。

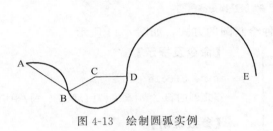

图 4-13　绘制圆弧实例

操作过程如下。

命令:_arc
指定圆弧的起点或[圆心(C)]:c
指定圆弧的圆心:　　先选定 DE 弧的圆心
指定圆弧的起点:200　　在水平向右的方向上输入 200,确定 E 点
指定圆弧的端点或[角度(A)/弦长(L)]:a
指定包含角:180　　给圆弧指定一个角度,确定 D 点
命令:ARC
指定圆弧的起点或[圆心(C)]:　　重复"圆弧"命令,指定 D 点为圆弧起点
指定圆弧的第二个点或[圆心(C)/端点(E)]:c　　给定一个圆心
指定圆弧的圆心:100　　在水平向左的方向上输入 100,确定圆心 C
指定圆弧的端点或[角度(A)/弦长(L)]:a
指定包含角:－150　　给圆弧指定一个角度,确定 B 点
命令:ARC
指定圆弧的起点或[圆心(C)]:　　重复"圆弧"命令,指定 B 点为圆弧起点
指定圆弧的第二个点或[圆心(C)/端点(E)]:c
指定圆弧的圆心:100　　在水平向左的方向上输入 100,确定圆心
指定圆弧的端点或[角度(A)/弦长(L)]:1
指定弦长:160　　给定弦 AB 的长度

八、绘制圆和圆环

1. 绘制圆

绘制圆有多种方法可供选择。系统默认的方法是指定圆心和半径。指定圆心和直径或用两点定义直径亦可以创建圆。还可以用三点定义圆的圆周来创建圆。可以创建与三个现有对象相切的圆，或指定半径创建与两个对象相切的圆。

【命令】　CIRCLE（C）

【工具钮】

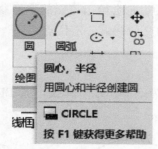

AutoCAD 共有六种绘制圆的方式，如图 4-14 所示。

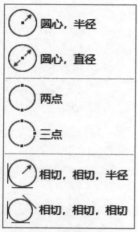

图 4-14 绘制圆的方式

【命令及提示】

命令:_circle
指定圆的圆心或[三点(3P)/两点(2P)/相切、相切、半径(T)]:

【参数说明】

① 圆心：指定圆的圆心。
② 半径（R）：定义圆的半径大小。
③ 直径（D）：定义圆的直径大小。
④ 两点（2P）：指定两点作为圆的一条直径上的两点。
⑤ 三点（3P）：指定三点确定圆。
⑥ 相切、相切、半径（TTR）：指定与绘制的圆相切的两个元素，接着定义圆的半径。半径值绝对不能小于两元素间的最短距离。
⑦ 相切、相切、相切（TTT）：这种方式是三点定圆中的特殊情况。要指定和绘制的圆相切的三个元素。

绘制圆一般是先确定圆心，再确定半径或直径。也可以先绘制圆，再通过尺寸标注来绘制中心线，或通过圆心捕捉方式绘制中心线。

【技巧】

① 作圆与直线相切时，圆可以与直线没有明显的切点，只要直线延长后与圆相切就行。
② 指定圆心或其他某点时可以配合对象捕捉方式准确绘圆。
③ 圆的显示分辨率由系统变量 VIEWRES 控制，其值越大，显示的圆越光滑。但 VIEWRES 的值与出图无关。

【注意】

① 在菜单中点取圆的绘制方式是明确的，相应的提示不再给出可以选择的参数。而通过按钮或命令行输入绘制圆的命令时，相应的提示会给出可能的多种参数。
② CIRCLE 命令绘制的圆是没有线宽的单线圆，有线宽的圆环可用 DONUT 命令。
③ 圆不能用 PEDIT、EXPLODE 编辑，它本身是一个整体。

如图 4-15 所示是六种圆的绘图实例。

2. 绘制圆环

圆环是一种可以填充的同心的圆，实际上它是有一定宽度的闭合多段线。其内径可以

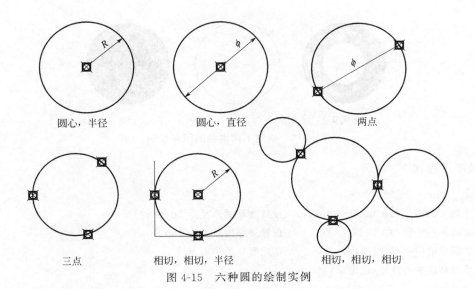

圆心，半径　　　　　　圆心，直径　　　　　　两点

三点　　　　相切，相切，半径　　　　相切，相切，相切

图 4-15　六种圆的绘制实例

是 0，也可以和外径相等。

【命令】　DONUT（DO）

【工具钮】

圆环
创建实心圆或较宽的环

DONUT
按 F1 键获得更多帮助

【命令及提示】

命令：_donut
指定圆环的内径<10.0000>：
指定圆环的外径<20.0000>：
指定圆环的中心点或<退出>：

【参数说明】

① 内径：定义圆环的内圈直径。

② 外径：定义圆环的外圈直径。

③ 中心点：指定圆环的圆心位置。

④ 退出：结束圆环绘制，否则可以连续绘制同样的圆环。

【技巧】

① 圆环是由宽弧线段组成的闭合多段线构成的。可改变系统变量 FILL 的当前设置来决定圆环内的填充图案。

② 要使圆环成为填充圆，可以指定圆环的内径为零。

【实例】

设置不同的内径绘制如图 4-16 所示的圆环，圆环外径均为 200。

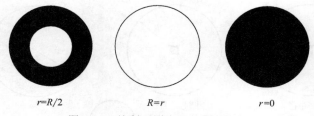

r=R/2   R=r   r=0

图 4-16　绘制不同内径的圆环实例

操作过程如下。

命令:_donut
指定圆环的内径<10.0000>:50　　　　设置圆环的内径为 50
指定圆环的外径<20.0000>:100　　　　设置圆环的外径为 100
指定圆环的中心点或<退出>:　　　　　指定圆环的中心点
指定圆环的中心点或<退出>:
命令:DONUT
指定圆环的内径<50.0000>:100　　　　设置圆环的内径为 100
指定圆环的外径<100.0000>:　　　　　不改变圆环的外径值
指定圆环的中心点或<退出>:　　　　　指定圆环的中心点
指定圆环的中心点或<退出>:
命令:DONUT
指定圆环的内径<100.0000>:0　　　　　设置圆环的内径为 0
指定圆环的外径<100.0000>:　　　　　不改变圆环的外径值
指定圆环的中心点或<退出>:　　　　　指定圆环的中心点

九、修订云线

【命令】　REVCLOUD（U）

【工具钮】

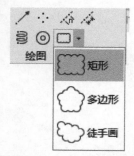

【命令及提示】

命令:_revcloud
最小弧长:0.5000　最大弧长:0.5000　样式:普通　类型:矩形
指定第一个角点或[弧长(A)/对象(O)/矩形(R)/多边形(P)/徒手画(F)/样式(S)/修改(M)]<对象>:
拖动以绘制修订云线、输入选项或按 Enter 键
指定第一个角点或[弧长(A)/对象(O)/矩形(R)/多边形(P)/徒手画(F)/样式(S)/修改(M)]<对象>:
指定对角点:

沿云线路径引导十字光标…

当开始直线和结束直线相接时，命令行上显示"修订云线完成"。生成的对象是多段线。

【参数说明】

① 第一个角点：指定矩形修订云线的一个角点。

② 弧长：指定每个圆弧的弦长的近似值。圆弧的弦长是圆弧端点之间的距离。首次在图形中创建修订云线时，将自动确定弧弦长的默认值。

③ 对象：指定要转换为云线的对象。

④ 矩形：使用指定的点作为对角点创建矩形修订云线。

⑤ 多边形：创建由三个或更多点定义的修订云线，以用作生成修订云线的多边形顶点。

⑥ 徒手画：创建徒手画修订云线。

⑦ 样式：指定修订云线的样式。

⑧ 修改：可以使用"修改"选项并指定一个或多个新点来重新定义现有修订云线。当提示选择要删除的一边时，将删除所选的修订云线部分。此选项会将现有修订云线的指定部分替换为输入点定义的新部分。

⑨ 对象：指定要转换为云线的对象。

⑩ 对角点：指定矩形修订云线的对角点。

【实例】

绘制如图 4-17 所示的一条云线。

图 4-17 修订云线实例

操作过程如下：

命令:_revcloud   回车
最小弧长:20 最大弧长:30 样式:普通 类型:矩形
指定第一个角点或[弧长(A)/对象(O)/矩形(R)/多边形(P)/徒手画(F)/样式(S)/修改(M)]<对象>：
沿云线路径引导十字光标…修订云线完成。

【注意】

REVCLOUD 在系统注册表中存储上一次使用的圆弧长度。当程序和使用不同比例因子的图形一起使用时，用 DIMSCALE 乘以此值以保持统一。

十、绘制样条曲线

样条曲线即非均匀有理 B 样条曲线（NURBS），样条曲线使用拟合点或控制点进行定义。默认情况下，拟合点与样条曲线重合，而控制点定义控制框。

【命令】 SPLINE（SPL）

【工具钮】

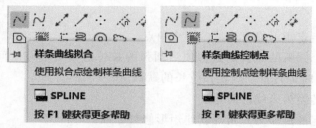

当使用控制顶点创建样条曲线时，指定的点显示它们之间的临时线，从而形成确定样条曲线形状的控制多边形。使用拟合点创建样条曲线时，生成的曲线通过指定的点，并受曲线中数学节点间距的影响。如图 4-18 所示，左侧的样条曲线将沿着控制多边形显示控制顶点，而右侧的样条曲线显示拟合点。

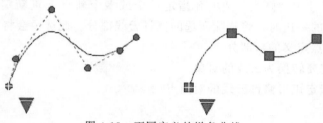

图 4-18   不同定义的样条曲线

十一、绘制椭圆和椭圆弧

1. 绘制椭圆

绘制椭圆比较简单，和绘制正多边形一样，系统自动计算各点数据。椭圆的形是由定义椭圆的长度和宽度的两个轴来确定的。较长的轴为长轴，较短的轴为短轴。

【命令】 ELLIPSE

【工具钮】

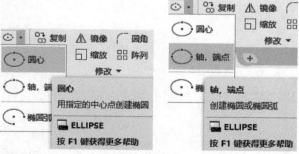

【命令及提示】

命令:_ellipse
指定椭圆的轴端点或[圆弧(A)/中心点(C)]:
指定轴的另一个端点:
指定另一条半轴长度或[旋转(R)]:

【参数说明】

① 轴端点：指定椭圆轴的端点。

② 圆弧（A）：创建一段椭圆弧。

③ 中心点（C）：指定椭圆的中心点。

④ 半轴长度：指定半轴的长度。

⑤ 旋转（R）：指定一轴相对于另一轴的旋转角度。

【技巧】

① 椭圆绘制好后，可以根据椭圆弧所包含的角度来确定椭圆弧。

② 采用旋转方式画的椭圆，其形状最终由其长轴的旋转角度决定。

【注意】

① 旋转角度的范围在 0°～89.4°之间，若旋转角度为 0°，将绘制圆；若角度为 45°，将成为一个从视角上看上去呈 45°的椭圆，旋转角度的最大值为 89.4°，大于此角度后，命令无效。

② "椭圆" 命令绘制的椭圆是一个整体，不能用 "分解" 和 "编辑多段线" 等命令修改。

【实例】

绘制如图 4-19 所示的两个椭圆，椭圆 Ⅰ 的长轴为 200，短半轴为 80；椭圆 Ⅱ 的长轴为 200，短轴相对于长轴的旋转角度为 45°。

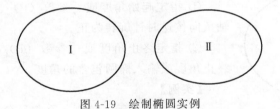

图 4-19　绘制椭圆实例

操作过程如下。

命令:_ellipse
指定椭圆的轴端点或[圆弧(A)/中心点(C)]:　　指定椭圆长轴的一个端点
指定轴的另一个端点:200　　指定椭圆长轴长,确定另一端点
指定另一条半轴长度或[旋转(R)]:80　　指定椭圆的短半轴长
命令:ELLIPSE
指定椭圆的轴端点或[圆弧(A)/中心点(C)]:　　指定椭圆长轴的一个端点
指定轴的另一个端点:200　　指定椭圆长轴长,确定另一端点
指定另一条半轴长度或[旋转(R)]:r　　通过旋转确定短半轴长
指定绕长轴旋转的角度:45　　指定短半轴相对于长轴的旋转角度为 45°

2. 绘制椭圆弧

绘制椭圆弧时，除了输入必要的参数来确定母圆外，还需要输入椭圆弧的起始角度和终止角度。绘制椭圆弧是绘制椭圆中的一种特殊情况。

【命令】　ELLIPSE

【工具钮】

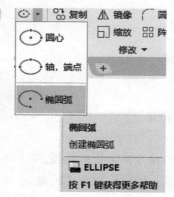

【命令及提示】

命令:_ellipse
指定椭圆的轴端点或[圆弧(A)/中心点(C)]:a
指定椭圆弧的轴端点或[中心点(C)]:
指定轴的另一个端点:
指定另一条半轴长度或[旋转(R)]:
指定起始角度或[参数(P)]:30
指定终止角度或[参数(P)/包含角度(I)]:270

【参数说明】

① 指定起始角度或［参数（P）］：输入起始角度。从 x 轴负向按逆时针旋转为正。

② 指定终止角度或［参数（P）/包含角度（I）］：输入终止角度或输入椭圆包含的角度。

【实例】

如图 4-20 所示，绘制一个起始角度为 30°，终止角度为 270°的椭圆弧。

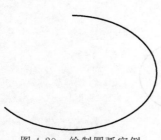

图 4-20 绘制圆弧实例

操作过程如下。

命令:_ellipse
指定椭圆的轴端点或[圆弧(A)/中心点(C)]:a
指定椭圆弧的轴端点或[中心点(C)]: 指定椭圆长轴的一个端点
指定轴的另一个端点: 指定椭圆长轴的另一端点
指定另一条半轴长度或[旋转(R)]: 指定椭圆短半轴长
指定起始角度或[参数(P)]:30 指定起始角度为 30°
指定终止角度或[参数(P)/包含角度(I)]:270 指定终止角度为 270°

十二、绘制点

1. 设置点样式

点可以用不同的样式在图纸上显示出来。系统有 20 种不同的点样式供选择。

【命令】 DDPTYPE

【菜单】　格式→点样式

启用点样式命令后，系统将弹出"点样式"对话框。如图 4-21 所示。

【选项及说明】

① 点显示图像：指定用于显示点对象的图像。该点样式存储在 PDMODE 系统变量中。

② 点大小：设置点的显示大小。可以相对于屏幕设置点的大小，也可以用绝对单位设置点的大小。系统将点的显示大小存储在 PDSIZE 系统变量中。

③ 相对于屏幕设置大小：按屏幕尺寸的百分比设置点的显示大小。当进行缩放时，点的显示大小并不改变。

④ 按绝对单位设置大小：按"点大小"下指定的实际单位设置点显示大小。当进行缩放时，系统显示的点的大小随之改变。

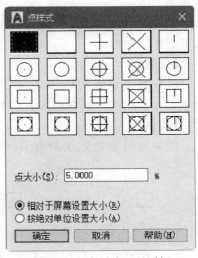

图 4-21　"点样式"对话框

2. POINT 命令绘制点

【命令】　POINT（PO）

【工具钮】

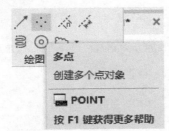

【命令及提示】

```
命令:_point
当前点模式: PDMODE= 0  PDSIZE= 0.0000
指定点:
```

指定点的方法很多，常见的有如下四种。

① 用鼠标指定。移动鼠标，在绘图区找到指定点并单击左键，即完成点的输入。

② 绝对坐标。输入方式为：x，y。输入 x 和 y 的数值，中间用逗号分开，表示它们相对原点的距离。

③ 相对坐标。输入方式为：@$\triangle x$，$\triangle y$。@表示用相对坐标输入坐标值，$\triangle x$ 和 $\triangle y$ 的值表示该点相对前点在 x 和 y 方向上的增量。

④ 极坐标。输入方式为：@距离＜方位角。表示从前一点出发，指定到下一点的距离和方位角（与 x 轴正向的夹角），@符号会自动设置前一点的坐标为（0，0）。

【技巧】

① 捕捉点时，可设置"节点"和"最近点"捕捉模式。

② 除了用"点"命令绘制点外，还可以由"定数等分点"和"定距等分点"命令来

放置点。

③ 可以把修改点样式获取的点定义成块，必要时插入使用，这样既获得了特殊符号，还节省作图时间。

【注意】

改变系统变量 PDMODE 和 PDSIZE 的值后，只影响在这以后绘制的点，而已画好的点不会发生改变，只有在用 REGEN 命令或重新打开图形时才会改变。

【实例】

绘制如图 4-22 所示的点，点大小为 15%。

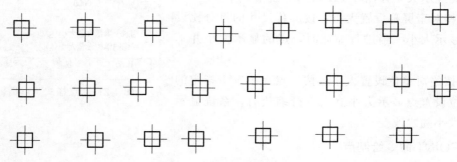

图 4-22 绘制"点"实例

操作过程如下。

命令:_ddptype 　　启用 DDPTYPE 命令，在如图 4-22 所示对话框中选择点样式,定义点的大小
正在重生成模型。

命令:_point 　　启用 POINT 命令
当前点模式: PDMODE= 35 PDSIZE= -15.0000 　　显示当前点的状态
指定点: 　　指定点的位置

这样每次只能绘制一个点，若选择"下拉菜单→点→多点"，则可以连续绘制多个点。

3. DIVIDE 命令绘等分点

DIVIDE 命令是在某一图形上以等分长度放置点和图块。被等分的对象可以是直线、圆、圆环、多段线等，等分数目可临时指定。

【命令】 DIVIDE（DIV）

【工具钮】

【命令及提示】

命令:_divide
选择要定数等分的对象：
输入线段数目或[块(B)]：
输入要插入的块名：

是否对齐块和对象？［是(Y)/否(N)]<Y>：

输入线段数目：

【参数说明】

① 对象：选择要定数等分的对象。

② 线段数目：指定等分的数目。

③ 块（B）：给定段数将所选对象分段，并在分隔处放置给定的块。

④ 是否对齐块和对象？［是（Y）/否（N）］<Y>：是否将块和对象对齐。如果对齐，则将块沿选择的对象对齐，必要时会旋转块。如果不对齐，则直接在定数等分点上复制块。

【技巧】

DIVIDE 命令用以等分插入点时，点的形式可以预先定义，也可在插入点后再定义点的大小和形式。

【注意】

DIVIDE 命令生成的点的捕捉模式为节点。它生成的点标记并没有把对象断开，而只是起等分测量作用。

【实例】

将如图 4-23(a) 所示样条曲线 20 等分，结果如图 4-23(b) 所示。

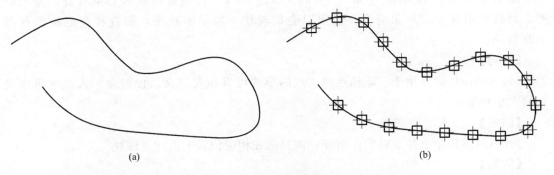

(a)　　　　　　　　　　　　　　　(b)

图 4-23　定数等分样条曲线

操作过程如下。

```
命令:_divide
```
选择要定数等分的对象：　　选择样条曲线

输入线段数目或[块(B)]:20　　指定等分数目后回车

4. MEASURE 命令绘等分点

如果要将某条直线、多段线、圆环等按照一定的距离等分，可以直接采用 MEASURE 命令在符合要求的位置上放置点。它与 DIVIDE 命令相比，后者是以给定数目等分所选对象，而前者则是以指定的距离在所选对象上插入点或块，直到余下部分不足一个间距为止。

【命令】　MEASURE（ME）

【工具钮】

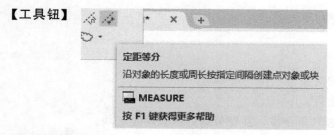

定距等分

沿对象的长度或周长按指定间隔创建点对象或块

MEASURE

按 F1 键获得更多帮助

【命令及提示】

命令:_measure

选择要定距等分的对象:

指定线段长度或[块(B)]:

输入要插入的块名:

是否对齐块和对象? [是(Y)/否(N)]<Y>:

指定线段长度:

【参数说明】

① 对象:选择要定距等分的对象。

② 线段长度:指定等分的长度。

③ 块 (B):给定长度将所选对象分段,并在分隔处放置给定的块。

④ 是否对齐块和对象?[是 (Y)/否 (N)] <Y>:是否将块和对象对齐。如果对齐,则将块沿选择的对象对齐,必要时会旋转块。如果不对齐,则直接在定距等分点上复制块。

【技巧】

MEASURE 命令用于定距插点时,点的形式可以预先定义,也可在插入点后再定义点的大小和形式。

【注意】

MEASURE 命令并未将实体断开,而只是在相应位置上标注点或块。

【实例】

将如图 4-24(a) 所示样条曲线定距 2000 等分,结果如图 4-24(b) 所示。

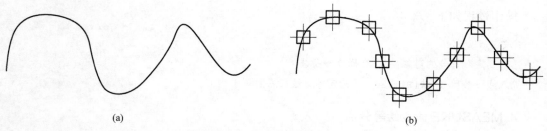

(a)　　　　　　　　　　　　(b)

图 4-24　定距等分样条曲线

操作过程如下。

命令:_measure

选择要定数等分的对象:　　选择样条曲线

输入线段数目或[块(B)]:2000　　输入等分长度后回车

十三、绘制徒手线

即使是计算机绘图，同样可以创建一系列徒手绘制的线段。徒手绘制对于创建不规则边界或使用数字化仪追踪非常有用。在徒手绘制之前，指定对象类型（直线、多段线或样条曲线）、增量和公差。

【命令】　SKETCH

【命令及提示】

命令:_sketch
类型= 直线　增量= 0.1000　公差= 0.5000
指定草图或[类型(T)/增量(I)/公差(L)]:

【参数说明】

① 指定草图：移动定点设备时，将会绘制指定长度的手画线段。

② 类型（T）：指定手画线的对象类型，有直线、多段线、样条曲线三种。

③ 增量（I）：定义每条手画直线段的长度。定点设备所移动的距离必须大于增量值才能生成一条直线。

④ 公差（L）：对于样条曲线，指定样条曲线的曲线布满手画线草图的紧密程度。

【实例】

绘制如图 4-25 所示的一组徒手线。

图 4-25　绘制徒手线

操作过程如下。

命令:_sketch　　回车
类型= 直线　增量= 0.1000　公差= 0.5000
指定草图或[类型(T)/增量(I)/公差(L)]:t　　设置手画线的对象类型
输入草图类型[直线(L)/多段线(P)/样条曲线(S)]<直线> :s　　选择样条曲线
指定草图或[类型(T)/增量(I)/公差(L)]:　　回车
指定草图:　　按住鼠标左键绘制第一条,回车
已记录 1 条样条曲线。
命令:　　回车
命令:SKETCH　类型= 样条曲线　增量= 0.1000　公差= 0.5000
指定草图或[类型(T)/增量(I)/公差(L)]:　　回车
指定草图:　　按住鼠标左键绘制第二条,回车

已记录 1 条样条曲线。

命令: 回车

命令:SKETCH 类型= 样条曲线   增量= 0.1000   公差= 0.5000

指定草图或[类型(T)/增量(I)/公差(L)]:   回车

指定草图: 按住鼠标左键绘制第三条,回车

已记录 1 条样条曲线。

……

【注意】

如果在绘制徒手线时要使用捕捉或正交等模式,必须通过键盘上的功能键进行切换,不得使用状态栏进行切换。如果捕捉设置大于记录增量,捕捉设置将代替记录增量,反之,记录增量将取代捕捉设置。

十四、绘制螺旋线

此命令可以创建二维螺旋或三维弹簧。

【命令】   HELIX

【工具钮】

【命令及提示】

命令:_helix

圈数= 3.0000   扭曲= CCW

指定底面的中心点:

指定底面半径或[直径(D)]<1.0000>:

指定顶面半径或[直径(D)]<1.0000>:

指定螺旋高度或[轴端点(A)/圈数(T)/圈高(H)/扭曲(W)]<1.0000>:

【参数说明】

① 指定底面半径或［直径 (D)］＜1.0000＞:指定螺旋底面的直径,最初,默认底面直径设定为1。执行绘图任务时,底面直径的默认值始终是先前输入的底面直径值。

② 指定顶面半径或［直径 (D)］＜1.0000＞:指定螺旋顶面的直径。指定直径或按 Enter 键指定默认值,顶面直径的默认值始终是底面直径的值。

③ 轴端点 (A):指定螺旋轴的端点位置。轴端点可以位于三维空间的任意位置。轴端点定义了螺旋的长度和方向。

④ 圈数 (T):指定螺旋的圈 (旋转) 数。螺旋的圈数不能超过 500。最初,圈数的默认值为 3。执行绘图任务时,圈数的默认值始终是先前输入的圈数值。

⑤ 圈高 (H):指定螺旋内一个完整圈的高度。当指定圈高值时,螺旋中的圈数将相应地自动更新。如果已指定螺旋的圈数,则不能输入圈高的值。

⑥ 扭曲（W）：指定以顺时针（CW）方向还是逆时针方向（CCW）绘制螺旋。螺旋扭曲的默认值是逆时针。

【实例】

绘制如图 4-26 所示的一组螺旋线，底面半径为 10，顶面半径为 5，螺旋高度为 10，圈数为 5。

操作过程如下。

```
命令:_helix
圈数= 3.0000    扭曲= CCW
指定底面的中心点:    在屏幕上指定
指定底面半径或[直径(D)]<1.0000>:10    输入 10 回车结束
指定顶面半径或[直径(D)]<10>:5    输入 5 回车结束
指定螺旋高度或[轴端点(A)/圈数(T)/圈高(H)/扭曲(W)]<1.0000>:t    选择圈数
输入圈数<3.0000>:5    输入 5 圈
指定螺旋高度或[轴端点(A)/圈数(T)/圈高(H)/扭曲(W)]<1.0000>:h    选择高度
指定圈间距<2.0000>:5    输入圈间距 5
```

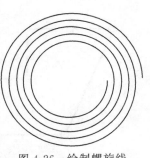

图 4-26　绘制螺旋线

十五、面域

此命令可以将封闭的由点线组成的图形转换为平面，为三维实体的创建做准备。

【命令】　REGION

【工具钮】

【命令及提示】

```
命令:_region
选择对象:
```

【参数说明】

选择对象：选定要转成面域的轮廓。

【实例】

将如图 4-27(a) 所示的由六条线段组成的封闭图形转变为如图 4-27(b) 所示的面域。操作过程如下。

```
命令:_region
选择对象:指定对角点:找到 6 个    选定图形的六条边
选择对象:    回车
已提取 1 个环。
已创建 1 个面域。
```

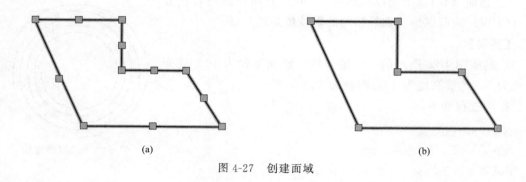

(a)

(b)

图 4-27   创建面域

第二节   将尺寸转换为坐标值

利用 AutoCAD 绘图，要根据坐标值确定点的位置。但在绘制工程图时已知的是尺寸，这就要求用户首先要将尺寸转换为点的坐标值。

一、建立用户坐标系转换尺寸

如图 4-28 所示的图样，如果我们能够使该图中的中心线 X 和 Y 成为坐标系的 x 轴和

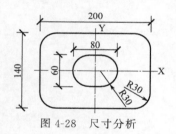

图 4-28   尺寸分析

y 轴，图中的尺寸就可以直接转换为坐标值。AutoCAD 中世界坐标系（WCS）的坐标原点是固定的，用户不能改变。但 AutoCAD 允许用户建立自己的坐标系（UCS），允许用户将 UCS 的坐标原点放于任何位置，坐标轴可以倾斜任意角度。

1. 建立正交坐标系转换尺寸

这里所说的正交坐标系，是指 x、y 坐标轴分别处于水平、垂直方向的用户坐标系。建立这种用户坐标系的方法非常简单，操作过程是键入命令 UCS，系统提示：

当前 UCS 名称:＊世界＊

输入选项[新建(N)/移动(M)/正交(G)/上一个(P)/恢复(R)/保存(S)/删除(D)/应用(A)/? /世界(W)]<世界> :

提示第一行说明当前坐标系是世界坐标系，第二行是用户可以选择执行的命令选项。此命令提供的可选项很多，在此键入"n"，执行"新建"选项建立新坐标系。系统又会提示：

指定新 UCS 的原点或[Z 轴(ZA)/三点(3)/对象(OB)/面(F)/视图(V)/X/Y/Z]<0,0,0> :

用户只要输入要建坐标系的原点就建立了一个新坐标系。

只要将新建立的用户坐标系的 x、y 轴放在尺寸基准上，尺寸的起点与坐标轴的起点相同，尺寸值就是坐标值。

【实例】

新建正交用户坐标系，如图 4-29 所示。

操作过程如下。

命令:_ucs　回车

当前 UCS 名称:＊世界＊

指定 UCS 的原点或[面(F)/命名(NA)/对象(OB)/上一个(P)/视图(V)/世界(W)/X/Y/Z/Z 轴(ZA)]<世界>:　点取交点作为新坐标系的原点

指定 X 轴上的点或<接受>:　点取水平线段上的右边点作为 x 轴方向

指定 XY 平面上的点或<接受>:　点取竖直线段上的上边点作为 y 轴方向

2. 建立倾斜用户坐标系

建立倾斜用户坐标系的方法是执行 UCS 命令后，选择"三点"选项，这三点分别是原点、x 轴上一点和在 X、Y 平面内 x、y 坐标都大于 0 的任一点。

【实例】

新建倾斜用户坐标系，如图 4-30 所示。

图 4-29　新建正交用户坐标系示例　　　　图 4-30　新建倾斜用户坐标系示例

操作过程如下。

命令:_ucs　回车

当前 UCS 名称:＊没有名称＊

指定 UCS 的原点或[面(F)/命名(NA)/对象(OB)/上一个(P)/视图(V)/世界(W)/X/Y/Z/Z 轴(ZA)]<世界>:　点取交点作为新坐标系的原点

指定 X 轴上的点或<接受>:　点作为 x 轴方向上的点

指定 XY 平面上的点或<接受>:　回车

二、用广义相对坐标转换尺寸

相对坐标值比较接近于图中标注的尺寸。但相对坐标值是要输入点与上一输入点之间的坐标差，这一"要输入点与上一输入点"的限制，使得利用相对坐标画图具有很大的局限性。

AutoCAD 提供了两种用"广义相对坐标"输入点的方法：FROM 捕捉、临时追踪点捕捉。我们之所以称这两种捕捉方式是用"广义相对坐标"输入点的方法，就是因为运行这两种捕捉方式时，AutoCAD 要求用户临时给定一点作为基准点，然后输入"要输入点"与此点的坐标差。

坐标差又分为两种情况，如图 4-31 所示。

① 两点的 x、y 坐标差都不为 0，如图中的 A、C 两点，对这种情况用 FROM 捕捉。

② 两点的 x、y 坐标差有一个为 0，如图中的 A 点和 B 点，B 点和 C 点，对这种情况用临时追踪点捕捉。

1. 利用临时追踪点捕捉作图

如图 4-32 所示，图（b）所示的尺寸 90/2 就是 A 点与 B 点、A 点与 C 点之间的 y 坐标差，x 坐标差为 0。对这种情况用临时追踪点捕捉更为方便。

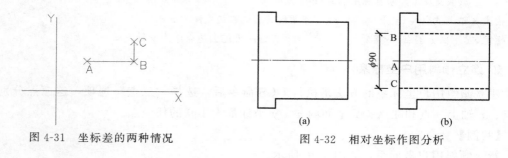

图 4-31　坐标差的两种情况　　　图 4-32　相对坐标作图分析

图 4-33　"对象捕捉"随位菜单

例如利用临时追踪点捕捉方法将图（a）画为（b）。

① 将虚线层设置为当前层。

② 执行画直线命令。

③ 用临时追踪点捕捉方式捕捉点 B，单击"对象捕捉"随位菜单中的"临时追踪点（K）"捕捉按钮，如图 4-33 所示。

将光标从 A 点下移一小段距离，系统显示过 A 点的追踪轨迹如图 4-34 所示。此时输入 45 即可确定 B 点，并将 B 点默认为直线的起点。

追踪轨迹是一条很暗的过临时追踪点 A 的虚点线，同时还显示光标中心与基准点沿轨迹线的坐标差。

显示轨迹线以后，用户输入一个数值就确定了要输入点的位置。

2. 利用 FROM 捕捉作图

FROM 捕捉是一种名副其实的输入广义相对坐标作图的方法。所谓 FROM 捕捉，是当执行某一绘图命令需要输入一点时，调用 FROM 捕捉，由用户给定一点作为计算相对坐标的基准点，然后再输入"要输入点"与基准点之间的相对坐标差，即广义相对坐标值，来确定输入点。

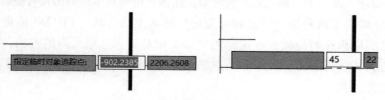

图 4-34　追踪轨迹图

FROM 捕捉与临时追踪点捕捉的区别有以下 3 点。

① FROM 捕捉适合于基准点与要输入点之间 x、y 坐标差都不为 0 的情况。而临时追踪点捕捉适合于基准点与要输入点之间 x、y 坐标差有一个为 0 的情况。

② 调用 FROM 捕捉以后，要通过输入广义相对坐标值来定位要输入点。调用临时追踪以后，要通过输入一个距离值，来确定要输入点。

③ FROM 捕捉具有临时追踪点捕捉的功能。

绘制图中的矩形时，就可以调用 FROM 捕捉，捕捉 B 点为基准点，再输入 B 点与 A 点的相对坐标值，B 点与 C 点的相对坐标值，如图 4-35 所示。

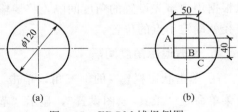

图 4-35　FROM 捕捉例图

三、延长捕捉

延长捕捉是 AutoCAD 提供给用户的一种避开坐标值输入，通过输入长度进行作图的方法，它可以使用户将已经画好的直线段、圆弧等图元延长一定的长度。

例如，在画中心线时，如果直接输入中心线的端点坐标值，要通过转换计算才能求出各端点的坐标值。有了延长捕捉，我们就可以先用中点捕捉画到轮廓线，然后再用延长捕捉将中心线延长 2~5mm，如图 4-36 所示。

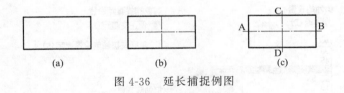

图 4-36　延长捕捉例图

四、平行捕捉

平行捕捉是 AutoCAD 提供给用户的又一种避开坐标值输入，通过输入长度进行作图的方法，用户可以通过输入长度画一条与已经画出的直线平行的直线。

例如根据已知图 4-37(a) 所示图形绘制如图 4-37(b) 所示的线段 CD 时，如果直接输入 C 点坐标值，要通过复杂的转换计算，才能求出 C 点的坐标值。有了平行捕捉，我们就可以直接输入长度画 CD 直线。

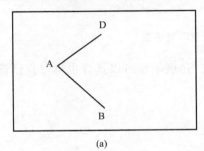
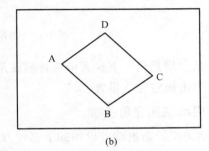

图 4-37　平行捕捉例图

五、极角追踪

极角追踪是 AutoCAD 提供给用户的又一种避开坐标值输入，通过输入长度进行作图的方法。

所谓极角追踪，是执行某一绘图命令需要输入一点值，调用极角追踪，AutoCAD 可以根据用户事先设置的角度间隔，将要输入的点定位在某一极角上，用户只需输入相对极半径就确定了点的位置。

1. 设置追踪角度间隔

① 单击状态栏 的倒三角，单击"对象捕捉设置…"，如图 4-38(a) 所示。或执行菜单命令"工具/绘图设置"，显示"草图设置"对话框，单击"极轴追踪"选项卡使其显示在最前面，如图 4-38(b) 所示。

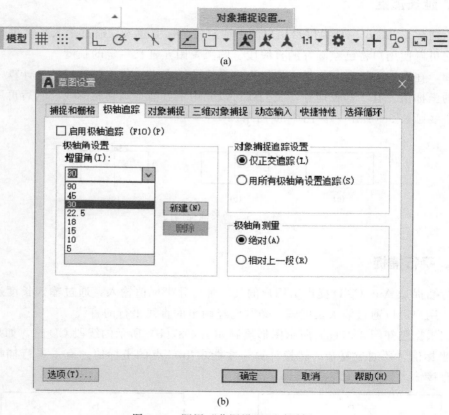

(a)

(b)

图 4-38　调用"草图设置"对话框

② 从"增量角"下拉表中选择捕捉角度增量。角度增量可以选择也可以自己输入。
③ 单击确定完成设置。

2. 启动/关闭极角追踪

启动关闭极角追踪可以用如下三种方法。
① 单击屏幕下方状态栏上的极轴按钮，即启动了极轴追踪。再单击就关闭了极轴追

踪，这是最常用的一种方法。

② 按 F10 键在启动与关闭之间切换。

③ 启动极轴追踪的另一种方法是，在上述极轴追踪的选项卡中，单击"启用极轴追踪"选中此项。

第三节　图案填充的创建

在建筑结构图中，通常需要用不同的图例符号在剖面图、断面图或某一区域上表示不同的内容。AutoCAD 提供了实现图例符号一次完成的方法和定义，即图案填充。

一、图案填充

【命令】　BHATCH

【工具钮】

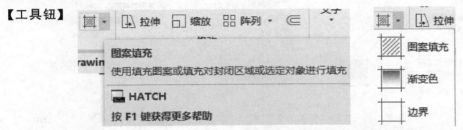

执行命令后，在命令栏输入 t（设置），回车后系统将弹出对话框，"图案填充和渐变色"选项卡用来定义要应用的填充图案的外观。默认状态下此对话框是折叠的，单击右下角的 ⊙ 按钮，对话框全部展开，如图 4-39 所示。单击 ⊙，又会重新折叠。

（1）类型和图案　指定图案填充的类型、图案、颜色和背景色。

① 类型：即图案填充的类型。包含了"预定义""用户定义"和"自定义"三种。

a．"预定义"指该图案已经定义好了，用户直接用即可，预定义图案存储在随程序提供的 acad. pat 或 acadiso. pat 文件中。

b．"用户定义"指使用当前线型定义的图案。

c．"自定义"指定义在其他 pat 文件中的图案，如 acad. pat。这些文件已添加到搜索路径中。

② 图案：在下拉列表框显示了目前图案的名称。显示选择的 ANSI、ISO 和其他行业标准填充图案。选择"实体"可创建实体填充。只有将"类型"设定为"预定义"，"图案"选项才可用。

点取图案右侧的按钮，系统将弹出"填充图案选项板"对话框，如图 4-40 所示。在该对话框中，可以预览所有预定义图案的图像。

③ 颜色：使用填充图案和实体填充的指定颜色替代当前颜色。

④ ▣ ∨：为新图案填充对象指定背景色。选择"无"可关闭背景色。

⑤ 样例：显示选定图案的预览图像。单击样例可显示"填充图案选项板"对话框。

⑥ 自定义图案：列出可用的自定义图案。最近使用的自定义图案将出现在列表顶部。

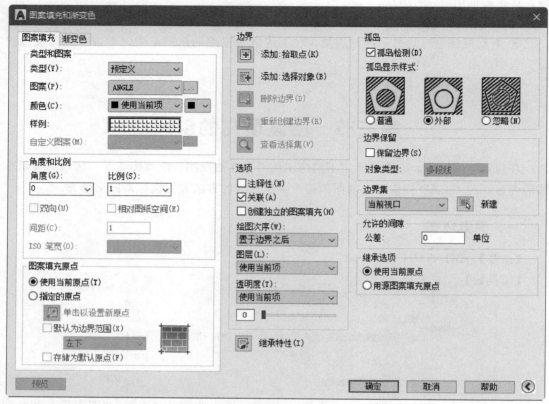

图 4-39 "图案填充和渐变色—图案填充"选项卡

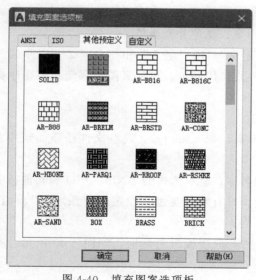

图 4-40 填充图案选项板

只有将"类型"设定为"自定义","自定义图案"选项才可用。单击按钮,显示"填充图案选项板"对话框,在该对话框中可以预览所有自定义图案的图像。

(2) 角度和比例 指定选定填充图案的角度和比例。

① 角度:设置填充图案的角度,相对当前 UCS 坐标系的 x 轴。

② 比例:放大或缩小预定义或自定义图案。只有将"类型"设定为"预定义"或"自定义",此选项才可用。

③ 双向:对于用户定义的图案,绘制与原始直线成 $90°$ 角的另一组直线,从而构成交叉线。只有将"类型"设定为"用户定义",此选项才可用。

④ 相对图纸空间:相对于图纸空间单位缩放填充图案。使用此选项可以按适合于命名布局的比例显示填充图案。该选项仅适用于命名布局。

⑤ 间距：指定用户定义图案中的直线间距。只有将"类型"设定为"用户定义"，此选项才可用。

⑥ ISO 笔宽：基于选定笔宽缩放 ISO 预定义图案。只有将"类型"设定为"预定义"，并将"图案"设定为一种可用的 ISO 图案，此选项才可用。

（3）图案填充原点　控制填充图案生成的起始位置。某些图案填充（例如砖块图案）需要与图案填充边界上的一点对齐。默认情况下，所有图案填充原点都对应于当前的 UCS 原点。

① 使用当前原点：使用存储在 HPORIGIN 系统变量中的图案填充原点。

② 指定的原点：使用以下选项指定新的图案填充原点。

a. 单击以设置新原点：直接指定新的图案填充原点。

b. 默认为边界范围：根据图案填充对象边界的矩形范围计算新原点。可以选择该范围的四个角点及其中心。

c. 存储为默认原点：将新图案填充原点的值存储在 HPORIGIN 系统变量中。

（4）边界　定义图案填充和填充的边界、图案、填充特性和其他参数。

① 添加：拾取点：根据围绕指定点构成封闭区域的现有对象来确定边界，如图 4-41 所示。指定内部点时，可以随时在绘图区域中单击鼠标右键以显示包含多个选项的快捷菜单。

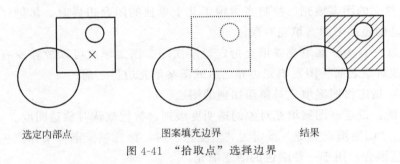

选定内部点　　　　图案填充边界　　　　结果

图 4-41　"拾取点"选择边界

② 添加：选择对象：根据构成封闭区域的选定对象确定边界，如图 4-42 所示。使用"选择对象"选项时，HATCH 不自动检测内部对象。必须选择选定边界内的对象，以按照当前孤岛检测样式填充这些对象。

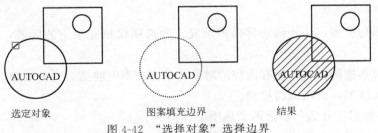

选定对象　　　　图案填充边界　　　　结果

图 4-42　"选择对象"选择边界

每次单击"选择对象"时，HATCH 将清除上一选择集，如图 4-43 所示。选择对象时，可以随时在绘图区域单击鼠标右键以显示快捷菜单。可以利用此快捷菜单放弃最后一个或所有选定对象、更改选择方式、更改孤岛检测样式、预览图案填充或填充。

选定对象　　　　　　选定文字　　　　　　结果

图 4-43　"清除上一选择集"选择边界

③ 删除边界：从边界定义中删除之前添加的任何对象。

④ 重新创建边界：围绕选定的图案填充或填充对象创建多段线或面域，并使其与图案填充对象相关联（可选）。

⑤ 查看选择集：在用户定义了边界后，可以通过该按钮来查看选择集。

（5）选项　控制几个常用的图案填充或填充选项。

① 注释性：指定图案填充为注释性。此特性会自动完成缩放注释过程，从而使注释能够以正确的大小在图纸上打印或显示。

② 关联：指定图案填充或填充为关联图案填充。关联的图案填充或填充在用户修改其边界对象时将会更新。

③ 创建独立的图案填充：控制当指定了几个单独的闭合边界时，是创建单个图案填充对象，还是创建多个图案填充对象。

④ 绘图次序：为图案填充或填充指定绘图次序。图案填充可以放在所有其他对象之后、所有其他对象之前、图案填充边界之后或图案填充边界之前。

⑤ 图层：指定将图案填充对象添加到的图层。

⑥ 透明度：设定新图案填充对象的透明度级别，替代默认对象透明度。

⑦ 滑块："图案填充类型"设定为"渐变色"时，此选项指定将某种颜色的明色（选定颜色与白色混合）用于一种颜色的渐变填充。

（6）继承特性　使用选定图案填充对象的图案填充或填充特性对指定的边界进行图案填充或填充。

（7）孤岛　位于图案填充边界内的封闭区域称为孤岛。

① 普通孤岛检测：从外部边界向内填充。如果遇到内部孤岛，填充将关闭，直到遇到孤岛中的另一个孤岛。

② 外部孤岛检测：从外部边界向内填充。此选项仅填充指定的区域，不会影响内部孤岛。

③ 忽略孤岛检测：忽略所有内部的对象，填充图案时将通过这些对象。

④ 无孤岛检测：关闭孤岛检测。

（8）边界保留　有选与不选两个选项。

① 不保留边界：不创建封闭图案填充对象的独立对象。此选项仅在图案填充创建期间可用。

② 保留边界：对象类型分为以下两种。

a. 多段线：创建封闭图案填充对象的多段线。此选项仅在图案填充创建期间可用。

b. 面域：创建封闭图案填充对象的面域对象。此选项仅在图案填充创建期间可用。

（9）边界集　指定对象的有限集称为边界集，以便通过创建图案填充时的拾取点进行计算。

① 使用当前视口：从当前视口范围内的所有对象定义边界集。此选项仅在图案填充创建期间可用。

② 使用边界集：从使用"定义边界集"选定的对象定义边界集。此选项仅在图案填充创建期间可用。

（10）允许的间隙　设定将对象用作图案填充边界时可以忽略的最大间隙。默认值为0，此时指定对象必须是封闭区域而没有间隙。移动切片或按图形单位输入一个值（0～5000），以设定将对象用作图案填充边界时可以忽略的最大间隙。任何小于等于指定值的间隙都将被忽略，并将边界视为封闭。

（11）继承选项　有两个项目。

① 使用当前原点：使用选定图案填充对象（除图案填充原点外）设定图案填充的特性。

② 用源图案填充原点：使用选定图案填充对象（包括图案填充原点）设定图案填充的特性。

【实例】

将如图 4-44(a) 所示剖面图填充成如图 4-44(b) 所示，A 部分填充混凝土图例，B 部分填充钢筋混凝土图例。

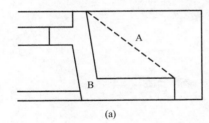
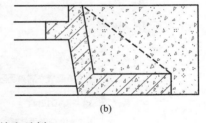

(a)　　　　　　　　　　　　　　　(b)

图 4-44　图案填充示例

操作过程如下。

命令：bhatch

在命令栏输入 t（设置），回车后系统将弹出如图 4-39 所示"图案填充和渐变色"对话框，单击"图案（P）"右侧的 …，在弹出的"填充图案选项板"中找到如图 4-45 所示的图案 AR-CONC。

点击 确定 后重回如图 4-39 所示"图案填充和渐变色"对话框，再单击 添加:拾取点(K) 按钮，返回屏幕图形后，在屏幕上 A 和 B 区域内各任意点击一点，返回对话框，点击 预览 ，屏幕出现预填充图形，此时命令提示窗口出现"

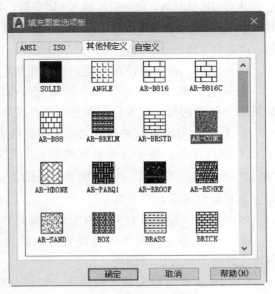

图 4-45　选择填充图案

BHATCH 拾取或按 ESC 键返回到对话框或< 单击右键接受图案填充> :"提示，如果填充满足要求，回车即可；如果需要修改，则按键盘左上角的"Esc"键，重新回到如图 4-39 所示"图案填充和渐变色"对话框，在此可以重设比例参数，反复此种操作，直至满意为止。重复此操作，可以填充钢筋混凝土图例，填充钢筋混凝土图例需要在 B 区域重复两次填充，一次填入 ANSI31 图案，一次填入 AR-CONC 图案。填充时注意调整图案的比例。

【技巧】

① 填充图案时应该整体，如果用分解命令将其分解，将会增加图形文件的字节数，因此最好不要分解填充图样。

② 填充图案时，图形的边界必须是封闭的，因此填充前最好用 BOUNDARY 命令生成填充边界。

③ 有时因为填充的区域比较大，系统计算时非常慢且容易出错。对于大面积图案填充时，可先用直线将其划分为几个小块，然后逐一填充。

二、渐变色填充

【命令】 GRADIENT

【工具钮】

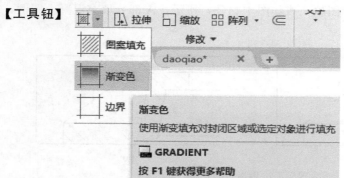

执行 GRADIENT 命令后，输入 t 回车后，系统将弹出如图 4-39 所示"图案填充和渐变色"对话框。"渐变色"选项卡用来定义要应用的渐变填充的外观。默认状态下此对话框也是折叠的，点击右下角的 ⊙ 按钮，对话框全部展开，如图 4-46 所示。点击 ⊙，又会重新折叠。

（1）颜色　指定是使用单色还是使用双色混合色填充图案填充边界。

① 单色：指定填充是使用一种颜色与指定染色（颜色与白色混合）间的平滑转场还是使用一种颜色与指定着色（颜色与黑色混合）间的平滑转场。

② 双色：指定在两种颜色之间平滑过渡的双色渐变填充。

③ 颜色样例：指定渐变填充的颜色（可以是一种颜色，也可以是两种颜色）。单击"浏览"按钮 ... 以显示"选择颜色"对话框，从中可以选择 AutoCAD 颜色索引（ACI）颜色、真彩色或配色系统颜色。

（2）方向　指定渐变色的角度以及其是否对称。

① 居中：指定对称渐变色配置。如果没有选定此选项，渐变填充将朝左上方变化，创建光源在对象左边的图案。

② 角度：指定渐变填充的角度。相对当前 UCS 指定角度。此选项与指定给图案填充的角度互不影响。

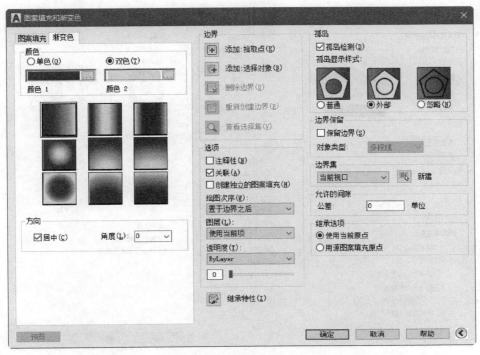

图 4-46　"图案填充和渐变色—渐变色"选项

第四节　编辑图案填充

一、使用命令编辑

【命令】　HATCHEDIT

【工具钮】　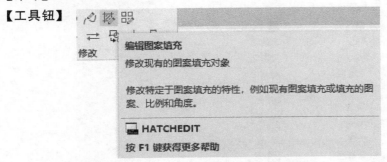

执行 HATCHEDIT 命令后会要求选择要编辑修改的填充图案，选择完毕后会弹出"图案填充编辑"对话框，默认状态下此对话框也是折叠的，点击右下角的 ⊙ 按钮，对话框全部展开，如图 4-47 所示。

"图案填充编辑"对话框与如图 4-39 所示"图案填充和渐变色"对话框基本相同，只是其中有一些选项按钮被禁止使用，其他项目均可以更改设置，结果反映在选择的填充图案上。

图 4-47　"图案填充编辑"对话框

二、直接双击被编辑图案

在屏幕上直接双击被编辑图案，屏幕弹出"图案填充"选项板，如图 4-48 所示，在此可以修改所列出的各项参数，修改后点击右上角按钮"✖"，再按"Esc"键退出即完成修改。

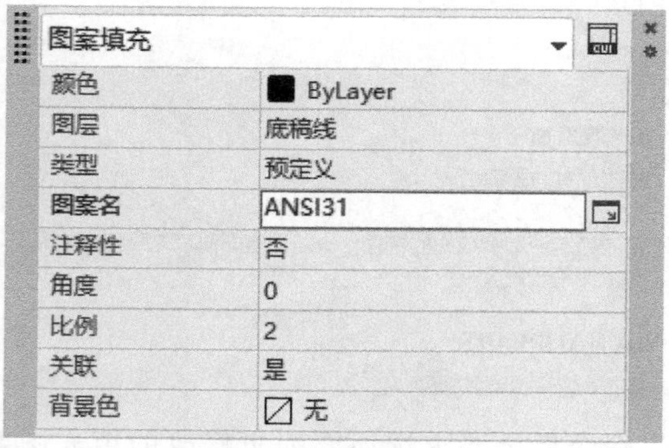

图 4-48　"图案填充"选项板

三、利用夹点编辑图案填充

默认情况下，有边界的图案填充是关联的，即图案填充对象与图案填充边界对象相关联：对边界对象的更改将自动应用于图案填充。如图 4-49 所示表示了用夹点编辑具有关联性的图案填充：如图 4-49(a) 所示是改变了外轮廓的形状；如图 4-49(b) 所示是改变了圆形的大小。

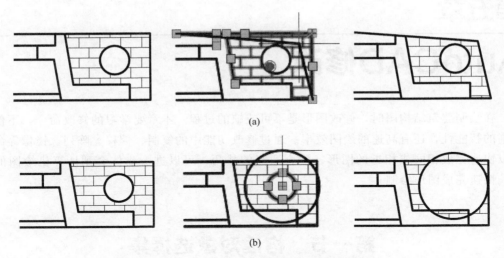

图 4-49 利用夹点编辑具有关联性的图案填充

第五章

AutoCAD修改

在绘制建筑结构图时，修改图形是不可或缺的过程。本章要学习的修改命令，不仅有较高的智能性，还有高速的绘图效率。通过修改功能中的复制、偏移、阵列、镜像等命令可以快速完成相同或相近的图形。配合适当的技巧，可以进一步体会到计算机绘图的优势，快速完成图形绘制。

第一节　构建对象选择集

在进行每一次编辑操作时，都需要选择被操作的对象，也就是要明确对哪个或哪些对象进行修改，这时需要构建选择集。使用 AutoCAD 的修改命令时，首先要选择命令然后再选择单个或多个想修改的对象或实体（也可以先选择对象或实体，再使用相应的命令），这样才能完成对所选对象或实体的修改。修改对象亦称为编辑对象。

一、单个选择对象

在选择对象时，矩形拾取框光标放在要选择对象的位置上时，选取的对象会以亮度方式显示，单击即可选择对象。

拾取框的大小由"选项"对话框"选择集"选项卡控制。用户可以选择一个对象，也可以逐个选择多个对象，如图 5-1 所示。

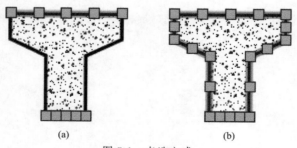

(a)　　　　　　　　　　　　(b)

图 5-1　点选方式

选择彼此接近或重叠的对象通常是很困难的，如图 5-2 所示的样例显示了拾取框中的直线和圆。

如果打开选择集预览，通过将对象滚动到顶端使其亮显，然后按住 Shift 键并连续按空格键，可以在这些对象之间循环。所需对象亮显后，单击鼠标左键以选择该对象。

如果关闭选择集预览，按住 Shift＋空格键并单击以逐个在这些对象之间循环，直到选定所

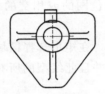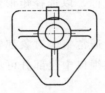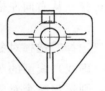

第一个选定的对象　　　第二个选定的对象　　　第三个选定的对象

图 5-2　选择彼此接近的对象

需对象。按 Esc 键关闭循环，按住 Shift 键并再次选择对象，可以将其从当前选择集中删除。

二、窗口方式

在指定两个角点的矩形范围内选取对象，如图 5-3 所示。指定对角点来定义矩形区域，区域背景的颜色将更改，变成透明的。从第一点向对角点拖动光标的方向将确定选择的对象。

（1）窗口选择　从左向右拖动光标，以仅选择完全位于矩形区域中的对象，如图 5-3（a）所示。

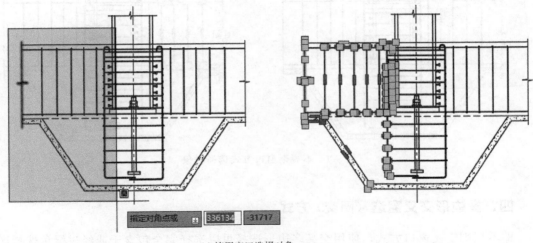

(a) 使用窗口选择对象

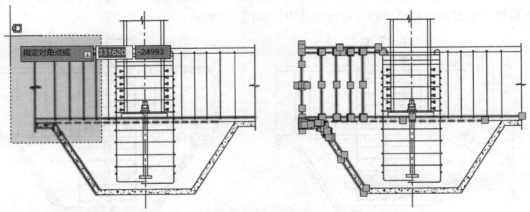

(b) 使用交叉窗口选择对象

图 5-3　窗口方式

（2）窗交选择　从右向左拖动光标，以选择矩形窗口包围的或相交的对象，如图 5-3 (b) 所示。

使用"窗口选择"选择对象时，通常整个对象都要包含在矩形选择区域中。然而，如果含有非连续（虚线）线型的对象在视口中仅部分可见，并且此线型的所有可见矢量封闭在选择窗口内，则选定整个对象。

三、多边形窗选（圈围）方式

即不规则窗口方式。指定点来定义不规则形状区域，使用窗口多边形选择来选择完全封闭在蓝色选择区域中的对象。在"选择对象"提示下键入 wp 后回车，可构造任意不规则多边形，该多边形可以为任意形状，但不能与自身相交或相切，多边形在任何时候都是闭合的。包含在内的对象均被选中，如图 5-4 所示。

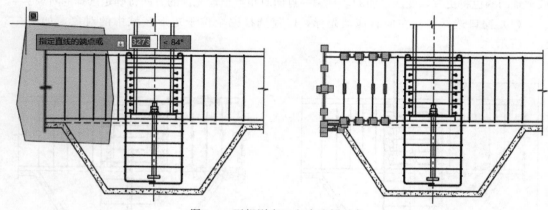

图 5-4　不规则窗口方式选择对象

四、多边形交叉窗选（圈交）方式

即不规则交叉窗口方式，使用交叉多边形选择可以选择完全包含于或经过绿色选择区域的对象。在"选择对象"提示下键入 cp 后回车，可构造任意不规则多边形，在此多边形内的对象以及与它相交的对象均被选中，如图 5-5 所示。

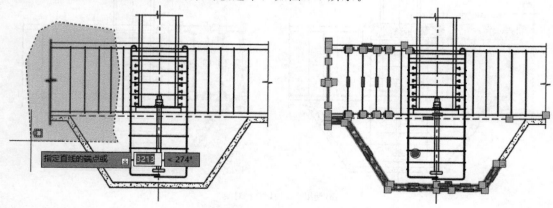

图 5-5　不规则交叉窗口方式选择对象

五、全选方式

在"选择对象"提示下键入 all 后回车，选择模型空间或当前布局中除冻结图层或锁定图层上的对象之外的所有对象，如图 5-6 所示。

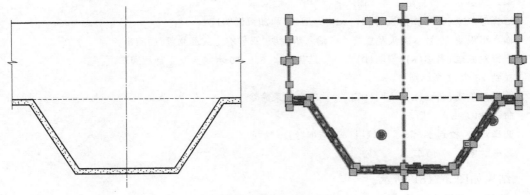

图 5-6　全选方式选择对象

六、编组方式

利用此功能可事先将若干对象编成组，这样可以在绘制同一图形的任意时刻编辑该组对象，并且编组将随图形一起保存。在图形作为块或外部参考而插入到其他图形中后，编组仍然有效，但要使用该编组对象，必须将插入的图形分解。

【实例】

将如图 5-7(a) 所示中的 1、3、5、7、9 水龙头及立管编成"组一"，将 2、4、6、8、10 水龙头及立管编成"组二"，然后删除组一。

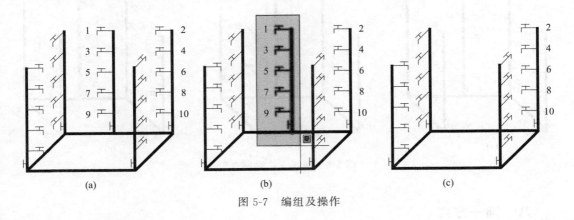

(a)　　　　　　　　　　(b)　　　　　　　　　　(c)

图 5-7　编组及操作

操作步骤如下。

命令:_group　回车

选择对象或[名称(N)/说明(D)]:n　回车(给组命名)

输入编组名或[?]:组一　输入名字"组一"后回车

选择对象或[名称(N)/说明(D)]:d   回车(添加组说明)

输入组说明:单号水龙头及立管   输入组说明"单号水龙头及立管"后回车

选择对象或[名称(N)/说明(D)]:   选择 1、3、5、7、9 水龙头及立管[如图 5-7(b)所示]后回车

找到 28 个,1 个编组

选择对象或[名称(N)/说明(D)]:n   回车(给组命名)

输入编组名或[?]:组二   输入名字"组二"后回车

选择对象或[名称(N)/说明(D)]:d   回车(添加组说明)

输入组说明:双号水龙头及立管   输入组说明"双号水龙头及立管"后回车

选择对象或[名称(N)/说明(D)]:   选择 2、4、6、8、10 水龙头及立管后回车

找到 28 个,1 个编组

选择对象或[名称(N)/说明(D)]:   回车结束命令

命令:ERASE   回车

选择对象:找到 16 个,1 个编组   选取"组一"后回车

选择对象: 回车

结果如图 5-7(c) 所示。

另外,如果在"选择对象"提示下,直接选择某一组中的一个对象,该组中的全部对象则被选中,此时的编组为打开。若想关闭编组,可用"Ctrl+A"切换。

七、栏选方式

也叫围线方式。如图 5-8(a) 所示的图形,命令过程在"选择对象"提示下键入 f 后回车,可构造一个开放的多点围线,与围线相交的对象均被选择,如图 5-8(c) 所示。栏选方法与圈交方法相似,只是栏选不闭合,并且栏选可以自交,如图 5-8(b) 所示。

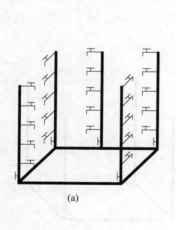 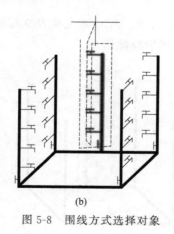 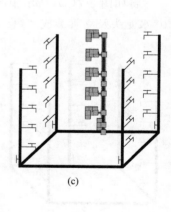

(a)   (b)   (c)

图 5-8　围线方式选择对象

八、前一方式

在"选择对象"提示下键入 p 后回车,则将执行当前编辑命令以前最近一次创建的可见对象。对象必须在当前空间(模型空间或图纸空间)中,并且一定不要将对象的图层设定为冻结或关闭状态。

九、最后方式

在"选择对象"提示下键入 l 后回车，选中图形窗口内最后一个创建的对象。

十、删（扣）除方式

在"选择对象"提示下键入 r 后回车，可以点击一个对象让它退出选择集。删除模式的替换模式是在选择单个对象时按下 Shift 键，或者使用"自动"选项。

十一、添加方式

又称返回到加入方式，在扣除模式下，即"删除对象"提示下键入 a，回车，Auto-CAD 会提示"选择对象"，这时返回到加入模式。

十二、交替选择对象

如果有两个以上的对象相互重叠在某一个位置，或相互位置非常接近，此时不想全部选择，则可以配合 Ctrl 键来进行选择。

AutoCAD 支持循环选择对象。在选择对象之前，按住 Ctrl 键，再点取需要选择的对象，被选择的对象将被高亮显示。如果显示的不是需要的对象，则可以继续点取，同一位置的其他对象将被依次选中。当选中希望的对象时，松开 Ctrl 键并回车确认即可。

十三、快速选择对象

在命令行中输入 QSELECT 命令，或单击鼠标右键，在弹出的菜单中选择快速选择选项，系统会弹出"快速选择"对话框，如图 5-9 所示。

对话框中各项含义如下。

（1）应用到　可以设置本次操作的对象是整个图形或当前选择集。

（2）对象类型　指定对象的类型，调整选择的范围。

（3）特性　选择对象的属性，如图层、颜色、线型等。

（4）运算符　选择运算格式。

（5）值　设置和特性相匹配的值。可以在特性、运算符和值中设定多个表达式，各条件之间是逻辑"与"的关系。

（6）如何应用

① 包括在新选择集中：按设定的条件创建新的选择集。

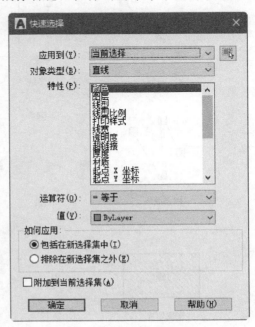

图 5-9　"快速选择"对话框

② 排除在新选择集之外：符合设定条件的对象被排除在选择集之外。

（7）附加到当前选择集　如果选中该复选框，表示符合条件的对象被增加到当前选择集中，否则，符合条件的选择集将取代当前的选择集。

十四、子对象

子对象是指三维实体、曲面或网格对象的面、边或顶点。可以使用多种方法控制选择哪些子对象，按住 Ctrl 键可以选择复合实体上的面，如图 5-10 所示。

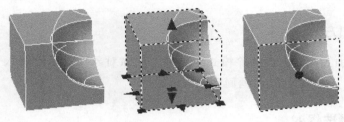

图 5-10　子对象

第二节　夹点编辑

夹点又称穴点、关键点，是指图形对象上可以控制对象位置、大小的关键点。比如直线，中点可以控制其位置，两个端点可以控制其长度和位置，所以一条直线有三个夹点。当在命令提示状态下选择了图形对象时，会在图形对象上显示出蓝色小方框表示的夹点。部分常见对象的夹点模式如图 5-11 所示。

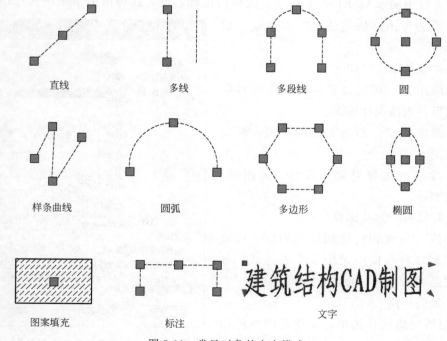

图 5-11　常见对象的夹点模式

　　在选取图形对象后，选中一个或多个夹点，再单击鼠标右键，系统会弹出屏幕夹点修改快捷菜单。在菜单中列出了一系列可以进行的修改项目，用户可以选取相应的菜单命令进行修改。

一、利用夹点拉伸对象

　　利用夹点拉伸对象，选中对象的两侧夹点，该夹点和光标一起移动，在目标位置按下鼠标左键，则选取的夹点将会移动到新的位置。如图 5-12 所示。

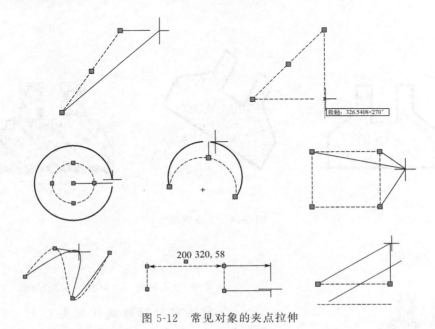

图 5-12　常见对象的夹点拉伸

二、利用夹点移动对象

　　利用夹点移动对象，可以选中目标后，单击鼠标右键，在随位菜单中选择"移动"操作。也可以选中某个夹点进行移动，则所选对象随之一起移动，在目标点按下鼠标左键即可，所选对象就移动到新的位置，如图 5-13 所示。

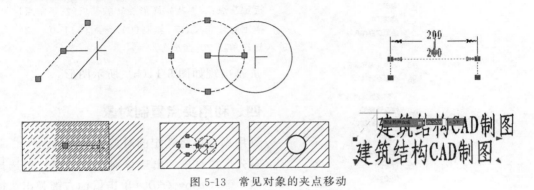

图 5-13　常见对象的夹点移动

三、利用夹点旋转对象

利用夹点可将选定的对象进行旋转。

首先选择对象，出现该对象的夹点，再选择一基点，键入 rotate（ro）（单击鼠标右键弹出快捷菜单，从中选择旋转）。

【实例】

利用夹点将如图 5-14（a）所示基础绕左下角点逆时针旋转 30°变成如图 5-14（b）所示。

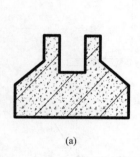
(a)

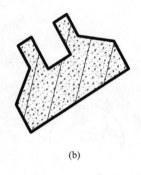
(b)

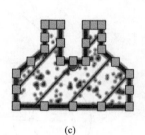
(c)

图 5-14　夹点旋转

操作过程如下。

图 5-15　随位菜单

命令:选定对象　　如图 5-14(c)所示

将十字光标放到任意夹点上（例如中心夹点），单击鼠标右键，弹出如图 5-15 所示的随位菜单，单击"旋转"，命令行出现如下提示：

命令:_rotate
UCS 当前的正角方向：ANGDIR=逆时针　ANGBASE=0
找到 15 个
指定基点：　指定图形旋转的基点(左下角点)
指定旋转角度，或 [复制(C)/参照(R)]<0> :30
输入旋转角度 30,回车

屏幕出现如图 5-14(b) 所示图形。

四、利用夹点复制对象

利用夹点可将选定的对象多重复制。

首先选择对象，出现该对象的夹点，再选择一基点，键入 copy（co）（单击鼠标右键弹出快捷菜单，从中选择"复制选择"）。

【实例】

利用夹点将如图 5-16(a) 所示图形再复制三个变成图 5-16(b) 所示。

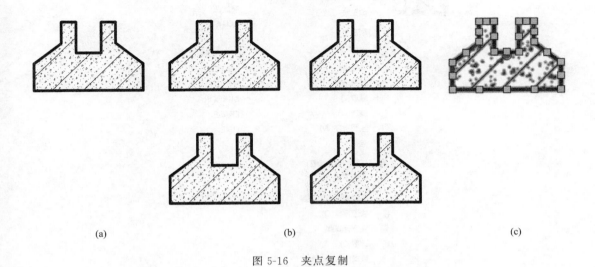

(a)   (b)   (c)

图 5-16　夹点复制

操作过程如下。

命令:选定对象　　*如图 5-16(c)所示*

将十字光标放到任意夹点上（例如中心夹点），单击鼠标右键，弹出在如图 5-15 所示的随位菜单，单击"复制选择"，命令行出现如下提示：

命令:_copy　找到 15 个

当前设置：　复制模式=多个

指定基点或 [位移(D)/模式(O)]<位移>:　　*指定复制图形的基点(此例为左下角点)*

指定第二个点或 [阵列(A)]<使用第一个点作为位移>:　　*原有的为第一复制对象*

指定第二个点或 [阵列(A)/退出(E)/放弃(U)]<退出>:　　*点击第二复制对象的基点*

指定第二个点或 [阵列(A)/退出(E)/放弃(U)]<退出>:　　*点击第三复制对象的基点*

指定第二个点或 [阵列(A)/退出(E)/放弃(U)]<退出>:　　*点击第四复制对象的基点,回车*

屏幕出现如图 5-16(b) 所示图形。

五、利用夹点删除对象

选中对象后，按"Delete"键就可。

六、利用夹点的其他操作

选择对象，出现该对象的夹点后，单击鼠标右键弹出快捷菜单，单击"最近的输入"，子菜单列出最近使用过的命令，可以从中选择所要的操作，如图 5-17 所示。

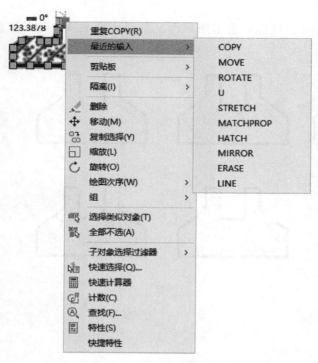

图 5-17　夹点的左后操作菜单

第三节　基本修改命令与技巧

理论上来说，掌握基本的绘图命令之后，就可以进行二维绘图了。事实上，如果要达到快速精确制图，还必须熟练地掌握基本的修改命令，因为在二维绘图工作中，大量的工作需要修改命令来完成。夹点修改固然简洁，但它的功能不够强大，要完成复杂的修改任务，基本的修改命令是不可或缺的。

一、移动

移动命令可以将一组或一个对象从一个位置移动到另一个位置。

【命令】　MOVE（M）

【工具钮】

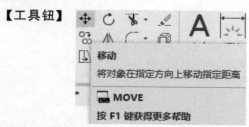

【命令及提示】

命令:_move

选择对象：

选择对象：

指定基点或[位移(D)]<位移>：

指定第二个点或<使用第一个点作为位移>：

【参数说明】

① 选择对象：选择欲移动的对象。

② 指定基点或［位移（D）］＜位移＞：指定移动的基点或直接输入位移。

③ 指定第二个点或＜使用第一个点作为位移＞：如果点取了某点，则指定位移第二点；如果直接回车，则用第一点的数值作为位移移动对象。

【技巧】

采用诸如对象捕捉等辅助绘图手段来精确移动对象。

【实例】

将钢筋断面图从 A 点移到 B 点，如图 5-18 所示。

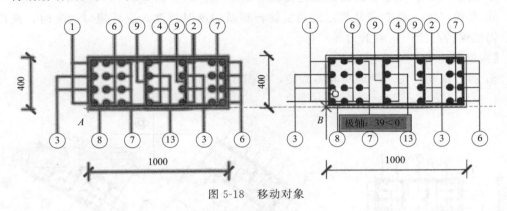

图 5-18　移动对象

操作过程如下。

命令：_move

选择对象：找到 134 个　　选择钢筋断面图

选择对象：　　回车结束对象选择

指定基点或位移：　　点取 A 点，作为移动后的插入点

指定位移的第二点或<用第一点作位移>：　　点取 B 点，插入钢筋断面图

二、旋转

旋转命令可以将某一对象旋转一个指定角度或参照一个对象进行旋转。

【命令】 ROTATE（RO）

【工具钮】

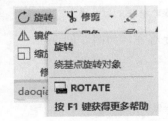

【命令及提示】

命令:_rotate

UCS 当前的正角方向: ANGDIR=逆时针   ANGBASE=0

选择对象:

选择对象:

指定基点:

指定旋转角度,或 [复制(C)/参照(R)]<0> :

【参数说明】

① 选择对象:选择欲旋转的对象。

② 指定基点:指定旋转的基点。

③ 旋转角度:决定对象绕基点旋转的角度,旋转轴通过指定的基点,并且平行于当前 UCS 的 z 轴。默认旋转角度为 0°(不旋转)。

④ 复制(C):创建要旋转的选定复制对象。

⑤ 参照(R):将对象从指定的角度旋转到新的绝对角度,旋转视口对象时,视口的边框仍然保持与绘图区域的边界平行。

【实例】

① 通过拖动将图示钢筋断面图旋转,如图 5-19 所示。

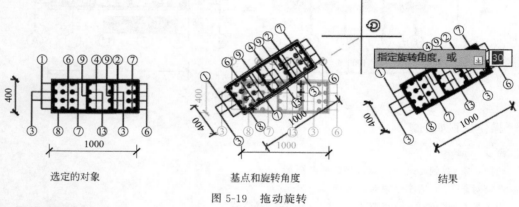

选定的对象   基点和旋转角度   结果

图 5-19 拖动旋转

操作过程如下。

命令:_rotate

UCS 当前的正角方向: ANGDIR=逆时针   ANGBASE=0

选择对象:指定对角点:找到 134 个   选择钢筋断面图(矩形范围)

选择对象: 回车结束对象选择

指定基点: 拾取旋转基点(本例为钢筋断面图左下角点)

指定旋转角度,或 [复制(C)/参照(R)]<0> :   拾取非轴线上另一点

② 使用"参照"选项,旋转对象与绝对角度对齐,如图 5-20 所示。

操作过程如下。

命令:_rotate

UCS 当前的正角方向: ANGDIR=逆时针   ANGBASE=0

选择对象:指定对角点:找到 8 个　　选择对象(矩形 1～2 范围)

选择对象:　回车结束对象选择

指定基点:　拾取 3 点,作为旋转基点

指定旋转角度,或[复制(C)/参照(R)]<0>:r　输入 r(参照)并回车结束选项

指定参照角<0>:　指定第二点:　指定参照点 4、5

指定新角度或[点(P)]<0>:90　输入新角度 90 回车结束操作

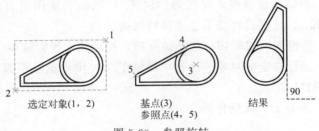

选定对象(1, 2)　　　基点(3)　　　结果
　　　　　　　　参照点(4, 5)

图 5-20　参照旋转

三、修剪

绘图中经常需要修剪图形,将超出的部分去掉,以便使图形对象精确相交。修剪命令是以指定的对象为边界,将要修剪的对象剪去超出的部分。

有两种模式可用于修剪对象:"快速"模式和"标准"模式。

①"快速"模式:选择要修剪的对象,按住并拖动以开始徒手选择路径,或拾取两个空位置以指定交叉围栏。所有对象都自动用作剪切边,将删除无法修剪的选定对象。

②"标准"模式:先选择边界,然后按 Enter 键。再选择要修剪的对象。如果要将所有对象全部用作边界,可在首次出现"选择对象"提示时按 Enter 键。

【注意】

TRIMEXTENDMODE 系统变量控制 TRIM 命令是默认为"快速"还是"标准"行为。"1"为快速,"0"为标准。

【命令】 TRIM

【工具钮】

【命令及提示】

命令:_trim
当前设置:投影=UCS,边=无,模式=快速
选择要修剪的对象,或按住 Shift 键选择要延伸的对象或[剪切边(T)/窗交(C)/模式(O)/投影(P)/删除(R)]:
　选择要修剪的对象,或按住 Shift 键选择要延伸的对象或[剪切边(T)/窗交(C)/模式(O)/投影(P)/删除(R)/放弃(U)]:

【参数说明】

① 选择要修剪的对象：选择欲修剪的对象。

② 按住 Shift 键选择要延伸的对象：延伸选定对象而不是修剪它们。此选项提供了一种在修剪和延伸之间切换的简便方法。

③ 剪切边（T）：指定一个或多个对象以用作修剪边界。

④ 窗交（C）：选择矩形区域（由两点确定）内部或与之相交的对象。

⑤ 模式（O）：将默认修剪模式设置为"快速"，该模式使用所有对象作为潜在剪切边，或设置为"标准"，该模式将提示您选择剪切边。

⑥ 投影（P）：按投影模式剪切，选择该项后，提示输入投影选项。

⑦ 删除（R）：删除选定的对象。此选项提供了一种用来删除不需要的对象的简便方式，而无需退出 TRIM 命令。

⑧ 放弃（U）：放弃上一次延伸操作。

【技巧】

对块中包含的图元或多线等进行操作前，必须先将它们分解，使之失去块、多线的性质才能进行修剪编辑。

【实例 1】"快速"模式

将如图 5-21(a) 所示门口的墙体剪掉，结果如图 5-21(b) 所示。

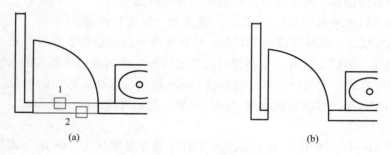

图 5-21 修剪（"快速"模式）

操作过程如下。

命令：_trim

当前设置：投影= UCS,边= 无,模式= 快速

选择要修剪的对象,或按住 Shift 键选择要延伸的对象或 [剪切边(T)/窗交(C)/模式(O)/投影(P)/删除(R)]：　点取第一条墙线

选择要修剪的对象,或按住 Shift 键选择要延伸的对象或 [剪切边(T)/窗交(C)/模式(O)/投影(P)/删除(R)/放弃(U)]：　点取第二条墙线

选择要修剪的对象,或按住 Shift 键选择要延伸的对象或 [剪切边(T)/窗交(C)/模式(O)/投影(P)/删除(R)/放弃(U)]：　回车结束

【实例 2】"标准"模式

如图 5-22(a) 所示以直线 1、2 为边界，将直线 3、4 剪去，如图 5-22(b) 所示。

操作过程如下。

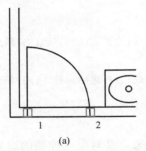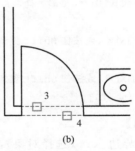

图 5-22 修剪（"标准"模式）

命令:TRIMEXTENDMODE

输入 TRIMEXTENDMODE 的新值 <1> :0　　 输入 0 变量

命令:_trim

当前设置:投影= UCS,边= 无,模式= 标准

选择剪切边...

选择对象或 <全部选择> :找到 11 个　　点取直线 1、2,作为剪切边

选择对象:　 回车结束对象选择

选择要修剪的对象,或按住 Shift 键选择要延伸的对象,或[栏选(F)/窗交(C)/投影(P)/边(E)/删除(R)/放弃(U)]:e　　 选择边选项

输入隐含边延伸模式 [延伸(E)/不延伸(N)] <不延伸> :e　　 让边延伸

选择要修剪的对象,或按住 Shift 键选择要延伸的对象,或[栏选(F)/窗交(C)/投影(P)/边(E)/删除(R)/放弃(U)]:　　 点取 3、4 直线

选择要修剪的对象,或按住 Shift 键选择要延伸的对象,或[栏选(F)/窗交(C)/投影(P)/边(E)/删除(R)/放弃(U)]:　　 回车结束修剪命令

四、延伸

延伸是以指定的对象为边界，延伸某对象与之精确相交。

【命令】 EXTEND

【工具钮】

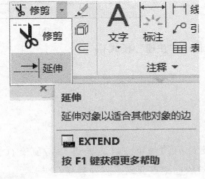

【命令及提示】

命令:_extend

当前设置:投影=UCS,边=延伸,模式=标准

选择边界边...

选择对象或[模式(O)]<全部选择>：

选择对象：

选择要延伸的对象，或按住 Shift 键选择要修剪的对象，或[边界边(B)/栏选(F)/窗交(C)/模式(O)/投影(P)/边(E)]：

选择要延伸的对象，或按住 Shift 键选择要修剪的对象，或[边界边(B)/栏选(F)/窗交(C)/模式(O)/投影(P)/边(E)/放弃(U)]：

【参数说明】

① 选择边界边...（选择对象）：使用选定对象来定义对象延伸到的边界。

② 选择要延伸的对象：选择欲延伸的对象，按 Enter 键结束命令。

③ 按住 Shift 键选择要修剪的对象：将选定对象修剪到最近的边界而不是将其延伸。这是在修剪和延伸之间切换的简便方法。

④ 边界边（B）：使用选定对象来定义对象延伸到的边界。

⑤ 栏选（F）：选择与选择栏相交的所有对象。选择栏是一系列临时线段，它们是用两个或多个栏选点指定的。选择栏不构成闭合环。

⑥ 窗交（C）：选择矩形区域（由两点确定）内部或与之相交的对象。

⑦ 模式（O）：将默认延伸模式设置为"快速"（使用所有对象作为潜在边界边）或"标准"（提示选择边界边）。

⑧ 投影（P）：按投影模式延伸，选择该项后，提示输入投影选项。

⑨ 边（E）：按边的模式延伸，选择该项后，提示输入隐含边延伸模式。

⑩ 放弃（U）：放弃上一次延伸操作。

【实例 1】 "快速"模式

将如图 5-23(a) 所示图形变成如图 5-23(b) 所示。

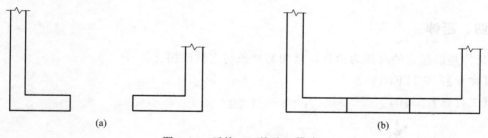

(a) (b)

图 5-23 延伸（"快速"模式）

操作过程如下。

命令: _extend

当前设置:投影=UCS,边=无,模式=快速

选择要延伸的对象,或按住 Shift 键选择要修剪的对象或 [边界边(B)/窗交(C)/模式(O)/投影(P)]：   点取第一条直线(注意拾取框的位置,拾取框距离哪端近就往哪端延伸)

选择要延伸的对象,或按住 Shift 键选择要修剪的对象或 [边界边(B)/窗交(C)/模式(O)/投影(P)/放弃(U)]：   点取第二条直线(注意拾取框的位置,拾取框距离哪端近就往哪端延伸)

选择要延伸的对象,或按住 Shift 键选择要修剪的对象或 [边界边(B)/窗交(C)/模式(O)/投影(P)/放弃(U)]：   回车结束

【实例 2】 "标准"模式

将如图 5-24(a) 所示图形变成如图 5-24(c) 所示。

(a) 选定的边界　　　　　(b) 选定要延伸的对象　　　　　(c) 结果

图 5-24　延伸 ("标准"模式)

操作过程如下。

命令:_extend

当前设置:投影=UCS,边=延伸,模式=标准

选择边界边…

选择对象或[模式(O)]<全部选择>: 指定对角点: 点取次圆,作为边界的边

选择对象: 回车结束边界选择

选择要延伸的对象,或按住 Shift 键选择要修剪的对象,或[边界边(B)/栏选(F)/窗交(C)/模式(O)/投影(P)/边(E)]: 点取六组轮毂

选择要延伸的对象,或按住 Shift 键选择要修剪的对象,或[边界边(B)/栏选(F)/窗交(C)/模式(O)/投影(P)/边(E)/放弃(U)]: 回车结束延伸命令

五、删除对象

删除命令用来将图形中不需要的对象彻底清除干净。

【命令】 ERASE（E）

【工具钮】

【命令及提示】

命令:_erase

选择对象:

【参数说明】

选择对象:选择要删除的对象,可以采用任意的对象选择方式进行选择。

【技巧】

① 如果先选择了对象,在显示夹点后,可通过 Del 键删除对象。

② 如果先选择了对象，在显示夹点后，可通过"剪切"命令删除对象。

【实例】

删除如图 5-25 所示对象，(a) 用删除命令，(b) 用直接删除，(c) 用剪切命令。

(a)   (b)   (c)

图 5-25　删除对象

操作过程如下。

命令:_erase
选择对象:找到 7 个　　点击图 5-25(a)中对象
选择对象:　　回车结束对象选择
命令:　　点击图 5-25(b)中对象
命令:_erase　找到 3 个　　单击 Del 键
命令:　　点击图 5-18(c)中对象
命令:　　按 Ctrl+X
命令:_cutclip　找到 6 个

六、复制对象

对图形中相同的或相近的对象，不管其复杂程度如何，只要完成一个后，便可以通过复制命令产生若干个与之相同的图形。复制可以减少大量的重复性劳动。

【命令】　COPY（CO）

【工具钮】

【命令及提示】

命令:_copy
选择对象:
选择对象:
当前设置:　复制模式=多个
指定基点或[位移(D)/模式(O)]<位移>:

【参数说明】

① 选择对象：选择欲复制的对象。

② 当前设置：复制模式为多个复制。

③ 位移：原对象与目标对象之间的距离。

④ 模式（O）：分为一次复制一个和一次复制多个两种模式，默认为一次复制多个模式。

【技巧】

① 在确定位移时应充分利用诸如对象捕捉、栅格、捕捉和对象捕捉追踪等辅助工具来精确制图。

② 应灵活运用各种对象选择方法来选择要复制的对象。

【实例】

利用多重复制命令复制三个对象，如图 5-26 所示。

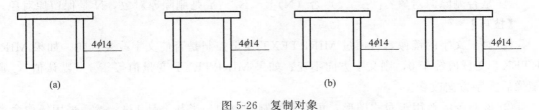

图 5-26　复制对象

操作过程如下。

```
命令:_copy
选择对象:指定对角点:找到 12 个      选中图 5-26(a)中图形,作为要复制的对象
选择对象:      回车,结束选择对象
当前设置:　复制模式=多个
指定基点或 [位移(D)/模式(O)]<位移>:      指定一个特征点,作为下次的插入点
指定第二个点或 [阵列(A)]<使用第一个点作为位移>:      指定第一个复制的位置点
指定第二个点或 [阵列(A)/退出(E)/放弃(U)]<退出>:      指定第二个复制的位置点
指定第二个点或 [阵列(A)/退出(E)/放弃(U)]<退出>:      指定第三个复制的位置点
指定第二个点或 [阵列(A)/退出(E)/放弃(U)]<退出>:      回车结束复制命令
```

七、镜像

对于对称的图形，可以只绘制一半甚至 1/4，然后通过采用镜像命令产生对称的部分。

【命令】　MIRROR（MI）

【工具钮】

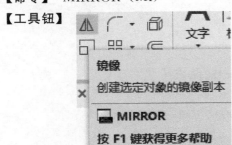

【命令及提示】

```
命令:_mirror
```

选择对象：

选择对象：

指定镜像线的第一点：

指定镜像线的第二点：

是否删除源对象？[是(Y)/否(N)]<N>：

【参数说明】

① 选择对象：选择欲镜像的对象。

② 指定镜像线的第一点：确定镜像轴线的第一点。

③ 指定镜像线的第二点：确定镜像轴线的第二点。

④ 是否删除源对象？[是（Y）/否（N）]<N>：Y 是删除原对象，N 是保留原对象。

【技巧】

① 对于文字的镜像，可通过 MIRRTEXT 变量控制是否使文字改变方向。如果 MIR-RTEXT 变量值等于 0，则文字方向不变；如果 MIRRTEXT 变量值等于 1（默认值），则镜像后文字方向改变。

② 该命令一般用于对称图形，可以只绘制其中的一半甚至是 1/4，然后采用镜像命令来产生其他对称的部分。

【实例】

将如图 5-27(a) 所示一个房间卫生间通过镜像命令再生成另一个对称房间卫生间，如图 5-27(b) 所示。

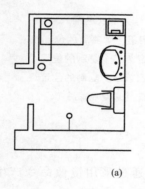

(a)

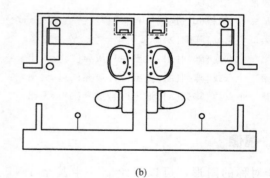

(b)

图 5-27　镜像对象

操作过程如下。

命令:_mirror

选择对象:找到 37 个　　选取卫生间

选择对象:指定镜像线的第一点：　　点取图中上段直线的右端点

指定镜像线的第二点：　　点取图中下段直线的右端点

是否删除源对象？[是(Y)/否(N)]<N>：　　回车(使用默认值,不删除原对象)

八、圆角

给对象加圆角，可以对圆弧、圆、椭圆、椭圆弧、直线、多段线、射线、样条曲线和构造线执行圆角操作。还可以对三维实体和曲面执行圆角操作。如果选择网格对象执行圆角操作，可以选择在继续进行操作之前将网格转换为实体或曲面。

【命令】　FILLET

【工具钮】

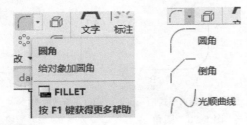

【命令及提示】

命令:_fillet
当前设置:模式=修剪,半径=0.0000
选择第一个对象或[放弃(U)/多段线(P)/半径(R)/修剪(T)/多个(M)]:
选择第二个对象,或按住 Shift 键选择对象以应用角点或[半径(R)]:

【参数说明】

① 选择第一个对象：选择倒圆角的第一个对象。

② 选择第二个对象：选择倒圆角的第二个对象。

③ 放弃（U）：恢复在命令中执行的上一个操作。

④ 多段线（P）：对多段线进行倒圆角。

⑤ 半径（R）：更改当前半径值，输入的值将成为后续 FILLET 命令的当前半径。修改此值并不影响现有的圆角圆弧。

⑥ 修剪（T）：设定修剪模式。如果设置成修剪模式，则不论两个对象是否相交或不足，均自动进行修剪。如果设定成不修剪，则仅仅增加一条指定半径的圆弧。

⑦ 多个（M）：控制 FILLET 是否将选定的边修剪到圆角圆弧的端点。

【技巧】

① 如果将圆角半径设置为0，则在修剪模式下，点取不平行的两条直线，它们将会自动准确相交。

② 如果为修剪模式，拾取点时应点取要保留的那一部分，让另一段被修剪。

③ 倒圆角命令不仅适用于直线，对圆和圆弧以及直线之间同样可以倒圆角。

④ 对多段线倒圆角时，如果多段线本身是封闭的，则在每一个顶点处自动倒圆角。如果多段线的最后一段和开始点是相连而不封闭，则该多段线的第一个顶点将不会被倒圆角。

【实例】

用两种不同的修剪模式将直线 A 和直线 B 连接起来，圆角半径为 50，如图 5-28(a)所示。

操作过程如下。

命令:_fillet
当前模式:模式=修剪,半径=10.0000
选择第一个对象或[放弃(U)/多段线(P)/半径(R)/修剪(T)/多个(M)]:r

指定圆角半径<10.0000> :50

选择第一个对象或[放弃(U)/多段线(P)/半径(R)/修剪(T)/多个(M)]:　　点取直线 A

选择第二个对象:　　点取直线 B

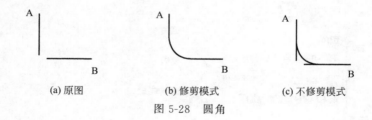

(a) 原图　　　　(b) 修剪模式　　　　(c) 不修剪模式

图 5-28　圆角

结果如图 5-28(b) 所示。

命令:_fillet

当前模式:模式=修剪,半径=10.0000

选择第一个对象或[放弃(U)/多段线(P)/半径(R)/修剪(T)/多个(M)]:r

指定圆角半径<10.0000> :50

选择第一个对象或[放弃(U)/多段线(P)/半径(R)/修剪(T)/多个(M)]:t　　更改修剪模式

输入修剪模式选项[修剪(T)/不修剪(N)]<修剪> :n　　设置为不修剪

选择第一个对象或[放弃(U)/多段线(P)/半径(R)/修剪(T)/多个(M)]:　　点取直线 A

选择第二个对象:　　点取直线 B

结果如图 5-28(c) 所示。

注意:对象之间可以有多个圆角存在,一般选择靠近期望的圆角端点的对象倒角,选择对象的位置对圆角的影响如图 5-29 所示。

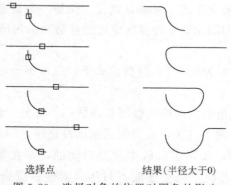

选择点　　　　　　结果(半径大于0)

图 5-29　选择对象的位置对圆角的影响

九、倒角

将按用户选择对象的次序应用指定的距离和角度给对象加倒角。可以倒角直线、多段线、射线和构造线,还可以倒角三维实体和曲面。如果选择网格进行倒角,则可以先将其转换为实体或曲面,然后再完成此操作。

【命令】　CHAMFER

【工具钮】

【命令及提示】

命令:_chamfer

("修剪"模式)当前倒角距离 1=0.0000,距离 2=0.0000

选择第一条直线或[放弃(U)/多段线(P)/距离(D)/角度(A)/修剪(T)/方式(E)/多个(M)]:

选择第二条直线,或按住 Shift 键选择直线以应用角点或[距离(D)/角度(A)/方法(M)]:

【参数说明】

① 第一条直线：选择倒角的第一条直线。

② 第二条直线：选择倒角的第二条直线。

③ 放弃（U）：恢复在命令中执行的上一个操作。

④ 多段线（P）：对多段线倒角。

⑤ 距离（D）：设置倒角距离。

⑥ 角度（A）：通过距离和角度来设置倒角大小。

⑦ 修剪（T）：设定修剪模式。如果为修剪模式，则倒角时自动将不足的补齐，超出的剪掉；如果为不修剪模式，则仅仅增加一倒角，原有图线不变。

⑧ 方式（E）：控制 CHAMFER 使用两个距离还是一个距离和一个角度来创建倒角。

⑨ 多个（M）：为多组对象的边倒角。

⑩ 方法（M）：设定修剪方法为距离或角度。

【技巧】

① 如果将两距离设定为 0 和修剪模式，可以通过倒角命令修齐两直线，而不论这两条不平行直线是否相交或需要延伸才能相交。

② 选择直线时的拾取点对修剪的位置有影响，一般保留拾取点的线段，而超过倒角的线段将自动被修剪。

③ 对多段线倒角时，如果多段线的最后一段和开始点是相连而不封闭，则该多段线的第一个顶点将不会被倒圆角。

【实例】

用两种不同的修剪模式将直线 A 和直线 B 连接起来，距离为 50，角度为 45°，如图 5-30(a) 所示。

操作过程如下。

(a) 原图　　　　　　(b) 修剪模式　　　　　　(c) 不修剪模式

图 5-30　倒角

命令:_chamfer

("修剪"模式)当前倒角距离 1=10.0000,距离 2=10.0000

选择第一条直线或[放弃(U)/多段线(P)/距离(D)/角度(A)/修剪(T)/方式(E)/多个(M)]:d　　进行距离设置

指定第一个倒角距离<10.0000> :20　　输入第一个倒角距离为 20

指定第二个倒角距离<20.0000> :　　默认第二个倒角距离为 20

选择第一条直线或[放弃(U)/多段线(P)/距离(D)/角度(A)/修剪(T)/方式(E)/多个(M)]:a　　进行角度设置

指定第一条直线的倒角长度<20.0000>　　回车默认

指定第一条直线的倒角角度<0> :45　　指定角度为 45°

选择第一条直线或[放弃(U)/多段线(P)/距离(D)/角度(A)/修剪(T)/方式(E)/多个(M)]:　　点取第一条直线

选择第二条直线:　点取第二条直线

结果如图 5-30(b) 所示。

命令:_chamfer

("修剪"模式)当前倒角长度=20.0000,角度=45

选择第一条直线或[放弃(U)/多段线(P)/距离(D)/角度(A)/修剪(T)/方式(E)/多个(M)]:t　进行修剪模式设置

输入修剪模式选项[修剪(T)/不修剪(N)]<修剪> :n　　设为不修剪模式

选择第一条直线或[放弃(U)/多段线(P)/距离(D)/角度(A)/修剪(T)/方式(E)/多个(M)]:　　点取第一条直线

选择第二条直线:　点取第二条直线

结果如图 5-30(c) 所示。

十、光顺曲线

用于在两条选定直线或曲线之间的间隙中创建样条曲线。选择端点附近的每个对象，生成的样条曲线的形状取决于指定的连续性，选定对象的长度保持不变。有效对象包括直线、圆弧、椭圆弧、螺旋、开放的多段线和开放的样条曲线。

【命令】　BLEND

【工具钮】

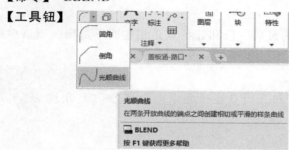

【命令及提示】

命令:_blend

连续性=相切

选择第一个对象或[连续性(CON)]:

选择第二个点:

【参数说明】

① 连续性（CON）：在两种过渡类型中指定一种。

a. 相切：创建一条 3 阶样条曲线，在选定对象的端点处具有相切（G1）连续性。

b. 平滑：创建一条 5 阶样条曲线，在选定对象的端点处具有曲率（G2）连续性。如果使用"平滑"选项，请勿将显示从控制点切换为拟合点。此操作将样条曲线更改为 3 阶，这会改变样条曲线的形状。

② 选择第一个对象：选择样条曲线起始端附近的直线或开放的曲线。

③ 选择第二个对象：选择样条曲线末端附近的另一条直线或开放的曲线。

【实例】

在如图 5-31(a) 所示的两圆弧中间创建样条曲线，如图 5-31(b) 所示。

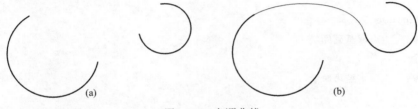

(a)　　　　　　　　　　　　　　　　　　(b)

图 5-31　光顺曲线

操作过程如下。

命令:_blend

连续性=相切

选择第一个对象或[连续性(CON)]:　*点击左边圆弧上端点*

选择第二个点:　*点击右边圆弧下端点*

十一、分解

块、多段线、尺寸和图案填充等对象是一个整体。如果要对其中单一的元素进行编辑，普通的编辑命令无法实现。但如果将这些对象分解成若干个单独的对象，就可以采用普通的编辑命令进行修改了。

【命令】　EXPLODE（X）

【工具钮】

【命令及提示】

命令:_explode
选择对象:

【参数说明】

选择对象:选择要分解的对象,可以是块、多线、多段线等。

【实例】

将如图 5-32(b) 所示一基础图块分解,如图 5-32(c) 所示。

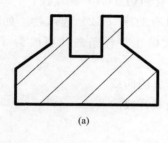
(a)

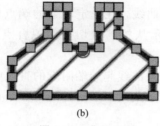
(b)

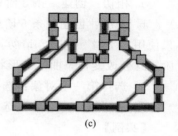
(c)

图 5-32　分解示例

操作过程如下。

命令:_explode
选择对象:　点取基础图块
找到 1 个
选择对象:　回车结束命令

十二、拉伸

拉伸是调整图形大小、位置的一种十分灵活的工具。若干对象(例如圆、椭圆和块)无法拉伸。

【命令】　STRETCH

【工具钮】

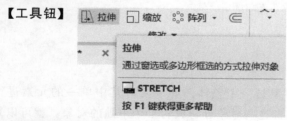

【命令及提示】

命令:_stretch
以交叉窗口或交叉多边形选择要拉伸的对象 …
选择对象:指定对角点:
选择对象:
指定基点或[位移(D)]<位移>:
指定第二个点或<使用第一个点作为位移>:

【参数说明】

① 选择对象：只能以交叉窗口或交叉多边形选择要拉伸的对象。

② 指定基点或［位移（D）］＜位移＞：定义位移或指定拉伸基点。

③ 指定第二个点或＜使用第一个点作为位移＞：如果第一点定义了基点，则定义第二点来确定位移。

【实例】

将如图 5-33（a）所示五边形拉伸成如图 5-33（b）所示图形。

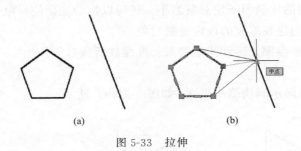

(a)   (b)

图 5-33   拉伸

操作过程如下。

命令:_stretch
以交叉窗口或交叉多边形选择要拉伸的对象...
选择对象:指定对角点:找到 1 个   用交叉窗口方式选中五边形
选择对象: 回车结束对象选择
指定基点或[位移(D)]<位移> :   拾取五边形最右边的角点
指定第二个点或<使用第一个点作为位移> :   点取直线的中点

【注意】

如果选择对象时所选的对象完全包含在窗交窗口中或单独选定对象，此命令就变成了移动命令。

十三、缩放

在绘图过程中经常发现绘制的图形过大或过小。通过比例缩放可以快速实现图形的大小转换，使缩放后对象的比例保持不变。缩放时可以指定一定的比例，也可以参照其他对象进行缩放。

【命令】 SCALE（SC）

【工具钮】

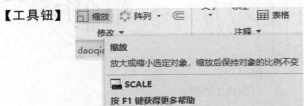

【命令及提示】

命令:_scale
选择对象:

选择对象：

指定基点：

指定比例因子或[复制(C)/参照(R)]：

【参数说明】

① 选择对象：选择欲比例缩放的对象。

② 指定基点：指定比例缩放的基点。

③ 指定比例因子：按指定的比例放大选定对象的尺寸。大于 1 的比例因子使对象放大。介于 0 和 1 之间的比例因子使对象缩小。还可以拖动光标使对象变大或变小。

④ 复制（C）：创建要缩放的选定复制对象。

⑤ 参照（R）：按参照长度和指定的新长度缩放所选对象。

【实例 1】

使用比例因子将图示阀块缩小 1/2，如图 5-34(a) 所示。

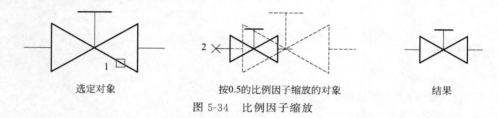

选定对象　　　　　按0.5的比例因子缩放的对象　　　　　结果

图 5-34　比例因子缩放

操作过程如下。

命令:_scale

选择对象:找到 1 个　　　选择阀块 1

选择对象:　　　回车结束对象选择

指定基点:　　　拾取 2 点,作为缩放的基点

指定比例因子或[复制(C)/参照(R)]:0.5　　　输入比例因子,缩小 1/2

【实例 2】

使用参照参数，将如图 5-35(a) 所示图形更改到如图 5-35(b) 所设置尺寸。

(a)　　　　　　　　(b)　　　　　　　　(c)

图 5-35　比例因子缩放

操作过程如下。

命令:_scale

选择对象:指定对角点:找到 24 个　　　选择图形

选择对象： 回车结束对象选择

指定基点： 拾取 A 点作为缩放的基点

指定比例因子或[复制(C)/参照(R)]:r

指定参照长度<1.0000>:指定第二点： 单击 B 点

指定新的长度或[点(P)]<1.0000>:30 输入更改后的数值

十四、阵列

可以在均匀隔开的矩形、环形或路径阵列中多重复制对象。可用于二维或三维图案中。

【命令】 ARRAY（AR）

1. 矩形阵列

矩形阵列是指将对象按行和列的方式进行排列，如图 5-36 所示。

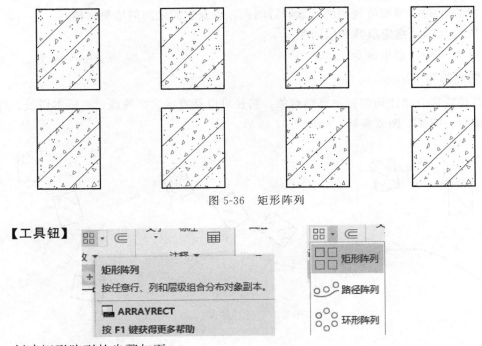

图 5-36 矩形阵列

【工具钮】

创建矩形阵列的步骤如下。

① 命令：ARRAYRECT。

② 选择要排列的对象，并按 Enter 键。

③ 指定栅格的对角点以设置行数和列数，在定义阵列时会显示预览栅格。

④ 指定栅格的对角点以设置行间距和列间距。

⑤ 按 Enter 键。

【命令及提示】

命令:_arrayrect

选择对象:

选择对象:

类型=矩形　关联=是

选择夹点以编辑阵列或 [关联(AS)/基点(B)/计数(COU)/间距(S)/列数(COL)/行数(R)/层数(L)/退出(X)]<退出>：

【参数说明】

① 选择对象：使用对象选择方法选择欲阵列的对象，选择完成后回车结束。

② 关联（AS）：指定是否在阵列中创建项目作为关联阵列对象，或作为独立对象。项目：指定阵列中的项目数。

③ 基点（B）：指定阵列的基点。

④ 计数（CON）：分别指定行和列的值。

⑤ 间距（S）：指定行间距和列间距并使用户在移动光标时可以动态观察结果。行间距是指定从每个对象的相同位置测量的每行之间的距离。列间距是指定从每个对象的相同位置测量的每列之间的距离。

⑥ 列数（COL）：编辑阵列中的列数和列间距。

⑦ 行数（R）：编辑阵列中的行数和行间距，以及它们之间的增量标高。

⑧ 层数（L）：指定层数和层间距。

⑨ 退出（X）：退出命令。

2. 路径阵列

沿路径或部分路径均匀分布复制对象，路径可以是直线、多段线、三维多段线、样条曲线、螺旋、圆弧、圆或椭圆，如图 5-37 所示。

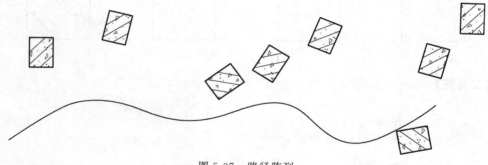

图 5-37　路径阵列

【工具钮】

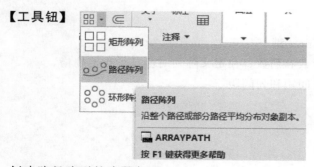

创建路径阵列的步骤如下。

① 命令：ARRAYPATH。

② 选择要排列的对象，并按 Enter 键。

③ 选择路径曲线：在定义阵列时显示预览。

④（可选）输入 O（方向），然后指定基点，或按 Enter 键将选定路径的端点用作基点。然后指定以下方法之一。

a. 与路径起始方向一致的方向。

b. 普通：对象对齐垂直于路径的起始方向。

⑤ 执行以下操作之一。

a. 指定项目的间距。

b. 输入 d（分割）：以沿整个路径长度均匀地分布项目。

c. 输入 t（全部）：并指定第一个和最后一个项目之间的总距离。

d. 输入 e（表达式）：并定义表达式。

⑥ 按 Enter 键。

3. 环形阵列

围绕中心点或旋转轴在环形阵列中均匀分布复制的对象，如图 5-38 所示。

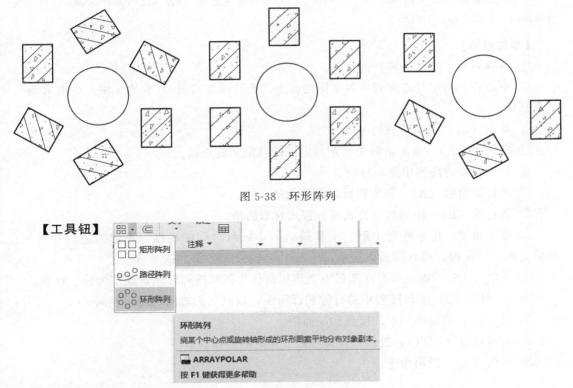

图 5-38　环形阵列

【工具钮】

创建环形阵列的步骤如下。

① 命令：ARRAYPOLAR。

② 选择要排列的对象。

③ 执行以下操作之一。

a. 指定中心点。

b. 指定基点。

c. 输入 a（旋转轴）并指定两个点来定义自定义旋转轴。在定义阵列时显示预览。

④ 指定项目数。

⑤ 指定要填充的角度。

⑥ 按 Enter 键。

⑦ 按 Enter 键。

也可以通过定义项目间的角度创建阵列。

【命令及提示】

命令:_arraypolar

选择对象:

选择对象:

类型=极轴　关联=是

指定阵列的中心点或 [基点(B)/旋转轴(A)]:

输入项目数或 [项目间角度(A)/表达式(E)]<3>:

指定填充角度(＋=逆时针、－=顺时针)或 [表达式(EX)]<360>:

按 Enter 键接受或 [关联(AS)/基点(B)/项目(I)/项目间角度(A)/填充角度(F)/行(ROW)/层(L)/旋转项目(ROT)/退出(X)]<退出>:

【参数说明】

① 选择对象:拾取欲阵列的对象。

② 中心点:指定分布阵列项目所围绕的点,旋转轴是当前 UCS 的 z 轴。一般采用系统默认值。

③ 基点（B）:指定阵列的基点。

④ 旋转轴（A）:指定由两个指定点定义的自定义旋转轴。

⑤ 项目:指定阵列中的项目数。

⑥ 项目间角度（A）:指定项目之间的角度。

⑦ 表达式（E）:使用数学公式或方程式获取的值。

⑧ 填充角度:指定阵列中第一个和最后一个项目之间的角度,正值为逆时针阵列;负值为顺时针阵列,可在屏幕上拾取。

⑨ 关联（AS）:指定是否在阵列中创建项目作为关联阵列对象,或作为独立对象。

⑩ 行（ROW）:编辑阵列中的行数和行间距,以及它们之间的增量标高。

⑪ 层（L）:指定阵列中的层数和层间距。

⑫ 旋转项目（ROT）:控制在排列项目时是否旋转项目。

⑬ 退出（X）:退出命令。

十五、偏移

单一对象可以将其偏移,从而产生复制的对象,可以用来创建同心圆、平行线和平行曲线。偏移时根据偏移距离会重新计算其大小。

【命令】 OFFSET (O)

【工具钮】

【命令及提示】

命令:_offset
当前设置:删除源=否　图层=源　OFFSETGAPTYPE=0
指定偏移距离或[通过(T)/删除(E)/图层(L)]<通过>:
选择要偏移的对象,或[退出(E)/放弃(U)]<退出>:
指定要偏移的那一侧上的点,或[退出(E)/多个(M)/放弃(U)]<退出>:

【参数说明】

① 指定偏移距离:在距现有对象指定的距离处创建对象,输入偏移距离,该距离可以通过键盘键入,也可以通过点取两个点来定义,如图 5-39 所示。

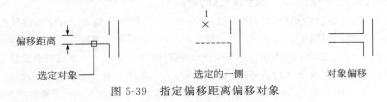

图 5-39　指定偏移距离偏移对象

② 通过 (T):创建通过指定点的对象,如图 5-40 所示。

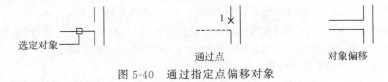

图 5-40　通过指定点偏移对象

③ 删除 (E):偏移源对象后将其删除。

④ 图层 (L):确定将偏移对象创建在当前图层上还是源对象所在的图层上。

⑤ 选择要偏移的对象:选择将要偏移的对象。

⑥ 退出 (E):退出偏移命令。

⑦ 放弃 (U):输入"u",重新选择将要偏移的对象。

⑧ 指定要偏移的那一侧上的点:指定点来确定往哪个方向偏移。

⑨ 多个 (M):输入"多个"偏移模式,这将使用当前偏移距离重复进行偏移操作。

⑩ 放弃 (U):恢复前一个偏移。

【技巧】

① 在画相互平行的直线时,只要知道直线之间的距离,就可以通过偏移命令快速实现。

② 偏移命令一次只能对一个对象进行偏移,但可以偏移多次。

【实例】

将样条曲线、矩形、圆和直线，如图 5-41(a) 所示。分别向左、内、上偏移 20，再向右、外、下偏移 40，如图 5-41(b) 所示。

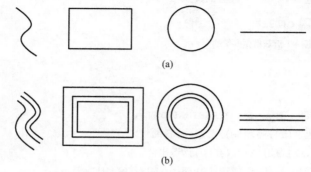

图 5-41 偏移样条曲线、矩形、圆和直线

操作过程如下。

命令:_offset
当前设置:删除源=否 图层=源 OFFSETGAPTYPE=0
指定偏移距离或 [通过(T)/删除(E)/图层(L)]<5.0000> :20 输入 20,作为偏移的距离
选择要偏移的对象,或 [退出(E)/放弃(U)]<退出> : 选择样条曲线
指定要偏移的那一侧上的点,或 [退出(E)/多个(M)/放弃(U)]<退出> : 单击样条曲线左边任一点
选择要偏移的对象,或 [退出(E)/放弃(U)]<退出> : 选择矩形
指定要偏移的那一侧上的点,或 [退出(E)/多个(M)/放弃(U)]<退出> : 单击矩形内任一点
选择要偏移的对象,或 [退出(E)/放弃(U)]<退出> : 选择圆
指定要偏移的那一侧上的点,或 [退出(E)/多个(M)/放弃(U)]<退出> : 单击圆内任一点
选择要偏移的对象,或 [退出(E)/放弃(U)]<退出> : 选择直线
指定要偏移的那一侧上的点,或 [退出(E)/多个(M)/放弃(U)]<退出> : 单击直线上方任一点
选择要偏移的对象,或 [退出(E)/放弃(U)]<退出> : 回车结束偏移命令
命令:OFFSET 再回车调入偏移命令
当前设置:删除源=否 图层=源 OFFSETGAPTYPE=0
指定偏移距离或 [通过(T)/删除(E)/图层(L)]<20.0000> :40 输入 40,作为偏移的距离
选择要偏移的对象,或 [退出(E)/放弃(U)]<退出> : 选择样条曲线
指定要偏移的那一侧上的点,或 [退出(E)/多个(M)/放弃(U)]<退出> : 单击样条曲线右边任一点
选择要偏移的对象,或 [退出(E)/放弃(U)]<退出> : 选择矩形
指定要偏移的那一侧上的点,或 [退出(E)/多个(M)/放弃(U)]<退出> : 单击矩形外任一点
选择要偏移的对象,或 [退出(E)/放弃(U)]<退出> : 选择圆
指定要偏移的那一侧上的点,或 [退出(E)/多个(M)/放弃(U)]<退出> : 单击圆外任一点
选择要偏移的对象,或 [退出(E)/放弃(U)]<退出> : 选择直线
指定要偏移的那一侧上的点,或 [退出(E)/多个(M)/放弃(U)]<退出> : 单击直线下方任一点
选择要偏移的对象,或 [退出(E)/放弃(U)]<退出> :回车 回车结束偏移命令

十六、拉长

拉长命令可以修改某直线或圆弧的长度或角度。可以指定绝对大小、相对大小、相对

百分比大小，甚至可以动态修改其大小。

【命令】　LENGTHEN

【工具钮】

【命令及提示】

命令：_lengthen

选择对象或[增量(DE)/百分数(P)/总计(T)/动态(DY)]:de

输入长度增量或[角度(A)]<0.0000> :

选择要修改的对象或[放弃(U)]:

【参数说明】

① 选择对象：选择欲拉长的直线或圆弧对象，此时显示该对象的长度或角度。

② 增量（DE）：定义增量大小，正值为增，负值为减。

③ 百分数（P）：定义百分数来拉长对象，类似于缩放的比例。

④ 总计（T）：定义最后的长度或圆弧的角度。

⑤ 动态（DY）：动态拉长对象。

⑥ 输入长度增量或［角度（A）］：输入长度增量或角度增量。

⑦ 选择要修改的对象或［放弃（U）］：点取欲修改的对象，输入 u 则放弃上一步操作。

【实例】

将如图 5-42(a) 所示直线拉长 100 个单位，如图 5-42(b) 所示。

操作过程如下。

命令：_lengthen

选择对象或[增量(DE)/百分数(P)/总计(T)/动态(DY)]:de　　选择增量项

输入长度增量或[角度(A)]<0.0000> :100　　输入增加值

选择要修改的对象或[放弃(U)]:　　选择要拉长的对象

选择要修改的对象或[放弃(U)]:　　回车结束对象选择

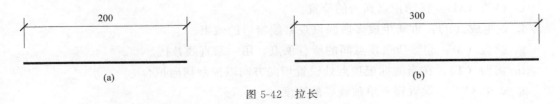

图 5-42　拉长

十七、编辑多段线

多段线是一个对象，可以采用多段线专用的编辑命令来编辑。编辑多段线，可以修改其宽度、开口或封闭、增减顶点数、样条化、直线化和拉直等。编辑多段线的常见用途包含合并二维多段线、将线条和圆弧转换为二维多段线以及将多段线转换为近似 B 样条曲线的曲线（拟合多段线）。

【命令】 PEDIT（PE）

【工具钮】

【命令及提示】

命令: _pedit
选择多段线或[多条(M)]:
输入选项[闭合(C)/合并(J)/宽度(W)/编辑顶点(E)/拟合(F)/样条曲线(S)/非曲线化(D)/线型生成(L)/反转(R)/放弃(U)]:

【参数说明】

① 选择多段线或［多条（M）］：选择欲编辑的多段线，可以输入 m 选择多条多段线进行编辑。如果选择的不是多段线，系统会提示是否将其转换为多段线，输入 y 则将普通线条转换成多段线。

② 闭合（C）/打开（O）：选择打开，则将最后一条封闭该多段线的线条删除，形成不封口的多段线；选择闭合，则将该多段线首尾相连，形成封闭的多段线。

③ 合并（J）：将和多段线端点相连的其他直线、圆弧、多段线合并成一条多段线。该多段线必须是开口的。

④ 宽度（W）：设置该多段线的全程宽度。对于其中某一条线段的宽度，可以通过顶点编辑来修改。

⑤ 编辑顶点（E）：对多段线的各个顶点进行单独的编辑。

a. 下一个（N）：选择下一个顶点。

b. 上一个（P）：选择上一个顶点。

c. 打断（B）：将多段线一分为二，或是删除顶点处的一条线段。

d. 插入（I）：在标记处插入一个顶点。

e. 移动（M）：移动顶点到新的位置。

f. 重生成（R）：重新生成多段线以观察编辑后的效果。

g. 拉直（S）：删除所选顶点间的所有顶点，用一条直线替代。

h. 切向（T）：在当前标记顶点处设置切向方向以控制切向拟合。

i. 宽度（W）：设置每一单独线段的宽度。

j. 退出（X）：退出顶点编辑，回到 PEDIT 命令提示下。

⑥ 拟合（F）：产生通过多段线所有顶点、彼此相切的各圆弧段组成的光滑曲线。

⑦ 样条曲线（S）：产生通过多段线首末顶点、其形状和走向由多段线其余顶点控制的样条曲线，其类型由系统变量来确定。

⑧ 非曲线化（D）：取消拟合或取消曲线化，回到直线状态。

⑨ 线型生成（L）：控制多段线在顶点处的线型。

⑩ 反转（R）：反转多段线顶点的顺序。使用此选项可反转使用包含文字线型的对象的方向。例如，根据多段线的创建方向，线型中的文字可能会倒置显示。

⑪ 放弃（U）：取消最后的编辑。

【技巧】

① 用 PEDIT 命令可以对矩形、正多边形、图案填充等命令产生的边界进行修改。

② 可用合并命令将未闭合的圆弧闭合成圆。

③ 在选择多段线的提示下输入 m，可同时选择多条多段线、多段线形体或可变为多段线的形体进行调整编辑。

【注意】

① 修改线宽后，要用重生成命令（REGEN）才能看到改变效果。

② 拟合选项不能控制多段线的曲线拟合方式，但可用顶点编辑中的移动和切向选项来控制。

【实例】

将由直线和圆弧组成的图形合并成多段线，并将其宽度设置为 0.5，拟合成样条曲线，如图 5-43 所示。

　　　　　(a)　　　　　　　　　　　　　　　　　　　　　　(b)

图 5-43 多段线编辑

操作过程如下。

```
命令:_pedit
选择多段线或[多条(M)]:    点击其中一条直线
选定的对象不是多段线
是否将其转换为多段线? <Y>    先要把直线和圆弧转换为多段线
输入选项[闭合(C)/合并(J)/宽度(W)/编辑顶点(E)/拟合(F)/样条曲线(S)/非曲线化(D)/线型生成
(L)/放弃(U)]:j    执行合并选项
 选择对象:找到 1 个    点击第一条直线
 选择对象:找到 1 个,总计 2 个    点击第二条直线
 选择对象:找到 1 个,总计 3 个    点击第三条直线
 选择对象:找到 1 个,总计 4 个    点击第四条直线
 选择对象:找到 1 个,总计 5 个    点击圆弧
 选择对象:    回车结束选择对象
4 条线段已添加到多段线    系统提示已将四条线段转换为多段线
输入选项[闭合(C)/合并(J)/宽度(W)/编辑顶点(E)/拟合(F)/样条曲线(S)/非曲线化(D)/线型生成
(L)/放弃(U)]:w    执行线宽选项
 指定所有线段的新宽度:0.5    指定线宽为 0.5
```

输入选项[闭合(C)/合并(J)/宽度(W)/编辑顶点(E)/拟合(F)/样条曲线(S)/非曲线化(D)/线型生成(L)/放弃(U)]:f   执行拟合选项

输入选项[闭合(C)/合并(J)/宽度(W)/编辑顶点(E)/拟合(F)/样条曲线(S)/非曲线化(D)/线型生成(L)/放弃(U)]:   回车结束命令

结果如图 5-43(b) 所示。

十八、编辑样条曲线

样条曲线可以通过 SPLINEDIT 命令来编辑其数据点或通过点，修改样条曲线的参数或将样条拟合多段线转换为样条曲线。

【命令】 SPLINEDIT

【工具钮】

【命令及提示】

命令:_splinedit
选择样条曲线:
输入选项[闭合(C)/合并(J)/拟合数据(F)/编辑顶点(E)/转换为多段线(P)/反转(R)/放弃(U)/退出(X)]<退出>:

【参数说明】

① 选择样条曲线：选择欲编辑的样条曲线。如果选择的样条曲线是用 SPLINE 命令创建的，则以夹点的颜色显示拟合点。如果选择的样条曲线是用 PLINE 命令创建的，则以夹点的颜色显示控制点。

② 闭合（C）/打开（O）：如果选定样条曲线为闭合，则"闭合"选项变为"打开"。

a. 闭合：闭合开放的样条曲线，使其在端点处切向连续。如果样条曲线的起点和端点相同，"闭合"选项使其在两点处都切向连续。

b. 打开：打开闭合的样条曲线。如果样条曲线的起点和端点相同，则"打开"选项使样条曲线返回到原状态。即起点和端点保持不变，但失去切向连续性。

③ 合并（J）：将选定的样条曲线与其他样条曲线、直线、多段线和圆弧在重合端点处合并，以形成一个较大的样条曲线。对象在连接点处使用扭折连接在一起（C0 连续性）。

④ 拟合数据（F）：选择该项后提示输入拟合数据选项如下。

a. 添加：在样条曲线中增加拟合点。选择拟合点之后，系统将亮显该点和下一点，并将新拟合点置于高亮显示的点之间。在开放的样条曲线上选择最后一点，只高亮显示该点，并且系统将新拟合点添加到最后一点之后。在开放的样条曲线上选择第一点，可以选择将新拟合点放置在第一点之前或之后。

b. 闭合/打开：闭合开放的样条曲线，使其在端点处切向连续（平滑）。如果样条曲线的起点和端点相同，"闭合"选项使其在两点处都切向连续。打开闭合的样条曲线，如果样条曲线的起点和端点相同，则"打开"选项使样条曲线返回到原状态。即起点和端点保持不变，但失去切向连续（平滑）性。

c. 删除：从样条曲线中删除拟合点并且用其余点重新拟合样条曲线。

d. 移动：把拟合点移动到新位置。

e. 清理：从图形数据库中删除样条曲线的拟合数据。清理样条曲线的拟合数据后，系统重新显示不包括"拟合数据"选项的主 SPLINEDIT 提示。

f. 相切：编辑样条曲线的起点和端点切向。

g. 公差：修改拟合当前样条曲线的公差。根据新公差以现有点重新定义样条曲线。

h. 退出：退出拟合数据设置，返回控制点编辑状态。

⑤ 编辑顶点（E）：使用选项编辑控制框数据。

⑥ 转换为多段线（P）：将样条曲线转换为多段线，精度值决定生成的多段线与样条曲线的接近程度，有效值为介于 0～99 之间的任意整数。

⑦ 反转（R）：反转样条曲线的方向，始末点互换。此选项主要适用于第三方应用程序。

⑧ 放弃（U）：取消上一编辑操作。

⑨ 退出（X）：返回到命令提示。

十九、打断

打断命令可以将对象一分为二或去掉其中一段减少其长度。

打断命令中也包含上面的"打断于点"命令。在打断命令中，在选择对象后有一个提示，"指定第二个打断点或 [第一点（F）]:"，这个第一点即是"打断于点"。

【命令】 BREAK

【工具钮】

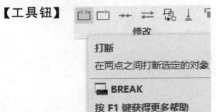

【命令及提示】

命令: _break
选择对象:
指定第二个打断点或[第一点(F)]:

【参数说明】

① 选择对象：选择打断的对象。如果在后面的提示中不输入 f 来重新定义第一点，则拾取该对象的点为第一点。

② 指定第二个打断点：拾取打断的第二点。如果输入@指第二点和第一点相同，即将选择对象分成两段。

③ 第一点（F）：输入 f 重新定义第一点。

【技巧】

打断圆或圆弧时拾取点的顺序很重要,因为打断总是逆时针方向,所以拾取点时也得按逆时针方向点取。

【实例】

将图示温度计图例圆打断成一段圆弧,如图 5-44 所示。

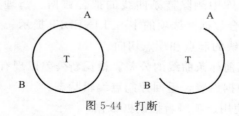

图 5-44 打断

操作过程如下。

命令:_break
选择对象: 在 A 点处选中圆
指定第二个打断点或[第一点(F)]:   点击 B 处一点

二十、打断于点

打断于点命令可以将对象一分为二。

【命令】 BREAKATPOINT

【工具钮】

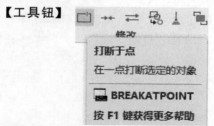

【命令及提示】

命令:_breakatpoint
选择对象:
指定打断点:

【实例】

将如图 5-45(a) 所示图形在 A 点处打断,如图 5-45(c) 所示。
操作过程如下。

命令:_breakatpoint
选择对象: 选择 CD 直线
指定打断点: 单击 A 点
命令: 回车重复 BREAKATPOINT 命令
选择对象: 选择 EF 直线
指定打断点: 单击 A 点

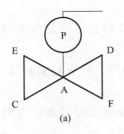 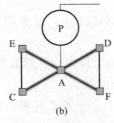 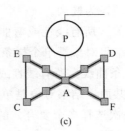

(a)　　　　　(b)　　　　　(c)

图 5-45　打断于点

二十一、合并

用于合并线性和弯曲对象的端点，以便创建单个对象。构造线、射线和闭合的对象无法合并。

【命令】　JOIN

【工具钮】

【命令及提示】

命令:_join

选择源对象或要一次合并的多个对象:指定对角点:

选择要合并的对象:

【参数说明】

① 源对象：指定可以合并其他对象的单个源对象。按 Enter 键选择源对象以开始选择要合并的对象。以下规则适用于每种类型的源对象。

a. 直线：仅直线对象可以合并到源线。直线对象必须都是共线，但它们之间可以有间隙。

b. 多段线：直线、多段线和圆弧可以合并到源多段线，所有对象必须连续且共面，生成的对象是单条多段线。

c. 三维多段线：所有线性或弯曲对象可以合并到源三维多段线。所有对象必须是连续的，但可以不共面，产生的对象是单条三维多段线或单条样条曲线，分别取决于用户连接到线性对象还是弯曲的对象。

d. 圆弧：只有圆弧可以合并到源圆弧。所有的圆弧对象必须具有相同半径和中心点，但是它们之间可以有间隙，从源圆弧按逆时针方向合并圆弧，"闭合"选项可将源圆弧转换成圆。

e. 椭圆弧：仅椭圆弧可以合并到源椭圆弧。椭圆弧必须共面且具有相同的主轴和次轴，但是它们之间可以有间隙，从源椭圆弧按逆时针方向合并椭圆弧，"闭合"选项可将源椭圆弧转换为椭圆。

f. 螺旋：所有线性或弯曲对象可以合并到源螺旋。所有对象必须是连续的，但可以不共面，结果对象是单个样条曲线。

g. 样条曲线：所有线性或弯曲对象可以合并到源样条曲线。所有对象必须是连续的，但可以不共面，结果对象是单个样条曲线。

② 一次选择多个要合并的对象：合并多个对象，而无需指定源对象，规则和生成的对象类型如下。

a. 合并共线可产生直线对象。直线的端点之间可以有间隙。

b. 合并具有相同圆心和半径的共面圆弧可产生圆弧或圆对象。圆弧的端点之间可以有间隙。以逆时针方向进行加长。如果合并的圆弧形成完整的圆，会产生圆对象。

c. 将样条曲线、椭圆圆弧或螺旋合并在一起或合并到其他对象可产生样条曲线对象。这些对象可以不共面。

d. 合并共面直线、圆弧、多段线或三维多段线可产生多段线对象。

e. 合并不是弯曲对象的非共面对象可产生三维多段线。

【实例】

将如图 5-46(a) 所示两段线段合并成一条，如图 5-46(c) 所示。

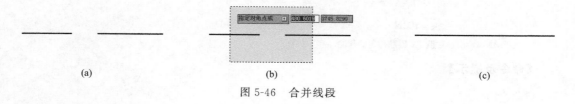

(a)   (b)   (c)

图 5-46 合并线段

操作过程如下。

命令:_join
选择源对象或要一次合并的多个对象:指定对角点:找到 2 个   选择 2 段线段,如图 5-46(b)所示
选择要合并的对象: 回车结束命令
2 条直线已合并为 1 条直线   如图 5-46(c)所示

二十二、编辑多线

"编辑多线"命令可以对多线的交接、断开、形体进行控制和编辑。由于多线是一个整体，除可以将其作为一个整体编辑外，对其特征能用"多线编辑"命令。

【命令】 MLEDIT
【选项及说明】

启用"多线编辑"命令，弹出"多线编辑工具"对话框，它形象地显示出了多线的编辑方式。点取相应的图形按钮，就选择不同的编辑方式，如图 5-47 所示，以四列显示样例图像：第一列控制交叉的多线，第二列控制 T 形相交的多线，第三列控制角点结合和顶点，第四列控制多线中的打断。

① 十字闭合：在这交叉口中，第一条多线保持原样不变，第二条多线被修剪成与第

图 5-47 "多线编辑工具"对话框

一条多线分离的形状,如图 5-48 所示。

选定的第一条多线　　　　选定的第二条多线　　　　　结果

图 5-48 多线编辑—十字闭合

② 十字打开:在这交叉口中,第一条多线保持原样不变,第二条多线的外边的线被修剪到与第一条多线交叉的位置,内侧的线保持原状,如图 5-49 所示。

选定的第一条多线　　　　选定的第二条多线　　　　　结果

图 5-49 多线编辑—十字打开

③ 十字合并:在这交叉口中,第一条多线和第二条多线的所有直线都修剪到交叉部分,如图 5-50 所示。

④ T 形闭合:第一条多线被修剪或延长到与第二条多线相接为止,第二条多线保持原样,如图 5-51 所示。

⑤ T 形打开:第一条多线被修剪或延长到与第二条多线相接为止,第二条多线的最

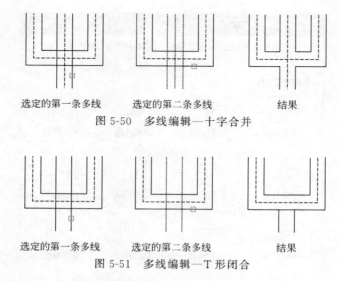

选定的第一条多线　　　选定的第二条多线　　　结果

图 5-50　多线编辑—十字合并

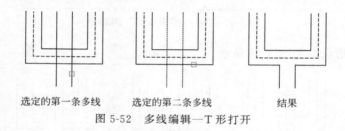

选定的第一条多线　　　选定的第二条多线　　　结果

图 5-51　多线编辑—T 形闭合

外部的线则被修剪到与第一条多线交叉的部分，如图 5-52 所示。

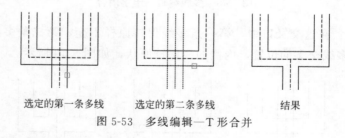

选定的第一条多线　　　选定的第二条多线　　　结果

图 5-52　多线编辑—T 形打开

⑥ T 形合并：第一条多线被修剪或延长到与第二条多线相接为止，第二条多线被修剪到与第一条多线交叉的部分，如图 5-53 所示。

选定的第一条多线　　　选定的第二条多线　　　结果

图 5-53　多线编辑—T 形合并

⑦ 角点结合：可以为两条多线生成一角连线，即将多线修剪或延伸到它们的交点处，如图 5-54 所示。

选定的第一条多线　　　选定的第二条多线　　　结果

图 5-54　多线编辑—角点结合

⑧ 添加顶点：向多线上添加一个顶点，可以对一个有弯曲的多线产生与 "Straightening out" 相同的效果，如图 5-55 所示。

⑨ 删除顶点：从多线上删除一个顶点，如图 5-56 所示。

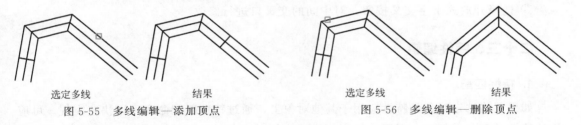

| 选定多线 | 结果 | 选定多线 | 结果 |

图 5-55　多线编辑—添加顶点　　　　图 5-56　多线编辑—删除顶点

⑩ 单个剪切：在选定多线元素中创建可见打断，通过两个拾取点引入多线中的一条线的可见间断，如图 5-57 所示。

选定的第一条多线　　　　选定的第二点　　　　结果

图 5-57　多线编辑—单个剪切

⑪ 全部剪切：通过两个拾取点引入多线的所有线上的可见间断，如图 5-58 所示。

选定的第一条多线　　　　选定的第二点　　　　结果

图 5-58　多线编辑—全部剪切

⑫ 全部结合：将已被剪切的多线线段重新接合起来，除去平行多线中在两个拾取点间的所有间断。但它不能用来把两个单独的多线连接成一体。

【技巧】

在对多线进行修改时，依次点取两条多线的顺序一定是先点一条多线的外侧，再点另一条多线的内侧。

【实例】

将如图 5-59(a) 所示多线修改成如图 5-59(b) 所示的形式。

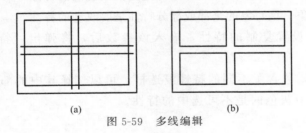

(a)　　　　　　　　(b)

图 5-59　多线编辑

操作过程如下。

① 命令：MLEDIT，调出"多线编辑"对话框。

② 选择开放式 T 形交叉按钮，依次对上、下、左、右四个交叉口进行修改。

③ 选择开放式十字交叉按钮，对中间的交叉口进行修改。

二十三、特性编辑

1. 特性匹配

如果要将选定对象的特性应用于其他对象上，通过特性匹配命令可以快速实现。可应用的特性类型包含颜色、图层、线型、线型比例、线宽、打印样式、透明度和其他指定的特性。

【命令】 MATCHPROP

【工具钮】

【命令及提示】

命令:_matchprop
选择源对象:
当前活动设置: 颜色 图层 线型 线型比例 线宽 透明度 厚度 打印样式 标注 文字 图案填充 多段线 视口 表格 材质 多重引线 中心对象
选择目标对象或[设置(S)]:

【参数说明】

① 选择源对象：该对象的全部或部分特性是要被复制的特性。

② 选择目标对象：该对象的全部或部分特性是要改动的特性。

③ 设置（S）：设置复制的特性，输入该参数后，将弹出"特性设置"对话框，如图 5-60 所示。

在该对话框中，包含了不同的特性复选框，可以选择其中的部分或全部特性作为要复制的特性，其中灰色的是不可选中的特性。

【实例】

将图 5-61(a) 中矩形的特性除颜色外改成圆的特性。

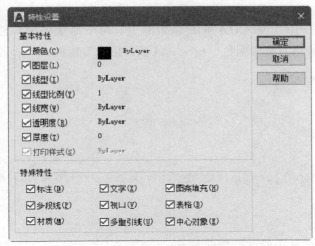

图 5-60　"特性设置"对话框

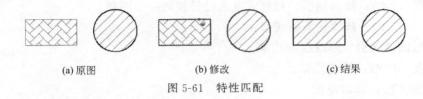

(a) 原图　　　　　　(b) 修改　　　　　　(c) 结果

图 5-61　特性匹配

操作过程如下。

命令:_matchprop

选择源对象:　　点取圆

当前活动设置:　颜色 图层 线型 线型比例 线宽 透明度 厚度 打印样式 标注 文字 图案填充 多段线 视口 表格 材质 多重引线 中心对象

选择目标对象或[设置(S)]:s　　在弹出的对话框中将颜色复选框取消

当前活动设置:　颜色 图层 线型 线型比例 线宽 透明度 厚度 打印样式 标注 文字 图案填充 多段线 视口 表格 材质 多重引线 中心对象

选择目标对象或[设置(S)]:　　点取矩形

选择目标对象或[设置(S)]:　　回车结束特性修改

命令:_matchprop

选择源对象:　　点取圆内填充图案

当前活动设置:　颜色 图层 线型 线型比例 线宽 透明度 厚度 打印样式 标注 文字 图案填充 多段线 视口 表格材质 阴影显示 多重引线

选择目标对象或[设置(S)]:s　　在弹出的对话框中将颜色复选框取消

当前活动设置:　颜色 图层 线型 线型比例 线宽 透明度 厚度 打印样式 标注 文字 图案填充 多段线 视口 表格 材质 多重引线 中心对象

选择目标对象或[设置(S)]:　　点取矩形内填充图案

选择目标对象或[设置(S)]:　　回车结束特性修改

结果如图 5-61(c) 所示。

2. 特性修改

特性修改有 CHPROP 和 CHANGE 两个命令，两个命令中的特性（P）参数功能基本相同。可以修改所选对象的颜色、图层、线型、位置等特性。

（1）CHPROP 命令

【命令及提示】

命令:_chprop
选择对象:找到 1 个
选择对象:
输入要更改的特性[颜色(C)/图层(LA)/线型(LT)/线型比例(S)/线宽(LW)/厚度(T)/透明度(TR)/材质(M)/注释性(A)]:

【参数说明】

① 选择对象：选择要修改特性的对象。
② 颜色（C）：修改颜色，如要修改为红色，可输入 red。
③ 图层（LA）：修改图层，可将其置入已设置的一个图层。
④ 线型（LT）：修改线条的线型。
⑤ 线型比例（S）：修改线型比例。
⑥ 线宽（LW）：修改线宽。
⑦ 厚度（T）：修改厚度。
⑧ 透明度（TR）：更改选定对象的透明度级别，将透明度设定为 ByLayer 或 By-Block，或输入 0～90 之间的值。
⑨ 材质（M）：如果附着材质，将会更改选定对象的材质。
⑩ 注释性（A）：修改选定对象的注释性特性。

【实例】

修改某对象的颜色。
操作过程如下。

命令:_chprop
选择对象:找到 1 个　　点取要修改的对象
选择对象:　　回车结束对象选择
输入要更改的特性[颜色(C)/图层(LA)/线型(LT)/线型比例(S)/线宽(LW)/厚度(T)/透明度(TR)/材质(M)/注释性(A)]:c　　进入颜色修改
输入新颜色<随层>:red　　输入目标颜色
输入要更改的特性[颜色(C)/图层(LA)/线型(LT)/线型比例(S)/线宽(LW)/厚度(T)/透明度(TR)/材质(M)/注释性(A)]:　　回车结束特性修改

（2）CHANGE 命令

【命令及提示】

命令:_change
选择对象:找到 1 个
选择对象:

指定修改点或[特性(P)]:p

输入要更改的特性[颜色(C)/标高(E)/图层(LA)/线型(LT)/线型比例(S)/线宽(LW)/厚度(T)/透明度(TR)/材质(M)/注释性(A)]:

【参数说明】

① 选择对象：选择要修改特性的对象。

② 指定修改点：指定修改点，该修改点对不同的对象有不同的含义。

③ 特性（P）：进入特性修改，操作如同 CHPROP 命令。

不同对象的修改有不同的含义，具体如下。

a. 直线：将离修改点较近的点移到修改点上，修改后的点受到某些绘图环境设置（如正交模式）的影响。

b. 圆：使圆通过修改点。如果回车，则提示输入新的半径。

c. 块：将块的插入点改到修改点，并提示输入旋转角度。

d. 属性：将属性定义改到修改点，提示输入新的属性定义的类型、高度、旋转角度、标签、提示及缺省值等。

e. 文字：将文字的基点改到修改点，提示输入新的文本类型、高度、旋转角度和字串内容等。

【实例】

将图示圆修改其半径使之通过 A 点，并将宽度改为 1。如图 5-62 所示。

(a) 原图　　　　　(b) 修改半径　　　　(c) 修改线宽

图 5-62　特性修改

操作过程如下。

命令:_change

选择对象:找到 1 个　　选中圆为修改对象

选择对象:

指定修改点或[特性(P)]:　　忽略特性修改,直接修改点

指定新的圆半径<不修改>:　　捕捉到 A 点

结果如图 5-62(b) 所示。

命令:CHANGE　　重复命令

选择对象:找到 1 个　　选中圆为修改对象

选择对象:指定修改点或[特性(P)]:p　　进行特性修改

输入要更改的特性[颜色(C)/标高(E)/图层(LA)/线型(LT)/线型比例(S)/线宽(LW)/厚度(T)/透明度(TR)/材质(M)/注释性(A)]:lw　　进行线宽修改

输入新线宽<随层>:1　　设定线宽的值为 1

输入要更改的特性[颜色(C)/标高(E)/图层(LA)/线型(LT)/线型比例(S)/线宽(LW)/厚度(T)/透明度(TR)/材质(M)/注释性(A)]:　　回车结束命令

命令窗口中输入"lweight"或点击"特性匹配"线宽后面的倒三角后，再点击"线宽设置..."打开线宽设置对话框，勾选☑显示线宽(D)，如图 5-63 所示，则图形显示线宽，如图 5-62(c) 所示。

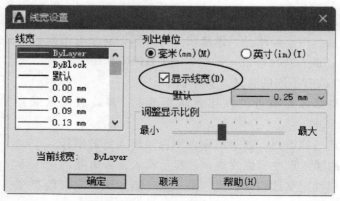

图 5-63　显示线宽

第六章

图块与查询

第一节　图块的创建与插入

块是由多个元素组成的一个整体。在绘制建筑结构图的过程中，经常要用到很多不同的图例和符号，将图例符号做成块，可以大量简化绘图中重复的工作，提高工作效率。

一、图块的创建

在使用块之前必须先创建块。块的创建有两种方法，这两种方法创建块的区别主要在于用 BLOCK 创建块是保存在图形中，而用 WBLOCK 写块则是保存在硬盘中。也就是说，前者其他图形无法引用，而只能在创建图形中引用；后者则不然，既然存在硬盘中，所以其他图形可以引用。

1. 用 BLOCK 创建块

【命令】　BLOCK

【快捷键】　B

【工具钮】

块的创建首先要画出一个想创建的图形来，然后再执行块的命令，执行块命令后会弹出如图 6-1 所示的对话框。

下面详细地介绍一下各项的含义。

（1）名称　和事物的称呼一样，就是给块先起一个名字，以便在以后使用的过程中能够识别出来。名称最多可以包含 255 个字符，包括字母、数字、空格，以及操作系统或程序未作他用的任何特殊字符。块名称及块定义保存在当前图形中。

（2）基点　定义块的基点，默认值是（0，0，0）。该基点在插入块时作为插入的基准点。所以在选择时一定要注意，选择一个便于插入的点。按"　拾取点(K)"按钮，就可以拾取到基点的坐标了。

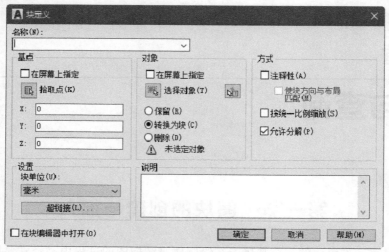

图 6-1 "块定义"对话框

（3）对象 指定新块中要包含的对象，以及创建块之后如何处理这些对象，是保留还是删除选定的对象，或者是将它们转换成块实例。

① 选择对象(T)：单击后返回绘图屏幕，要求用户选择屏幕上的图形作为块中包含的对象。

② ：单击后会弹出"快速选择"对话框，用户可以通过快速选择对话框来设定块中包含的对象。

③ 保留：保留被选择的对象不变，即不变成块。

④ 转换为块：在选择了组成块的对象后，将被选择的对象转换成块。该项为缺省设置。

⑤ 删除：在选择了组成块的对象后，将被选择的对象删除，但所作块依然存在。

（4）方式 指定块的行为。

① 注释性：指定块为注释性。单击信息图标以了解有关注释性对象的详细信息。

使块方向与布局匹配：指定在图纸空间视口中的块参照的方向与布局的方向匹配。如果未选择"注释性"选项，则该选项不可用。

② 按统一比例缩放：指定是否阻止块参照不按统一比例缩放。

③ 允许分解：指定块参照是否可以被分解。

（5）设置 指定块的设置。

① 块单位：指定块参照插入单位。

② 超链接：打开"插入超链接"对话框，可以使用该对话框将某个超链接与块定义相关联。

（6）说明 对创建的块进行简要的说明。

（7）在块编辑器中打开 单击"确定"后，在块编辑器中打开当前的块定义。

2. 用 WBLOCK 写块

【命令】 WBLOCK

【快捷键】 W

在执行写块的命令后，会弹出如图 6-2 所示的对话框。

图 6-2　"写块"对话框

下面详细地介绍一下各项的含义。

（1）源

① 块：选择该项后，单击右侧的下拉列表可以选择已经定义好的块来将其写入硬盘。

② 整个图形：无需选择对象，会将整个图形作为块的形式写入硬盘。

③ 对象：其含义同图 6-1 中。

（2）目标

① 文件名和路径：选择要将该图形保存在什么位置。缺省设置是在安装 AutoCAD 的目录下。最好是更改，以便以后在使用过程中方便。

② "文件名"和"插入单位"同图 6-1 中。

【实例】

用上述两种方法创建一个如图 6-3 所示的三七墙上的 1800 窗的块。

（1）用 B 做块　具体操作步骤如下。

① 先做出 1800 窗的图形，比例为 1∶1，便于以后插入时使用。

② 在命令提示行下输入"b"，回车。弹出如图 6-1 所示对话框。

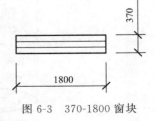

图 6-3　370-1800 窗块

③ 在名称中写入"370-1800"。

④ 单击"拾取点"，选择窗的左下角点为基点。

⑤ 单击"选择对象"，框选作出的窗的图形。

⑥ 在"说明"中写入说明，如"三七墙上的 1800 窗，比例 1∶1"。结果如图 6-4 所示。

⑦ 单击"确定"按钮即可。

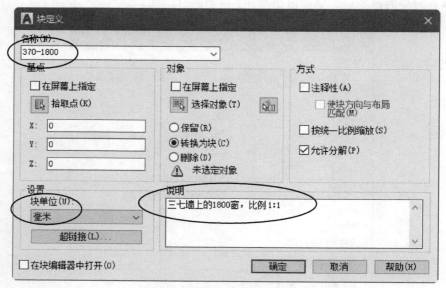

图 6-4　BLOCK 命令创建块

（2）用 W 做块，具体操作步骤如下。

① 先作出 1800 窗的图形，比例为 1:1，便于以后插入时使用。

② 在命令提示行下输入"w"，回车。弹出如图 6-2 所示对话框。

③ 单击"拾取点"，选择窗的左下角点为基点。

④ 单击"选择对象"，框选作出的窗的图形。

⑤ 在"文件名和路径"处右侧下拉列表中选择一个要存储的位置，并输入文件名 370-1800。结果如图 6-5 所示。

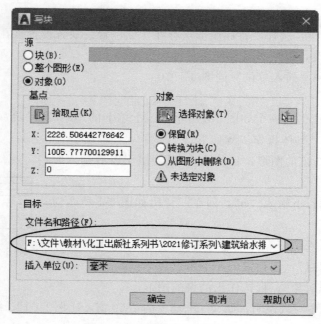

图 6-5　"块定义"对话框

⑥ 单击"确定"按钮即可。

这样就做好了一个存储在硬盘上的窗的块。在以后作图过程中会发现，存储在硬盘上经常使用的块在作图过程中会是多么的方便。建议将常用的块用 W 方式做块。

二、图块的插入

创建块的目的就是为了引用。下面就看看如何将已经做好的块用到图形中。

【命令】　INSERT

【快捷键】　I

【工具钮】

如果创建块后立即输入"I"命令执行块插入命令，屏幕左下角弹出如图 6-6 所示选项板。如果是单击图标按钮则命令提示窗口会有相关提示（详见实例）。

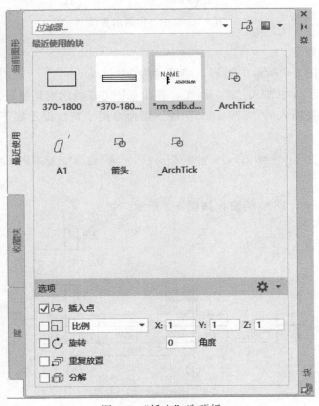

图 6-6　"插入"选项板

其中各项含义如下：

（1）"最近使用"选项卡

①"最近使用的块"：列出最近使用过的块名称及缩略图，以方便快速查找。

② 选项：可以按坐标输入块的插入点；可以设置块的缩放比例（X，Y，Z 三个坐标方向可以单独指定比例，也可以指定为统一比例）；可以旋转块（可以在屏幕上指定，也可以直接输入角度）；可以重复放置块；还可以将块插入后分解为一般元素。

（2）"当前图形"选项卡 "当前图形块"，列出以当前图形命名的块名称及缩略图。"选项"同上。

（3）"收藏夹"选项卡 可以将块添加到收藏夹。

（4）"库"选项卡 可以使用块库和工具选项板来组织和管理块。

【实例】

将前面建好的 370-1800 的窗插入到如图 6-7 所示的三个窗洞中。

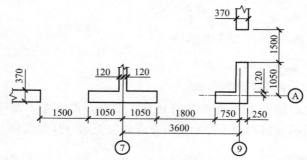

图 6-7 墙中开窗洞示意图

具体操作步骤如下。

（1）绘制出如图 6-7 所示的图形，墙尺寸为 370mm。

（2）在命令提示行中输入"i"，回车，弹出如图 6-6 所示对话框。

（3）单击选中要插入的"370-1800"块，则命令提示窗口提示如下：

命令：

指定插入点或[基点(B)/比例(S)/X/Y/Z/旋转(R)]： 在"1800"的窗洞处点击左下角点作为插入点（捕捉要打开）

这样就插入了一个 1800 的窗，如图 6-8 所示。

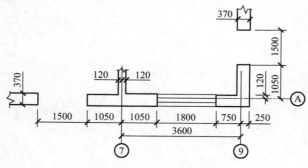

图 6-8 插入一个"1800 窗"

接下来插入一个"1500"的窗。

再次单击选中要插入的"370-1800"块，则命令提示窗口提示如下：

命令：

指定插入点或[基点(B)/比例(S)/X/Y/Z/旋转(R)]:x　　　键盘输入 x 后回车

指定 X 比例因子<1> :15/18　　键盘输入 15/18 后回车

指定插入点或[基点(B)/比例(S)/X/Y/Z/旋转(R)]:　　　单击 1500 窗洞的左下角点插入窗,因为 X 方向比例更改了,即变成了 1500 的窗,结果如图 6-9 所示

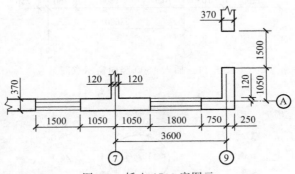

图 6-9　插入 1500 窗图示

也可以将"选项"中比例的 X 方向修改为"15/18"，如图 6-10 所示，其他选项不变。

图 6-10　更改图块 X 比例

接下来插入一个竖向的 1500 的窗，完成本练习。

再一次单击选中要插入的"370-1800"块，则命令提示窗口提示如下：

命令：

指定插入点或[基点(B)/比例(S)/X/Y/Z/旋转(R)]:x　　　键盘输入 x 后回车

指定 X 比例因子<1> :15/18　　键盘输入 15/18 后回车

指定插入点或[基点(B)/比例(S)/X/Y/Z/旋转(R)]:r　　　键盘输入 r 后回车

指定旋转角度<0> :90　　键盘输入 90 后回车

指定插入点或[基点(B)/比例(S)/X/Y/Z/旋转(R)]:　　　单击竖直 1500 窗洞的右下角点插入窗,因为 X 方向比例更改了,角度也变了,即变成了竖直的 1500 窗,结果如图 6-11 所示

也可以将"选项"中比例的 X 方向修改为"15/18"，旋转修改为"90"，如图 6-12 所示，其他选项不变。

这样，就完成了 3 个不同的窗的插入。

注意：块是一个整体，块可以分解（炸开）。在插入过程中选择了"分解"，即将

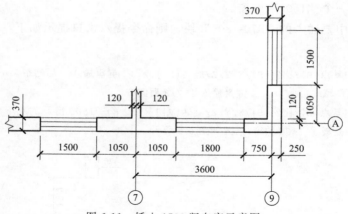

图 6-11　插入 1500 竖向窗示意图

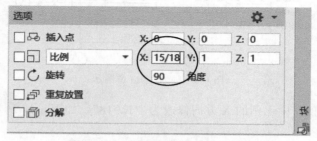

图 6-12　更改图块 X 比例和角度

图 6-12 选项中左下角分解前面的方框勾选（☑ 🗗 分解）即可。

第二节　图块的属性与编辑

一、定义图块的属性

【命令】　ATTDEF 或 DDATTDEF

【工具钮】

执行该命令后弹出属性定义对话框，定义属性模式、属性标记、属性提示、属性值、

插入点和属性的文字设置，如图 6-13 所示。

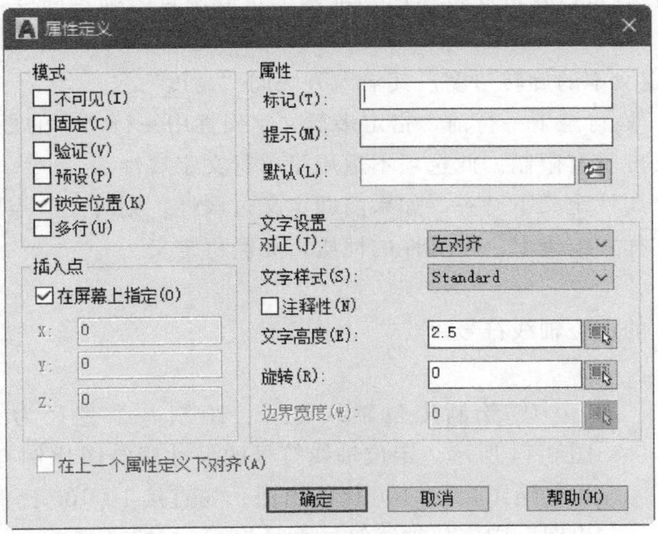

图 6-13　"属性定义"对话框

各项含义如下。

（1）模式　通过复选框设定属性的模式。

① 不可见：正常显示下（attmode＝1），属性值不会显示出来的，除非 ATTDISP＝ON（attmode＝2）。

② 固定：属性值是一个常数，块插入时不要求输入，也不提供事后的属性值修改。

③ 验证：当插入块时，为求慎重起见，还会再提示一次，验证属性值是否正确。

④ 预设：当插入一个含有预置属性的块时，直接以原属性当初定义的默认值为属性值，不再要求输入，但可以事后用 ATTEDIT 进行修改。

⑤ 锁定位置：锁定块参照中属性的位置。解锁后，属性可以相对于使用夹点编辑的块的其他部分移动，并且可以调整多行文字属性的大小。在动态块中，由于属性的位置包括在动作的选择集中，因此必须将其锁定。

⑥ 多行：指定属性值可以包含多行文字。选定此选项后，可以指定属性的边界宽度。

（2）属性　在这里设置属性。

① 标记：属性的标签，必须输入。小写字母会自动转换为大写字母。

② 提示：作为输入数据时的提示信息。

③ 默认：指定默认属性值。

（3）插入点　设置属性的插入点。

① 在屏幕上指定：在屏幕上点取一点作为插入属性的基点位置的 x、y、z 坐标。

② X、Y、Z 文本框：在这里可以直接输入其各项值来确定插入点。

（4）文字设置　设定属性文字的对正、样式、高度和旋转。

① 对正：在下拉菜单中选择一种对正类型。

② 文字样式：在已经建立的文字样式中选择一种文字样式。

③ 注释性：指定属性为注释性。如果块是注释性的，则属性将与块的方向相匹配。

单击信息图标以了解有关注释性对象的详细信息。

④ 文字高度：既可以点取此按钮回到屏幕上点取两点来确定高度，也可以在文本框内输入高度。

⑤ 旋转：指定文本的旋转角度。其输入方法同"高度"。

⑥ 边界宽度：换行至下一行前，指定多行文字属性中一行文字的最大长度。值0.000表示对文字行的长度没有限制。此选项不适用于单行文字属性。

（5）在上一个属性定义下对齐　如果前面定义过属性，则可用。点取该项，将当前属性定义的点和文字样式继承上一个属性的性质，无需再定义。

【实例】

插入带有属性的定位轴线符号。

操作步骤如下。

图 6-14　定位轴线符号

① 绘制定位轴线符号：绘制一个直径为 800mm 的圆，如图 6-14 所示。定位轴线符号的尺寸跟绘图比例有关，本例用 1：1 比例绘图，1：100 比例出图。如直接 1：100 比例绘图，1：1 比例出图，则定位轴线符号直径为 8mm 即可。

② 执行块属性命令 ATTDEF：在弹出的"属性定义"对话框中设置如图 6-15 所示标记及参数，标记可采用任意符号。

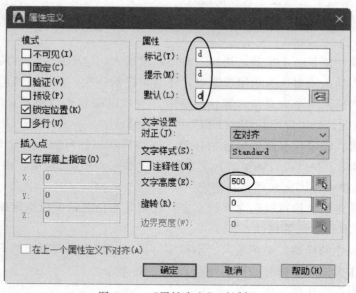

图 6-15　"属性定义"对话框

③ 确定插入点：单击"确定"按钮后，在屏幕上确定插入属性"D"的位置，如图 6-16 所示。

④ 以"WBLOCK"写块，将定位轴线符号及属性标记建立外部块，如图 6-17 所示。

⑤ 单击基点下方"拾取点"前面的 [] 按钮，确定插入点的位置，如图 6-18 所示。

图 6-16　定位轴线
定义类别属性

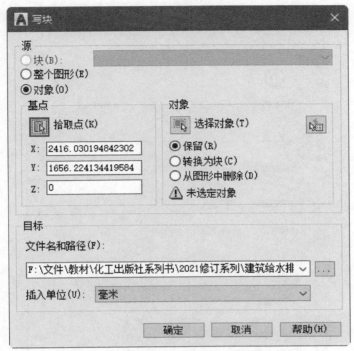

图 6-17　将带有属性的定位轴线作成外部块

图 6-18　确定"象限点"为块的插入点

注意：利用"对象捕捉"功能显示出圆的象限点作为插入点。在选择基点时，点取"拾取点"按钮后，为了插入块的方便，在拾取时有一点技巧：当定位轴线在左侧插入时，请在选择时选择右象限点；当定位轴线在右侧插入时，请在选择时选择左象限点；当定位轴线在上侧插入时，请在选择时选择下象限点；当定位轴线在下侧插入时，请在选择时选择上象限点。这里配合定位轴线使用，作出四个方位插入的块，使用起来非常方便。

⑥ 确定完插入点后，又返回到图 6-17 的"写块"对话框，点取"选取对象"前面的⊞按钮，系统回到屏幕图形状态，将图形和属性全部选中，如图 6-19 所示。此时系统又重新回到图 6-17 的"写块"对话框，点击 确定 按钮，即完成带属性的块的定义。

⑦ 插入定位轴线符号：键盘输入"i"，屏幕右下角弹出如图 6-20 所示对话框。

单击"新块"缩略图标，屏幕出现带有插入点的块，如图 6-21（a）所示。点击鼠标左键确定插入点后，屏幕出现

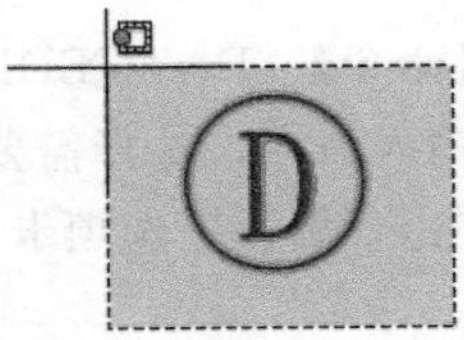

图 6-19　属性和图形一起选中

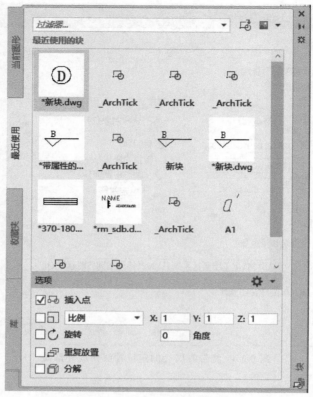

图 6-20 "插入新块"对话框

"编辑属性"对话框，如图 6-22 所示，比如想将默认的"d"改为"5"，就用键盘输入"5"，屏幕上的块就变成如图 6-21(b) 所示。

(a)   (b)

图 6-21 带有属性的块

定义带有属性的块时一定要注意：先定义属性，然后再定义块！

二、编辑块的属性

【命令】 EATTEDIT

输入命令，选择需要编辑的块后，弹出"增强属性编辑器"，如图 6-23 所示。

(1)"属性"选项卡　显示指定给每个属性的标记、提示和值，此对话框只能更改属性值。

① 列出：列出选定的块实例中的属性并显示每个属性的标记、提示和值。

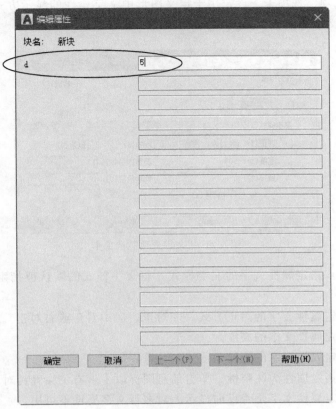

图 6-22 "编辑属性"对话框

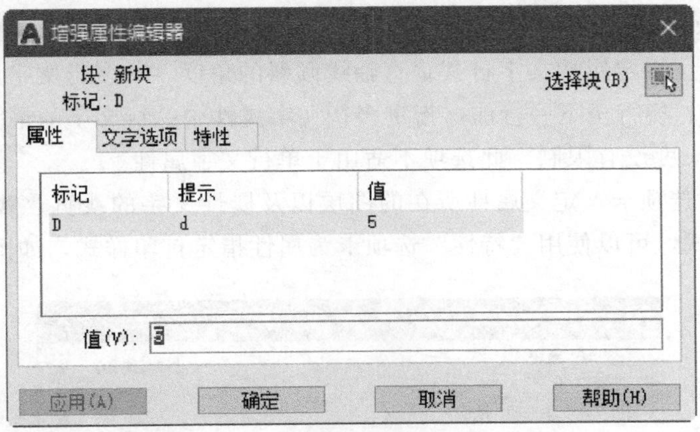

图 6-23 "增强属性编辑器"对话框

　　② 值：为选定的属性指定新值。单行文字属性包括一个可插入字段的按钮。单击该按钮时，显示"字段"对话框。多行文字属性包含带有省略号的按钮。使用"文字格式"工具栏和标尺单击以打开"在位文字编辑器"。根据 ATTIPE 系统变量的设置，将显示缩略版或完整版的"文字格式"工具栏。要将一个字段用作该值，请单击鼠标右键，然后单击快捷菜单中的"插入字段"，将显示"字段"对话框。

（2）"文字选项"选项卡　设定用于定义图形中文字属性的显示方式，在"特性"选项卡上可以更改文字的颜色，如图 6-24 所示。

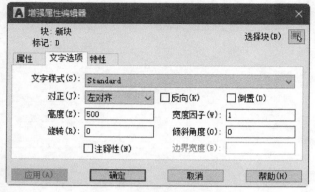

图 6-24　"文字选项"选项卡

① 文字样式：指定属性文字的文字样式。将文字样式的默认值指定给在此对话框中显示的文字特性。

② 对正：指定属性文字的对正方式（左对正、居中对正或右对正）。

③ 高度：指定属性文字的高度。

④ 旋转：指定属性文字的旋转角度。

⑤ 注释性：指定属性为注释性。单击信息图标以了解有关注释性对象的详细信息。

⑥ 反向：指定属性文字是否反向显示。对多行文字属性不可用。

⑦ 倒置：指定属性文字是否倒置显示。对多行文字属性不可用。

⑧ 宽度因子：设置属性文字的字符间距。输入小于 1.0 的值将压缩文字。输入大于 1.0 的值则扩大文字。

⑨ 倾斜角度：指定属性文字自其垂直轴线倾斜的角度。对多行文字属性不可用。

⑩ 边界宽度：换行至下一行前，指定多行文字属性中一行文字的最大长度。值 0.000 表示一行文字的长度没有限制。此选项不适用于单行文字属性。

（3）"特性"选项卡　定义属性所在的图层以及属性文字的线宽、线型和颜色。如果图形使用打印样式，可以使用"特性"选项卡为属性指定打印样式，如图 6-25 所示。

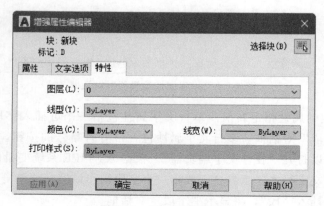

图 6-25　"特性"选项卡

① 图层：指定属性所在图层。

② 线型：指定属性的线型。

③ 颜色：指定属性的颜色。

④ 线宽：指定属性的线宽。如果 LWDISPLAY 系统变量关闭，将不显示对此选项所做的更改。

⑤ 打印样式：指定属性的打印样式。如果当前图形使用颜色相关打印样式，则"打印样式"列表不可用。

第三节　对象查询

查询命令提供了在绘图或编辑过程的下列功能：了解对象的数据信息，计算某表达式的值，计算距离、面积、质量特性，识别点的坐标等。

一、距离

通过距离命令可以直接查询屏幕上两点之间的距离、和 XY 平面的夹角、在 XY 平面中的倾角以及 x、y、z 方向上的增量。

【命令】　MEASUREGEOM

【工具钮】

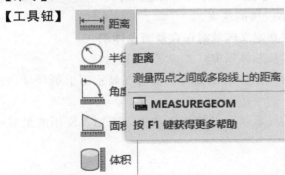

【命令及提示】

① 直接用键盘输入命令 DIST。

命令:_dist
指定第一点:
指定第二个点或[多个点(M)]:

② 单击菜单或命令按钮 ▭。

命令:_measuregeom
输入一个选项[距离(D)/半径(R)/角度(A)/面积(AR)/体积(V)/快速(Q)/模式(M)/退出(X)]<距离>:

（1）距离（D）　测量指定点之间的距离。

多个点（M）：显示连续点之间的总距离。如果输入 arc、length 或 undo，将显示用于选择多段线的选项。

（2）半径（R）　测量指定圆弧或圆的半径和直径。

（3）角度（A）　测量指定圆弧、圆、直线或顶点的角度。

① 圆弧：测量圆弧的角度。

② 圆：测量圆中指定的角度。角度会随光标的移动进行更新。

③ 直线：测量两条直线之间的角度。

④ 顶点：测量顶点的角度。

（4）面积（AR）　测量对象或定义区域的面积和周长，但无法计算自交对象的面积。

① 指定角点：计算由指定点所定义的面积和周长。如果输入"圆弧""长度"或"放弃"，将显示用于选择多段线的选项。

② 增加面积：打开"加"模式，并在定义区域时即时保持总面积。可以使用"增加面积"选项计算各个定义区域和对象的面积、各个定义区域和对象的周长、所有定义区域和对象的总面积和所有定义区域和对象的总周长。

③ 减少面积：从总面积中减去指定的面积。命令提示下和工具提示中将显示总面积和周长。

（5）体积（V）　测量对象或定义区域的体积。

① 对象：测量对象或定义区域的体积。可以选择三维实体或二维对象。如果选择二维对象，则必须指定该对象的高度。如果通过指定点来定义对象，则必须至少指定三个点才能定义多边形。所有点必须位于与当前 UCS 的 XY 平面平行的平面上。如果未闭合多边形，则将计算面积，就如同输入的第一个点和最后一个点之间存在一条直线。如果输入 arc、length 或 undo，将显示用于选择多段线的选项。

② 增加体积：打开"加"模式，并在定义区域时保存最新总体积。

③ 减去体积：打开"减"模式，并从总体积中减去指定体积。

（6）快速（Q）　当在对象之间移动其上方的鼠标时，将动态显示图形的尺寸、距离和角度。

（7）模式（M）　确定该命令是否始终默认为"快速"选项。否则，使用的最后一个选项为默认选项。

（8）退出（X）　按 esc 键退出操作。

【实例】

查询如图 6-26 所示钢筋 A 到 B 之间的距离。

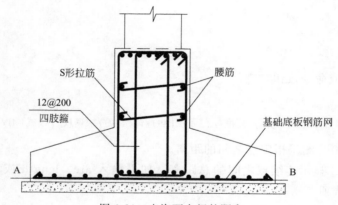

图 6-26　查询两点间的距离

操作过程如下。

命令:_dist
指定第一点: 点取 A 点
指定第二个点或[多个点(M)]: 点取 B 点
距离=4685,XY 平面中的倾角=0, 与 XY 平面的夹角=0
X 增量=4685, Y 增量=0.0000, Z 增量=0.0000

二、半径

【命令】 MEASUREGEOM
【工具钮】

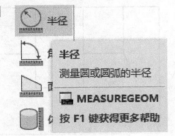

【实例】

查询如图 6-27 所示图形中圆的直径。

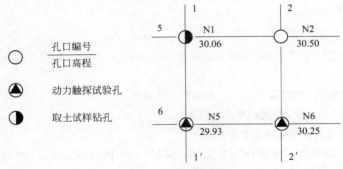

图 6-27 查询圆的直径

操作过程如下。

命令:_measuregeom
移动光标或[距离(D)/半径(R)/角度(A)/面积(AR)/体积(V)/快速(Q)/模式(M)/退出(X)]
<距离>:r 输入选择半径选项
选择圆弧或圆: 选择要查询的圆
半径=100.00
直径=200.00
输入一个选项[距离(D)/半径(R)/角度(A)/面积(AR)/体积(V)/快速(Q)/模式(M)/退出(X)]
<半径>: 按 ESC 结束

三、角度

【命令】 MEASUREGEOM

【工具钮】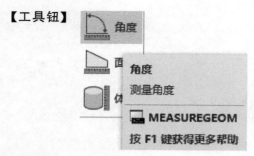

【实例】

查询如图 6-28(a) 所示图形中 β 角的大小。

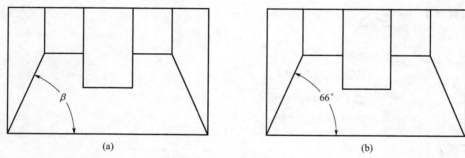

图 6-28　查询角度

操作过程如下。

命令:_measuregeom
输入一个选项[距离(D)/半径(R)/角度(A)/面积(AR)/体积(V)/快速(Q)/模式(M)/退出(X)]<距离>:a
选择角度
选择圆弧、圆、直线或<指定顶点>:　指定角度的起点
选择第二条直线:　指定角度的终点
角度=66°　自动查询并显示角度值
输入一个选项[距离(D)/半径(R)/角度(A)/面积(AR)/体积(V)/快速(Q)/模式(M)/退出(X)]
<角度>:　按 ESC 结束

四、面积

【命令】MEASUREGEOM
【工具钮】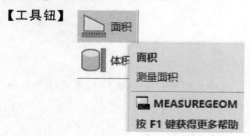

【实例】

查询如图 6-29(a) 所示基础面积的大小。

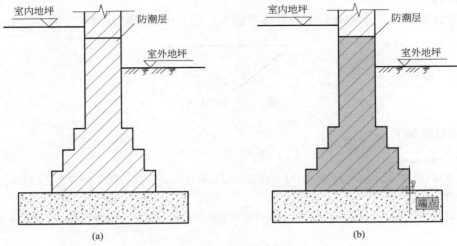

室内地坪　防潮层　室外地坪

(a)　　　　　(b)

图 6-29　查询面积

操作过程如下。

命令:_measuregeom
输入一个选项 [距离(D)/半径(R)/角度(A)/面积(AR)/体积(V)/快速(Q)/模式(M)/退出(X)]
<面积>:ar　　选择查询面积选项
指定第一个角点或 [对象(O)/增加面积(A)/减少面积(S)/退出(X)]<对象(O)>:　　指定被查询图
形边界的第一点
指定下一个点或 [圆弧(A)/长度(L)/放弃(U)]:　　依次指定第二点
指定下一个点或 [圆弧(A)/长度(L)/放弃(U)]:　　依次指定第三点
指定下一个点或 [圆弧(A)/长度(L)/放弃(U)/总计(T)]<总计>:　　依次指定第四点
指定下一个点或 [圆弧(A)/长度(L)/放弃(U)/总计(T)]<总计>:　　依次指定第五点
指定下一个点或 [圆弧(A)/长度(L)/放弃(U)/总计(T)]<总计>:　　依次指定第六点
……
指定下一个点或 [圆弧(A)/长度(L)/放弃(U)/总计(T)]<总计>:　　依次指定第十六点
指定下一个点或 [圆弧(A)/长度(L)/放弃(U)/总计(T)]<总计>:　　回到指定第一点
指定下一个点或 [圆弧(A)/长度(L)/放弃(U)/总计(T)]<总计>:　　回车
区域=5296119,周长=12892　　自动查询并显示面积、周长值
输入一个选项 [距离(D)/半径(R)/角度(A)/面积(AR)/体积(V)/快速(Q)/模式(M)/退出(X)]<面积>:
按 ESC 结束

五、体积

【命令】　MEASUREGEOM
【工具钮】

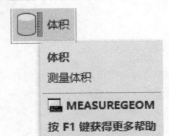

【实例】

查询如图 6-30 所示截面的三棱柱体积的大小，三棱柱高度为 100。

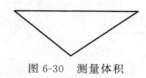

图 6-30   测量体积

操作过程如下。

命令: _measuregeom
输入选项[距离(D)/半径(R)/角度(A)/面积(AR)/体积(V)/快速(Q)/模式(M)/退出(X)]<距离>:v   选择查询体积
指定第一个角点或[对象(O)/增加体积(A)/减去体积(S)/退出(X)]<对象>:   指定三角形截面的第一角点
指定下一个点或[圆弧(A)/长度(L)/放弃(U)]:   指定三角形截面的第二角点
指定下一个点或[圆弧(A)/长度(L)/放弃(U)]:   指定三角形截面的第三角点
指定下一个点或[圆弧(A)/长度(L)/放弃(U)/总计(T)]<总计>:   回车
指定高度:100   输入高度数值
体积= 96103.3209   自动查询并显示体积值
输入一个选项[距离(D)/半径(R)/角度(A)/面积(AR)/体积(V)/快速(Q)/模式(M)/退出(X)]
<体积>:   按 ESC 结束

六、点坐标

【命令】 ID
【工具钮】

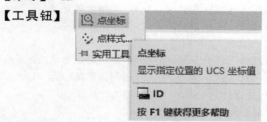

【命令及提示】

命令:_id
指定点:

【参数说明】

指定点：点取欲查其坐标的点。

【实例】

查询如图 6-26 所示 A 点的坐标。

操作过程如下。

命令:_id   调用"点坐标"命令
指定点: 点击 A 点
X=2209.3336   Y=1274.0692   Z=0.0000

第七章

AutoCAD注释

图形只能表达建筑结构的形状，其大小、做法、材料等则需依据图样上的注释来表达，AutoCAD注释包括尺寸标注、文字注写、表格以及引线等。

第一节　尺寸标注

所谓尺寸标注就是向图形中添加测量注释的过程，是建筑结构图的一项重要内容，也是建筑结构施工、验收的依据，尺寸标注应严格遵照国家标准中的有关规定，保证所标注的尺寸完整、清晰、准确。

由于尺寸标注命令可以自动测量并标注图形，因此绘制的图形应力求准确，并善于运用目标捕捉、网点、正交、辅助线等辅助定位工具。

一、标注组成

建筑结构中的有些预埋件大都是金属配件，无论是设计还是施工都是按机械图的规定绘制和装配的。所以，作为一个从事建筑结构的技术人员，掌握一定的机械制图知识也是必需的。

尺寸由尺寸界线、尺寸线、尺寸起止符号和尺寸数字四部分组成，土建类图样如图 7-1(a) 所示；机械类图样如图 7-1(b) 所示。

1. 尺寸界线

用细实线绘制，表示被注尺寸的范围。一般应与被注长度垂直，土建类图样其一端应离开图样轮廓线不小于 2mm（机械类图样为 0），另一端宜超出尺寸线 2~3mm。必要时，图样轮廓线可用作尺寸界线，如图 7-1(a) 所示的 240 和 3360 和图 7-1(b) 所示 $\phi 2$、$\phi 14$ 等。

2. 尺寸线

表示被注线段的长度。用细实线绘制，不能用其他图线代替。尺寸线应与被注长度平行，且不宜超出尺寸界线。每道尺寸线之间的距离一般大于或等于 7mm，如图 7-1(a) 所示。

3. 尺寸起止符号

土建类图样一般用中粗斜短线绘制，其倾斜方向与尺寸界线成顺时针 45°角，高度(h) 宜为 2~3mm。机械类图样采用箭头表示。半径、直径、角度与弧长的尺寸起止符号也用箭头表示，箭头尖端与尺寸界线接触，不得超出也不得分开。

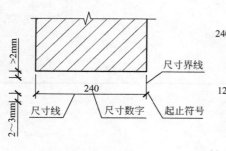
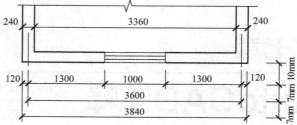

(a) 土建类图样

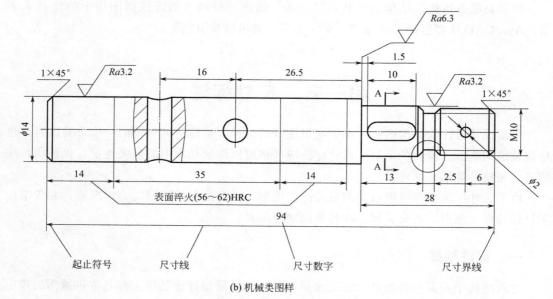

(b) 机械类图样

图 7-1　尺寸的组成与标注示例

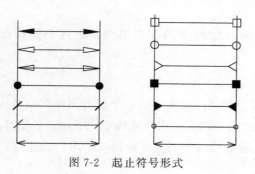

图 7-2　起止符号形式

系统提供了各种起止符号供用户选择，如图 7-2 所示。

4. 尺寸数字

表示被注尺寸的实际大小，它与绘图所选用的比例和绘图的准确程度无关。图样上的尺寸应以尺寸数字为准，不得从图上直接量取。尺寸的单位除标高和总平面图以 m（米）为单位外，其他一律以 mm（毫米）为单位，图样上的尺寸数字不再注写单位。同一张图样中，尺寸数字的大小应一致。

5. 引出线

引出线是一条用来引出注释参数或说明的实线。

在一般情况下，AutoCAD 都将一个尺寸作为一个图块，即尺寸线、尺寸界线、起止符号和尺寸数字不是单独的实体，而是共同构成一个图块。因此通过对尺寸标注的拉伸，尺寸数字将相应地发生变化。同样，当尺寸样式发生变化时，以该样式为基础的尺寸标注也相应变化。尺寸标注的这种特性被称为尺寸的关联性。AutoCAD 通过系统变量 DI-

MASO 来控制尺寸是否关联。当 DIMASO＝0 时，所标注尺寸不具有关联性，也就是说，尺寸线、尺寸界线、起止符号和尺寸数字是各自独立的实体。此时拉伸尺寸标注，标注文字不再发生变化。

除了通过系统变量控制尺寸标注的关联性外，也可用 EXPOLDE 命令炸开尺寸的关联性。

如果用 DDEDIT 命令编辑尺寸文字，修改过的尺寸文本将不再具有关联性。

尺寸标注的类型有：线性标注、对齐标注、坐标标注、直径标注、半径标注、角度标注、基线标注、连续标注、引线标注和圆心标注等。

各种尺寸标注类型如图 7-3 所示。

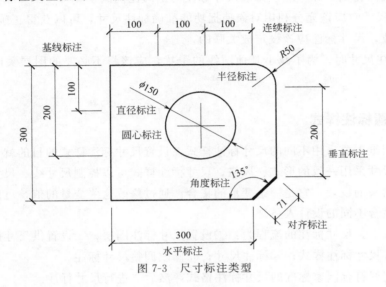

图 7-3 尺寸标注类型

二、标注的规则

尺寸标注必须满足相应的技术标准。

1. 尺寸标注的基本规则

① 图形对象的大小以尺寸数值所表示的大小为准，与图形绘制的精度和输出时的精度无关。

② 一般情况下，采用毫米为单位时不需注写单位，否则应该明确注写尺寸所用单位。

③ 尺寸标注所用字符的大小和格式必须满足国家标准。在同一图形中，同一类终端应该相同，尺寸数字大小应该相同，尺寸间隔应该相同。

④ 尺寸数字和图形重合时，必须将图线断开。如果图线不便于断开来表示对象时，应该调整尺寸标注的位置。

2. AutoCAD 中尺寸标注的其他规则

一般情况下，为了便于尺寸标注的统一和绘图的方便，在 AutoCAD 中尺寸标注时应该遵守以下规则。

① 为尺寸标注建立专用的图层。建立专用的图层，可以控制尺寸的显示和隐藏，和

其他的图线可以迅速分开，便于修改、浏览。

② 为尺寸文本建立专门的文字样式。对照国家标准，应该设定好字符的高度、宽高比、倾斜角度等。

③ 设定好尺寸标注样式。按照国家标准，创建系列尺寸标注样式，内容包含直线和终端、文字样式、调整对齐特性、单位、尺寸精度、公差格式和比例因子等。

④ 保存尺寸格式，必要时使用替代标注样式。

⑤ 采用 1∶1 比例绘图。由于尺寸标注时可以让 AutoCAD 自动测量尺寸大小，所以采用 1∶1 比例绘图，绘图时无需换算，在标注尺寸时也无需再键入尺寸大小。如果最后统一修改了绘图比例，相应应该修改尺寸标注的全局比例因子。

⑥ 标注尺寸时应该充分利用对象捕捉功能准确标注尺寸，可以获得正确的尺寸数值。为了便于修改，尺寸标注应该设定成关联的。

⑦ 在标注尺寸时，为了减小其他图线的干扰，应该将不必要的图层关闭，如剖面线层等。

三、设置标注样式

不同的图纸需要采用不同的尺寸标注样式。设置尺寸标注样式的目的就在于保证图形实体的各个尺寸采用一致的形式、风格。尺寸标注样式可以控制尺寸线、尺寸界线、标注文字和尺寸箭头的设置，它是一组变量的集合。通过修改这些变量的值，可以更改尺寸标注格式，以适合不同的设计人员。

一般情况下，尺寸标注的流程为：①设置尺寸标注图层；②设置供尺寸标注用的文字样式；③设置尺寸标注样式；④标注尺寸；⑤修改调整尺寸标注。

应该设定好符合国家标准的尺寸标注格式，然后再进行尺寸标注。

【命令】 DIMSTYLE

【工具钮】

启用"标注样式"命令后，系统将弹出"标注样式管理器"对话框，如图 7-4 所示。

【选项及说明】

① 当前标注样式：显示当前标注样式的名称。默认标注样式为标准。当前样式将应用于所创建的标注。

② 样式：列出图形中的标注样式。当前样式被亮显。在列表中单击鼠标右键可显示快捷菜单及选项，可用于设定当前标注样式、重命名样式和删除样式。不能删除当前样式或当前图形使用的样式。样式名前的 ⚠ 图标指示样式是注释性。不能对外部参照的标注样式进行更改、重命名和设置成当前标注样式，但是可以基于该标注样式创建新的标注样式。"列表"中的选定项目控制显示的标注样式。

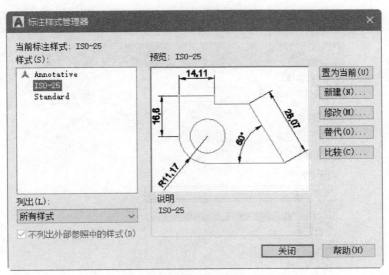

图 7-4 "标注样式管理器"对话框

③ 列出：在"样式"列表中控制样式显示。如果要查看图形中所有的标注样式，请选择"所有样式"。如果只希望查看图形中标注当前使用的标注样式，请选择"正在使用的样式"。

④ 不列出外部参照中的样式：如果选择此选项，在"样式"列表中将不显示外部参照图形的标注样式。

⑤ 预览：显示"样式"列表中选定样式的图示。

⑥ 说明：说明"样式"列表中与当前样式相关的选定样式。如果说明超出给定的空间，可以单击窗格并使用箭头键向下滚动。

⑦ 置为当前：将在"样式"下选定的标注样式设定为当前标注样式。当前样式将应用于所创建的标注。

⑧ 新建：显示"创建新标注样式"对话框，从中可以定义新的标注样式。单击 新建(N)... 按钮，弹出对话框，如图 7-5 所示。

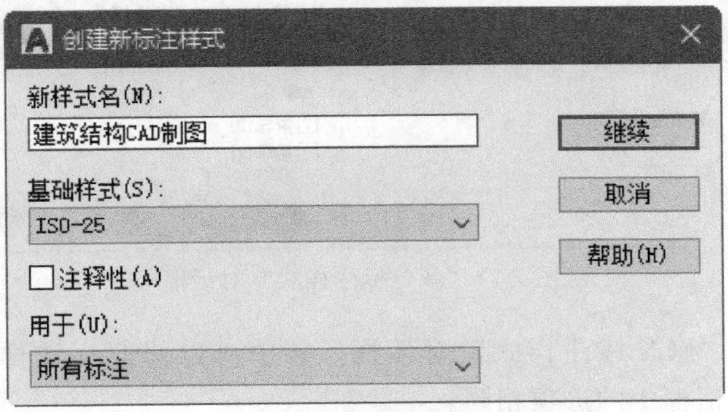

图 7-5 "创建新标注样式"对话框

这时可以在"新样式名"后键入要创建的标注样式的名称，比如"建筑结构 CAD 制图"；在基础样式后的下拉列表框中可以选择一种已有的样式作为该新样式的基础样式；

单击"用于"下的下拉列表框，可以选择适用该新样式的标注类型，如图 7-6 所示。

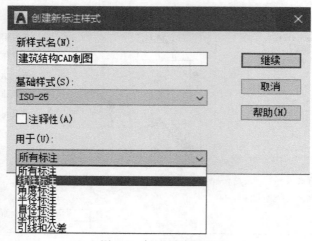

图 7-6　标注样式选择

单击"创建新标注样式"对话框中的　　继续　　按钮，将弹出"新建标注样式"对话框，如图 7-7 所示。

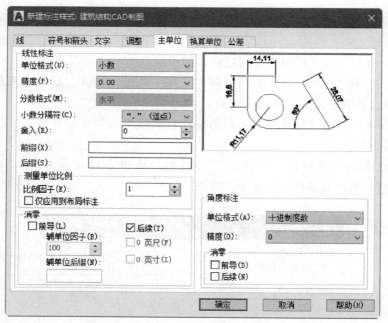

图 7-7　"新建标注样式"对话框

⑨ 修改：显示"修改标注样式"对话框，从中可以修改标注样式。对话框选项与"新建标注样式"对话框中的选项相同。

⑩ 替代：显示"替代当前样式"对话框，从中可以设定标注样式的临时替代值。对话框选项与"新建标注样式"对话框中的选项相同。替代将作为未保存的更改结果显示在"样式"列表中的标注样式下。

⑪ 比较：单击 比较(C)... 显示"比较标注样式"对话框，从中可以比较两个标注样式或列出一个标注样式的所有特性，如图 7-8 所示。

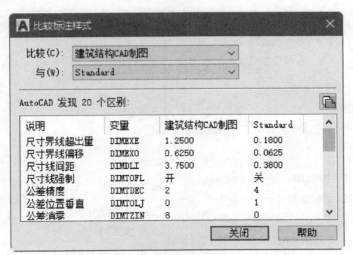

图 7-8 "比较标注样式"对话框

⑫ 关闭：关闭"标注样式管理器"对话框。

⑬ 帮助：显示"Autodesk AutoCAD 2022-帮助"中有关"标注样式管理器"对话框的解释说明，如图 7-9 所示。

图 7-9 Autodesk AutoCAD 2022-帮助

1. 线

此选项卡可以设定尺寸线、尺寸界线、箭头和圆心标记的格式和特性，如图 7-10 所示。

（1）尺寸线 设定尺寸线的特性。

① 颜色：显示并设定尺寸线的颜色。如果单击"选择颜色"（在"颜色"列表的底部），将显示"选择颜色"对话框，也可以输入颜色名或颜色号，可以从 255 种 AutoCAD

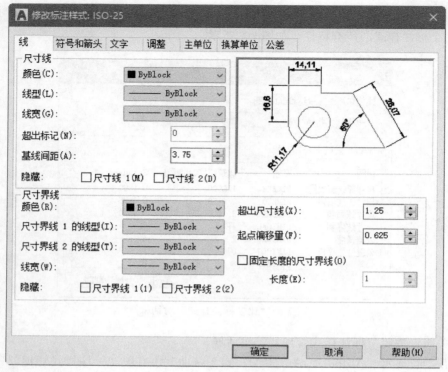

图 7-10 "线"选项卡

颜色索引（ACI）颜色、真彩色和配色系统颜色中选择颜色。

② 线型：设定尺寸线的线型。

③ 线宽：设定尺寸线的线宽。

④ 超出标记：指定当箭头使用倾斜、建筑标记、积分和无标记时尺寸线超过尺寸界线的距离。

⑤ 基线间距：设定基线标注的尺寸线之间的距离，输入距离。

⑥ 隐藏：不显示尺寸线。"尺寸线 1"不显示第一条尺寸线，"尺寸线 2"不显示第二条尺寸线。

尺寸线的说明如图 7-11 所示。

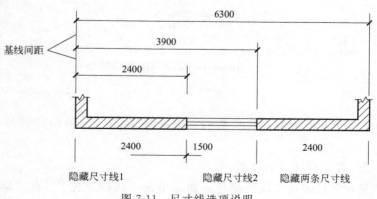

图 7-11 尺寸线选项说明

（2）尺寸界线 控制尺寸界线的外观。

① 颜色：设定尺寸界线的颜色。如果单击"选择颜色"（在"颜色"列表的底部），将显示"选择颜色"对话框，也可以输入颜色名或颜色号。可以从 255 种 AutoCAD 颜色索引（ACI）颜色、真彩色和配色系统颜色中选择颜色。

② 尺寸界线 1 的线型：设定第一条尺寸界线的线型。

③ 尺寸界线 2 的线型：设定第二条尺寸界线的线型。

④ 线宽：设定尺寸界线的线宽。

⑤ 隐藏：不显示尺寸界线。"尺寸界线 1"不显示第一条尺寸界线，"尺寸界线 2"不显示第二条尺寸界线。

⑥ 超出尺寸线：指定尺寸界线超出尺寸线的距离。

⑦ 起点偏移量：设定自图形中定义标注的点到尺寸界线的偏移距离。

⑧ 固定长度的尺寸界线：启用固定长度的尺寸界线。

长度：设定尺寸界线的总长度，起始于尺寸线，直到标注原点。

尺寸界线的说明如图 7-12 所示。

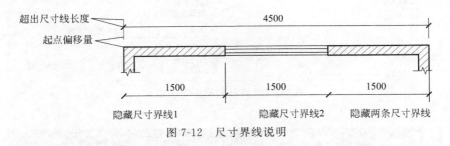

图 7-12 尺寸界线说明

（3）预览 显示样例标注图像，它可显示对标注样式设置所做更改的效果。

2. 符号和箭头

此选项卡用来设定箭头、圆心标记、弧长符号和折弯半径标注的格式和位置，如图 7-13 所示。

（1）箭头 控制标注箭头的外观。

① 第一个：设定第一条尺寸线的箭头，当更改第一个箭头的类型时，第二个箭头将自动更改以同第一个箭头相匹配。单击 ▶实心闭合 ⌄ 的倒三角，列出各种箭头形式，如图 7-14 所示。

② 第二个：设定第二条尺寸线的箭头。

③ 引线：设定引线箭头。

④ 箭头大小：显示和设定箭头的大小。

（2）圆心标记 设置要使用的圆心标记或直线的类型。

① 无：不创建圆心标记或中心线。该值在 DIMCEN 系统变量中存储为 0（零）。

② 标记：创建圆心标记。在 DIMCEN 系统变量中，圆心标记的大小存储为正值。

③ 直线：创建中心线。中心线的大小在 DIMCEN 系统变量中存储为负值。

④ 数值：显示和设定圆心标记或中心线的大小。如果类型为标记，则指标记的长度大小；如果类型为直线，则指中间的标注长度以及直线超出圆或圆弧轮廓线的长度。

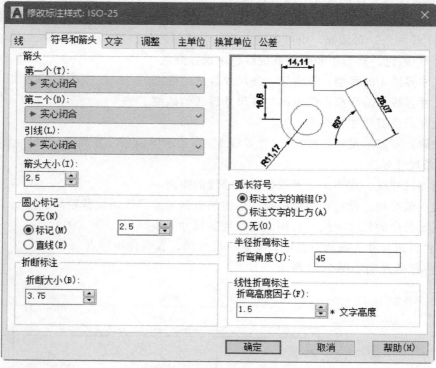

图 7-13 "符号和箭头"选项卡

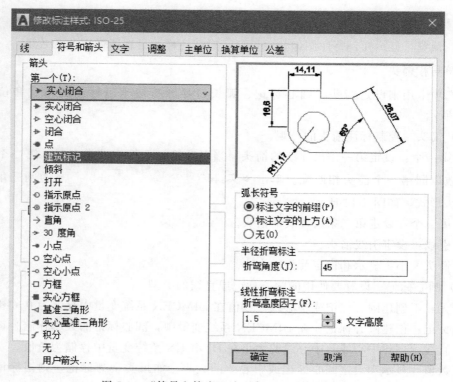

图 7-14 "符号和箭头"选项卡—显示箭头型式

圆心标记的两种不同类型如图 7-15 所示。

（3）折断标注　控制折断标注的间隙宽度。

折断大小：显示和设定用于折断标注的间隙大小。

（4）弧长符号　控制弧长标注中圆弧符号的显示。

① 标注文字的前缀：将弧长符号放置在标注文字之前。

② 标注文字的上方：将弧长符号放置在标注文字的上方。

③ 无：不显示弧长符号。

（5）半径折弯标注　控制折弯（Z 字形）半径标注的显示，折弯半径标注通常在圆或圆弧的圆心位于页面外部时创建，如图 7-16 所示。折弯角度为确定折弯半径标注中尺寸线的横向线段的角度。

（6）线性折弯标注　控制线性标注折弯的显示。当标注不能精确表示实际尺寸时，通常将折弯线添加到线性标注中，一般实际尺寸比所需值小，如图 7-17 所示。折弯高度因子是通过形成折弯的角度的两个顶点之间的距离所确定的折弯高度。

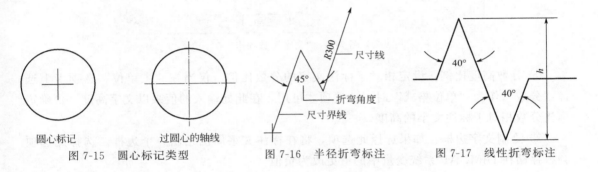

图 7-15　圆心标记类型　　图 7-16　半径折弯标注　　图 7-17　线性折弯标注

（7）预览　显示样例标注图像，它可显示对标注样式设置所做更改的效果。

3. 文字

此选项卡用来设定标注文字的格式、放置和对齐，如图 7-18 所示。

（1）文字外观　控制标注文字的格式和大小。

① 文字样式：列出可用的文本样式。

"文字样式"按钮：显示"文字样式"对话框，从中可以创建或修改文字样式。

② 文字颜色：设定标注文字的颜色。如果单击"选择颜色"（在"颜色"列表的底部），将显示"选择颜色"对话框。也可以输入颜色名或颜色号，可以从 255 种 AutoCAD 颜色索引（ACI）颜色、真彩色和配色系统颜色中选择颜色。

③ 填充颜色：设定标注中文字背景的颜色。如果单击"选择颜色"（在"颜色"列表的底部），将显示"选择颜色"对话框。也可以输入颜色名或颜色号，可以从 255 种 AutoCAD 颜色索引（ACI）颜色、真彩色和配色系统颜色中选择颜色。

④ 文字高度：设定当前标注文字样式的高度。在文本框中输入值。如果在"文字样式"中将文字高度设定为固定值（即文字样式高度大于 0），则该高度将替代此处设定的文字高度。如果要使用在"文字"选项卡上设定的高度，请确保"文字样式"中的文字高度设定为 0。

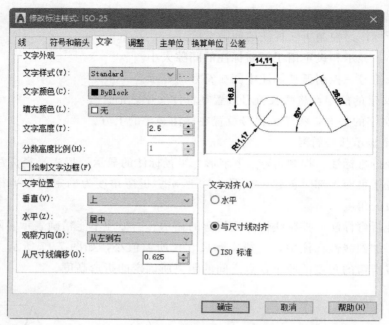

图 7-18 "文字"选项卡

⑤ 分数高度比例：设定相对于标注文字的分数比例。仅当在"主单位"选项卡上选择"分数"作为"单位格式"时，此选项才可用。在此处输入的值乘以文字高度，可确定标注分数相对于标注文字的高度。

⑥ 绘制文字边框：如果选择此选项，将在标注文字周围绘制一个边框。选择此选项会将存储在 DIMGAP 系统变量中的值更改为负值。

（2）文字位置　控制标注文字的位置。

① 垂直：控制标注文字相对尺寸线的垂直位置。垂直位置选项包括以下选项。

a. 居中：将标注文字放在尺寸线的两部分中间。

b. 上方：将标注文字放在尺寸线上方。从尺寸线到文字的最低基线的距离就是当前的文字间距。

c. 外部：将标注文字放在尺寸线上远离第一个定义点的一边。

d. JIS：按照日本工业标准（JIS）放置标注文字。

e. 下方：将标注文字放在尺寸线下方。从尺寸线到文字的最低基线的距离就是当前的文字间距。

显示效果如图 7-19(a) 所示。

② 水平：控制标注文字在尺寸线上相对于尺寸界线的水平位置。水平位置选项包括以下选项。

a. 居中：将标注文字沿尺寸线放在两条尺寸界线的中间。

b. 第一条尺寸界线：沿尺寸线与第一条尺寸界线左对正。尺寸界线与标注文字的距离是箭头大小加上文字间距之和的两倍。请参见"箭头"和"从尺寸线偏移"。

c. 第二条尺寸界线：沿尺寸线与第二条尺寸界线右对正。尺寸界线与标注文字的距离是箭头大小加上文字间距之和的两倍。请参见"箭头"和"从尺寸线偏移"。

显示效果如图 7-19(b) 所示。

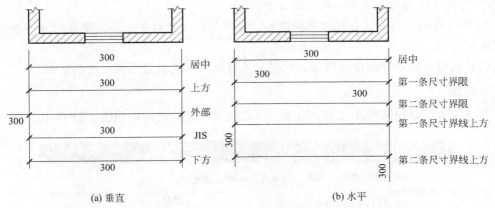

(a) 垂直　　　　　　　　(b) 水平

图 7-19　文字位置说明

③ 观察方向：控制标注文字的观察方向，包括以下选项。

a. 从左到右：按从左到右阅读的方式放置文字。

b. 从右到左：按从右到左阅读的方式放置文字。

④ 从尺寸线偏移：设定当前文字间距，文字间距是指当尺寸线断开以容纳标注文字时标注文字周围的距离，此值也用作尺寸线段所需的最小长度。当生成的线段至少与文字间距同样长时，才会将文字放置在尺寸界线内侧。当箭头、标注文字以及页边距有足够的空间容纳文字间距时，才将尺寸线上方或下方的文字置于内侧，如图 7-20 所示。

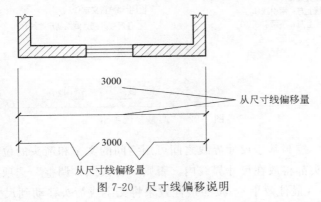

图 7-20　尺寸线偏移说明

（3）文字对齐　控制标注文字放在尺寸界线外边或里边时的方向是保持水平还是与尺寸界线平行，如图 7-21 所示。

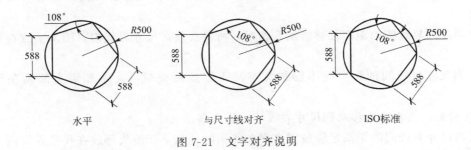

水平　　　　　　　与尺寸线对齐　　　　　　ISO标准

图 7-21　文字对齐说明

① 水平：水平放置文字。

② 与尺寸线对齐：文字与尺寸线对齐。

③ ISO 标准：当文字在尺寸界线内时，文字与尺寸线对齐。当文字在尺寸界线外时，文字水平排列。

（4）预览　显示样例标注图像，它可显示对标注样式设置所做更改的效果。

4. 调整

此选项卡可以控制标注文字、箭头、引线和尺寸线的放置，如图 7-22 所示。

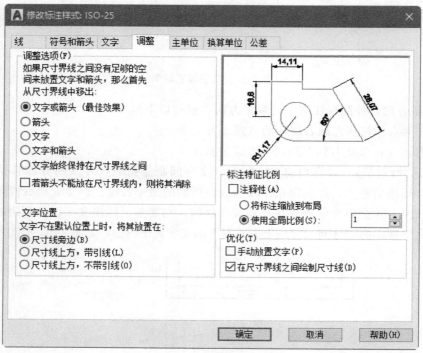

图 7-22　"调整"选项卡

（1）调整选项　控制基于尺寸界线之间可用空间的文字和箭头的位置，如果有足够大的空间，文字和箭头都将放在尺寸界线内。否则，将按照"调整"选项放置文字和箭头。

① 文字或箭头（最佳效果）：按照最佳效果将文字或箭头移动到尺寸界线外。

a. 当尺寸界线间的距离足够放置文字和箭头时，文字和箭头都放在尺寸界线内。否则，将按照最佳效果移动文字或箭头。

b. 当尺寸界线间的距离仅够容纳文字时，将文字放在尺寸界线内，而箭头放在尺寸界线外。

c. 当尺寸界线间的距离仅够容纳箭头时，将箭头放在尺寸界线内，而文字放在尺寸界线外。

d. 当尺寸界线间的距离既不够放文字又不够放箭头时，文字和箭头都放在尺寸界线外。

② 箭头：先将箭头移动到尺寸界线外，然后移动文字。

a. 当尺寸界线间的距离足够放置文字和箭头时，文字和箭头都放在尺寸界线内。

b. 当尺寸界线间距离仅够放下箭头时，将箭头放在尺寸界线内，而文字放在尺寸界线外。

c. 当尺寸界线间距离不足以放下箭头时，文字和箭头都放在尺寸界线外。

③ 文字：先将文字移动到尺寸界线外，然后移动箭头。

a. 当尺寸界线间的距离足够放置文字和箭头时，文字和箭头都放在尺寸界线内。

b. 当尺寸界线间的距离仅能容纳文字时，将文字放在尺寸界线内，而箭头放在尺寸界线外。

c. 当尺寸界线间距离不足以放下文字时，文字和箭头都放在尺寸界线外。

④ 文字和箭头：当尺寸界线间距离不足以放下文字和箭头时，文字和箭头都移到尺寸界线外。

⑤ 文字始终保持在尺寸界线之间：始终将文字放在尺寸界线之间。

⑥ 若箭头不能放在尺寸界线内，则将其消除：如果尺寸界线内没有足够的空间，则不显示箭头。

图 7-23 表示了调整选项的不同设置效果。

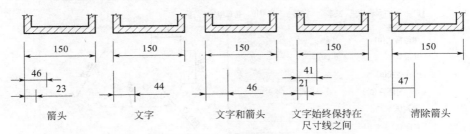

图 7-23 调整选项效果

（2）文字位置 设定标注文字从默认位置（由标注样式定义的位置）移动时标注文字的位置。

① 尺寸线旁边：如果选定，只要移动标注文字尺寸线就会随之移动。

② 尺寸线上方，带引线：如果选定，移动文字时尺寸线不会移动。如果将文字从尺寸线上移开，将创建一条连接文字和尺寸线的引线。当文字非常靠近尺寸线时，将省略引线。

③ 尺寸线上方，不带引线：如果选定，移动文字时尺寸线不会移动。远离尺寸线的文字不与带引线的尺寸线相连。

文字位置设置的效果如图 7-24 所示。

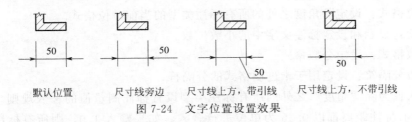

图 7-24 文字位置设置效果

（3）标注特征比例 设定全局标注比例值或图纸空间比例。

① 注释性：指定标注为注释性。单击信息图标以了解有关注释性对象的详细信息。

② 将标注缩放到布局：根据当前模型空间视口和图纸空间之间的比例确定比例因子。

③ 使用全局比例：为所有标注样式设置设定一个比例，这些设置指定了大小、距离或间距，包括文字和箭头大小。该缩放比例并不更改标注的测量值。

（4）优化   提供用于放置标注文字的其他选项。

① 手动放置文字：忽略所有水平对正设置并把文字放在"尺寸线位置"提示下指定的位置。

② 在尺寸界线之间绘制尺寸线：即使箭头放在测量点之外，也在测量点之间绘制尺寸线。

（5）预览   显示样例标注图像，它可显示对标注样式设置所做更改的效果。

5. 主单位

用来设定主标注单位的格式和精度，并设定标注文字的前缀和后缀，如图 7-25 所示。

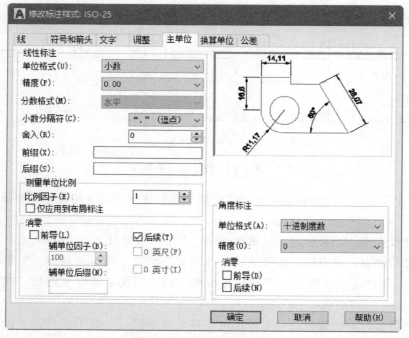

图 7-25   "主单位"选项卡

（1）线性标注   设定线性标注的格式和精度。

① 单位格式：设定除角度之外的所有标注类型的当前单位格式。

② 精度：显示和设定标注文字中的小数位数。

③ 分数格式：设定分数格式。

④ 小数分隔符：设定用于十进制格式的分隔符。

⑤ 舍入：为除"角度"之外的所有标注类型设置标注测量值的舍入规则。如果输入 0.25，则所有标注距离都以 0.25 为单位进行舍入。如果输入 1.0，则所有标注距离都将舍入为最接近的整数。小数点后显示的位数取决于"精度"设置。

⑥ 前缀：在标注文字中包含前缀。可以输入文字或使用控制代码显示特殊符号。例如，输入控制代码％％c 显示直径符号。当输入前缀时，将覆盖在直径和半径等标注中使用的任何默认前缀。

⑦ 后缀：在标注文字中包含后缀。可以输入文字或使用控制代码显示特殊符号。

（2）测量单位比例　定义线性比例选项，主要应用于传统图形。

① 比例因子：设置线性标注测量值的比例因子。建议不要更改此值的默认值 1.00。例如，如果输入 2，则 1in（1in＝2.54cm）直线的尺寸将显示为 2in。该值不应用到角度标注，也不应用到舍入值或者正负公差值。

② 仅应用到布局标注：仅将测量比例因子应用于在布局视口中创建的标注。除非使用非关联标注，否则该设置应保持取消复选状态。

（3）消零　控制是否禁止输出前导零和后续零以及零英尺和零英寸部分。

① 前导：不输出所有十进制标注中的前导零。例如，0.5000 变为.5000。选择前导以启用小于一个单位的标注距离的显示（以辅单位为单位）。

a. 辅单位因子：将辅单位的数量设定为一个单位。它用于在距离小于一个单位时以辅单位为单位计算标注距离。例如，如果后缀为 m 而辅单位后缀为以 cm 显示，则输入 100。

b. 辅单位后缀：在标注值子单位中包含后缀。可以输入文字或使用控制代码显示特殊符号。例如，输入 cm 可将.96m 显示为 96cm。

② 后续：不输出所有十进制标注的后续零。例如，12.5000 变成 12.5，30.0000 变成 30。

③ 0 英尺：如果长度小于 1ft(1ft＝0.3048m)，则消除英尺-英寸标注中的英尺部分。例如，0′-6 1/2″变成 6 1/2″。

④ 0 英寸：如果长度为整英尺数，则消除英尺-英寸标注中的英寸部分。例如，1′-0″变为 1′。

（4）角度标注　显示和设定角度标注的当前角度格式。

① 单位格式：设定角度单位格式。

② 精度：设定角度标注的小数位数。

（5）消零　控制是否禁止输出前导零和后续零。

① 前导：禁止输出角度十进制标注中的前导零。例如，0.5000 变成.5000。也可以显示小于一个单位的标注距离（以辅单位为单位）。

② 后续：禁止输出角度十进制标注中的后续零。例如，12.5000 变成 12.5，30.0000 变成 30。

（6）预览　显示样例标注图像，它可显示对标注样式设置所做更改的效果。

6. 换算单位

此选项卡用来指定标注测量值中换算单位的显示并设定其格式和精度，如图 7-26 所示。

（1）显示换算单位　向标注文字添加换算测量单位。将 DIMALT 系统变量设定为 1。

（2）换算单位　显示和设定除角度之外的所有标注类型的当前换算单位格式。

① 单位格式：设定换算单位的单位格式。

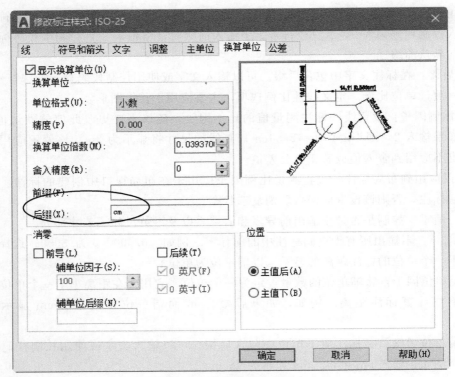

图 7-26 "换算单位"选项卡

② 精度：设定换算单位中的小数位数。

③ 换算单位倍数：指定一个倍数，作为主单位和换算单位之间的转换因子使用。例如，要将英寸转换为毫米，请输入 25.4。此值对角度标注没有影响，而且不会应用于舍入值或者正、负公差值。

④ 舍入精度：设定除角度之外的所有标注类型的换算单位的舍入规则。如果输入 0.25，则所有标注测量值都以 0.25 为单位进行舍入。如果输入 1.0，则所有标注测量值都将舍入为最接近的整数。小数点后显示的位数取决于"精度"设置。

⑤ 前缀：在换算标注文字中包含前缀。可以输入文字或使用控制代码显示特殊符号。例如，输入控制代码%%c显示直径符号。

⑥ 后缀：在换算标注文字中包含后缀。可以输入文字或使用控制代码显示特殊符号。例如，在标注文字中输入 cm 的结果如图 7-26 所示。输入的后缀将替代所有默认后缀。

（3）消零 控制是否禁止输出前导零和后续零以及零英尺和零英寸部分。其下各项含义与图 7-25 中相同。

（4）位置 控制标注文字中换算单位的位置。

① 主值后：将换算单位放在标注文字中的主单位之后。

② 主值下：将换算单位放在标注文字中的主单位下面。

（5）预览 显示样例标注图像，它可显示对标注样式设置所做更改的效果。

7. 公差

此选项卡用来指定标注文字中公差的显示及格式，如图 7-27 所示。

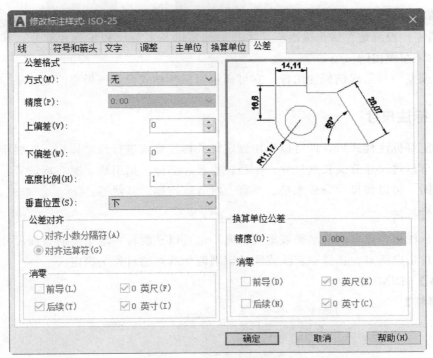

图 7-27　"公差"选项卡

（1）公差格式　控制公差格式。

① 方式：设定计算公差的方法。

② 精度：设定小数位数。

③ 上偏差：设定最大公差或上偏差。如果在"方式"中选择"对称"，则此值将用于公差。

④ 下偏差：设定最小公差或下偏差。

⑤ 高度比例：设定公差文字的当前高度。计算出的公差高度与主标注文字高度的比例存储在 DIMTFAC 系统变量中。

⑥ 垂直位置：控制对称公差和极限公差的文字对正。

⑦ 公差对齐：堆叠时，控制上偏差值和下偏差值的对齐。

a. 对齐小数分隔符：通过值的小数分割符堆叠值。

b. 对齐运算符：通过值的运算符堆叠值。

⑧ 消零　控制是否禁止输出前导零和后续零以及零英尺和零英寸部分。

a. 前导：不输出所有十进制标注中的前导零。例如，0.5000 变成.5000。

b. 后续：不输出所有十进制标注的后续零。例如，12.5000 变成 12.5，30.0000 变成 30。

c. 0 英尺：如果长度小于 1ft，则消除英尺-英寸标注中的英尺部分。例如，0′-6 1/2″ 变成 6 1/2″。

d. 0 英寸：如果长度为整英尺数，则消除英尺-英寸标注中的英寸部分。例如，1′-0″ 变为 1′。

（2）换算单位公差　设定换算公差单位的格式。

① 精度：显示和设定小数位数。

② 消零：控制是否禁止输出前导零和后续零以及零英尺和零英寸部分。其下各项含义与图 7-27 左侧相同。

（3）预览　显示样例标注图像，它可显示对标注样式设置所做更改的效果。

四、标注尺寸

在设定好标注样式后，即可以采用设定好的标注样式进行尺寸标注。按照所标注的对象不同，可以将尺寸分成长度尺寸、半径、直径、坐标、指引线、圆心标记等，按照尺寸形式的不同，可以将尺寸分成水平、垂直、对齐、连续、基线等。

1. 线性标注

线性标注指两点之间的水平或垂直距离，也可以是旋转一定角度的直线尺寸。定义两点可以通过指定两点、选择一直线或圆弧识别两个端点的对象来确定。

【命令】　DIMLINEAR

【工具钮】

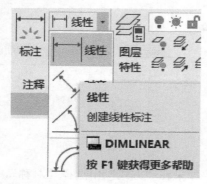

【命令及提示】

命令:_dimlinear
指定第一个尺寸界线原点或<选择对象>:
指定第二条尺寸界线原点:
指定尺寸线位置或[多行文字(M)/文字(T)/角度(A)/水平(H)/垂直(V)/旋转(R)]:
标注文字= XX

【参数说明】

① 指定第一条尺寸界线原点：定义第一条尺寸界线的位置，如果直接回车，则出现选择对象的提示。

② 指定第二条尺寸界线原点：定义第二条尺寸界线的位置。

③ 选择对象：选择对象来定义线性尺寸的大小。

④ 指定尺寸线位置：指定尺寸线的位置。

⑤ 多行文字（M）：打开多行文本编辑器，用户可以通过多行文字编辑器来编辑注写的文字。测量的数值用"<>"来表示，用户可以将其删除也可以在其前后增加其他文字。

⑥ 文字（T）：单行输入文字。测量值同样在"<>"中。

⑦ 角度（A）：设定文字的倾斜角度。

⑧ 水平（H）：强制标注两点间的水平尺寸。

⑨ 垂直（V）：强制标注两点间的垂直尺寸。

⑩ 旋转（R）：设定一旋转角度来标注该方向的尺寸。

【实例】

用线性标注命令标注如图 7-28(a) 所示图形，结果如图 7-28(c) 所示。

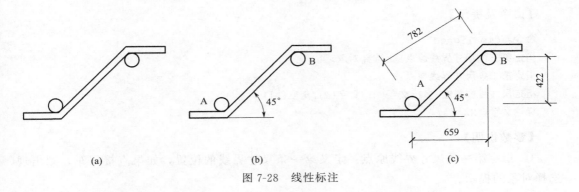

(a)　　　　　　　　(b)　　　　　　　　(c)

图 7-28　线性标注

操作过程如下。

命令:_dimlinear

指定第一条尺寸界线原点或<选择对象>：　拾取 A 圆圆心点

指定第二条尺寸界线原点：　拾取 B 圆圆心点

指定尺寸线位置或[多行文字(M)/文字(T)/角度(A)/水平(H)/垂直(V)/旋转(R)]：　指定尺寸线位置

标注文字=422

命令:DIMLINEAR　重复线性标注命令

指定第一条尺寸界线原点或<选择对象>：　拾取 A 圆圆心点

指定第二条尺寸界线原点：　拾取 B 圆圆心点

指定尺寸线位置或[多行文字(M)/文字(T)/角度(A)/水平(H)/垂直(V)/旋转(R)]：　指定尺寸线位置

标注文字=659

命令:DIMLINEAR　重复线性标注命令

指定第一条尺寸界线原点或<选择对象>：　拾取 A 圆圆心点

指定第二条尺寸界线原点：　拾取 B 圆圆心点

指定尺寸线位置或[多行文字(M)/文字(T)/角度(A)/水平(H)/垂直(V)/旋转(R)]:r　输入 r,进行尺寸线旋转

指定尺寸线的角度<0>:45　输入旋转角度

指定尺寸线位置或[多行文字(M)/文字(T)/角度(A)/水平(H)/垂直(V)/旋转(R)]：　指定尺寸线位置

标注文字=782

2. 对齐线性标注

【命令】 DIMALIGNED

【工具钮】

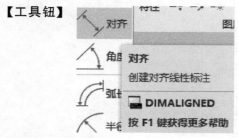

【命令及提示】

命令:_dimaligned
指定第一个尺寸界线原点或<选择对象>：
指定第二条尺寸界线原点：
指定尺寸线位置或[多行文字(M)/文字(T)/角度(A)]：
标注文字= XX

【参数说明】

① 指定第一条尺寸界线原点：定义第一条尺寸界线的位置，如果直接回车，则出现选择对象的提示。

② 指定第二条尺寸界线原点：定义第二条尺寸界线的位置。

③ 选择对象：选择对象来定义线性尺寸的大小。

④ 指定尺寸线位置：指定尺寸线的位置。

⑤ 多行文字（M）：通过多行文字编辑器来编辑注写的文字。

⑥ 文字（T）：单行输入文字。

⑦ 角度（A）：设定文字的倾斜角度。

【实例】

用对齐标注命令标注如图 7-28(b) 所示的 AB 尺寸。

操作过程如下。

命令:_dimaligned
指定第一条尺寸界线原点或<选择对象>：   拾取 A 圆圆心点
指定第二条尺寸界线原点：   拾取 B 圆圆心点
指定尺寸线位置或[多行文字(M)/文字(T)/角度(A)]：   指定尺寸线位置
标注文字=782

3. 角度标注

【命令】 DIMANGULAR

【工具钮】

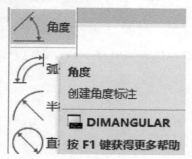

【命令及提示】

命令:_dimangular

选择圆弧、圆、直线或<指定顶点>:

选择第二条直线:

指定标注弧线位置或[多行文字(M)/文字(T)/角度(A)/象限点(Q)]:

标注文字= XX

【参数说明】

① 选择圆弧、圆、直线或<指定顶点>:选择角度标注的对象。如果直接回车,则为指定顶点标注角度。

② 指定顶点:通过指定角度的顶点和两个端点来确定角度。

③ 指定标注弧线位置:指定圆弧尺寸线的位置。

④ 多行文字(M):通过多行文字编辑器来编辑注写的文字。

⑤ 文字(T):单行输入文字。

⑥ 角度(A):设定文字的倾斜角度。

⑦ 象限点(Q):指定标注应锁定到的象限。打开象限行为后,将标注文字放置在角度标注外时,尺寸线会延伸超过尺寸界线。

【实例】

用角度标注命令标注如图 7-29(a) 所示的三个非垂直角度,结果如图 7-29(b) 所示。

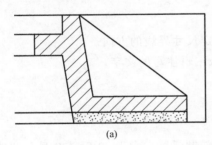

(a)　　　　　　　　　　(b)

图 7-29　角度标注

操作过程如下。

命令:_dimangular

选择圆弧、圆、直线或<指定顶点>:　　指定一直线

选择第二条直线:　　指定另一直线

指定标注弧线位置或[多行文字(M)/文字(T)/角度(A)/象限点(Q)]:　　指定标注圆弧尺寸线位置

标注文字=42　　自动测量并显示角度数值

命令:DIMANGULAR　　回车重复角度标注

选择圆弧、圆、直线或<指定顶点>:　　指定一直线

选择第二条直线:　　指定另一直线

指定标注弧线位置或[多行文字(M)/文字(T)/角度(A)/象限点(Q)]:　　指定标注圆弧尺寸线位置

标注文字=99　　自动测量并显示角度数值

命令:DIMANGULAR　　回车重复角度标注

选择圆弧、圆、直线或<指定顶点>:　　指定一直线

选择第二条直线: 指定另一直线

指定标注弧线位置或 [多行文字(M)/文字(T)/角度(A)/象限点(Q)]: 指定标注圆弧尺寸线位置

标注文字=39 自动测量并显示角度数值

4. 弧长标注

【命令】 DIMARC

【工具钮】

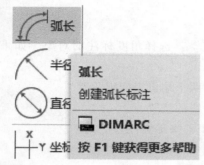

【命令及提示】

命令:_dimarc

选择弧线段或多段线圆弧段:

指定弧长标注位置或[多行文字(M)/文字(T)/角度(A)/部分(P)/引线(L)]:

标注文字= XX

【参数说明】

① 弧长标注位置:指定尺寸线的位置并确定尺寸界线的方向。

② 多行文字(M):通过多行文字编辑器来编辑注写的文字。

③ 文字(T):单行输入文字。

④ 角度(A):设定文字的倾斜角度。

⑤ 部分(P):缩短弧长标注的长度。

⑥ 引线(L):添加引线对象。仅当圆弧(或圆弧段)大于90°时才会显示此选项。引线是按径向绘制的,指向所标注圆弧的圆心。

⑦ 无引线:创建引线之前取消"引线"选项,要删除引线,请删除弧长标注,然后重新创建不带引线选项的弧长标注。

【实例】

用弧长标注命令标注如图 7-30(a) 所示圆弧,结果如图 7-30(b) 所示。

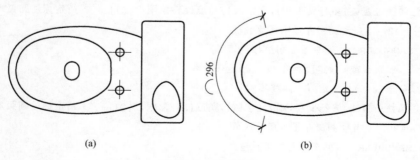

(a)   (b)

图 7-30 弧长标注

操作过程如下。

命令: _dimarc

选择弧线段或多段线圆弧段:　　选择要标注的圆弧

指定弧长标注位置或[多行文字(M)/文字(T)/角度(A)/部分(P)/引线(L)]:　　确定标注位置

标注文字=296　　系统自动测量弧长,如图 7-30(b)所示

5. 半径标注

【命令】　DIMRADIUS

【工具钮】

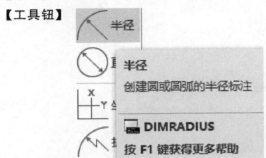

【命令及提示】

命令: _dimradius

选择圆弧或圆:

标注文字= XX

指定尺寸线位置或[多行文字(M)/文字(T)/角度(A)]:

【参数说明】

① 选择圆弧或圆:选择要标注半径的圆或圆弧。

② 指定尺寸线的位置:指定尺寸线的位置。

③ 多行文字(M):通过多行文字编辑器来编辑注写的文字。

④ 文字(T):单行输入文字。

⑤ 角度(A):设定文字的倾斜角度。

【实例】

标注如图 7-31(a) 所示圆弧半径,结果如图 7-31(b) 所示。

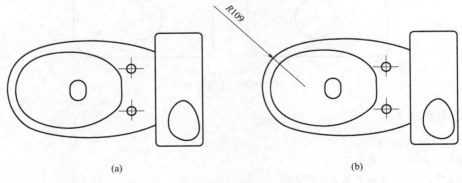

(a)　　　　　　　　　　　　　　(b)

图 7-31　半径标注

操作过程如下。

命令：_dimradius

选择圆弧或圆：　　点取圆弧

标注文字= 109　　　系统自动测量圆弧半径

指定尺寸线位置或[多行文字(M)/文字(T)/角度(A)]：　　指定尺寸线位置,如图 7-31(b)所示

6. 直径标注

【命令】　DIMDIAMETER

【工具钮】

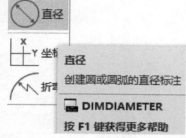

【命令及提示】

命令：_dimdiameter

选择圆弧或圆:

标注文字= XX

指定尺寸线位置或[多行文字(M)/文字(T)/角度(A)]:

【参数说明】

① 选择圆弧或圆：选择要标注直径的圆或圆弧。

② 指定尺寸线的位置：指定尺寸线的位置。

③ 多行文字（M）：通过多行文字编辑器来编辑注写的文字。

④ 文字（T）：单行输入文字。

⑤ 角度（A）：设定文字的倾斜角度。

【实例】

标注如图 7-32(a) 所示圆的直径，结果如图 7-32(b) 所示。

(a)　　　　　　　　　　　(b)

图 7-32　直径标注

操作过程如下。

命令：_dimdiameter

选择圆弧或圆：　　点取圆

标注文字= 8　　　系统自动测量圆直径

指定尺寸线位置或[多行文字(M)/文字(T)/角度(A)]：　　指定尺寸线位置,如图 7-32(b)所示

7. 坐标标注

【命令】 DIMORDINATE

【工具钮】

【命令及提示】

命令:_dimordinate
指定点坐标:
指定引线端点或[X基准(X)/Y基准(Y)/多行文字(M)/文字(T)/角度(A)]:
标注文字= XX

【参数说明】

① 指定点坐标:指定需要标注坐标的点。

② 指定引线端点:指定坐标标注中引线的端点。

③ X 基准（X）:强制标注 x 坐标。

④ Y 基准（Y）:强制标注 y 坐标。

⑤ 多行文字（M）:通过多行文字编辑器来编辑注写
的文字。

⑥ 文字（T）:单行输入文字。

⑦ 角度（A）:设定文字的倾斜角度。

【实例】

标注如图 7-33 所示 A 点的 x 坐标和 C 点的 y 坐标。

操作过程如下。

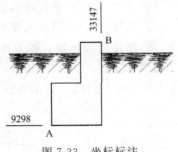

图 7-33 坐标标注

命令:_dimordinate
指定点坐标: 点取 B 点
指定引线端点或[X基准(X)/Y基准(Y)/多行文字(M)/文字(T)/角度(A)]:x 强制标注 x 坐标
指定引线端点或[X基准(X)/Y 基准(Y)/多行文字(M)/文字(T)/角度(A)]: 指定引线端点
标注文字=33147
命令:DIMORDINATE 重复命令
指定点坐标: 点取 A 点
指定引线端点或[X基准(X)/Y基准(Y)/多行文字(M)/文字(T)/角度(A)]:y 强制标注 y 坐标
指定引线端点或[X基准(X)/Y基准(Y)/多行文字(M)/文字(T)/角度(A)]: 指定引线端点
标注文字=9298

8. 折弯标注

折弯标注的测量选定对象是圆或圆弧的半径,也称为缩放半径标注。当圆弧或圆的中心位于布局之外并且无法在其实际位置显示时,将创建折弯半径标注。可以在更方便的位置指定标注的原点，即中心位置替代。

【命令】　DIMJOGGED

【工具钮】

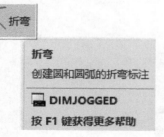

【命令及提示】

命令:_dimjogged

选择圆弧或圆:

指定图示中心位置:

标注文字=XX

指定尺寸线位置或[多行文字(M)/文字(T)/角度(A)]:

指定折弯位置:

【参数说明】

① 选择圆弧或圆：选择要标注半径的圆或圆弧。

② 指定图示中心位置：指定点。

③ 多行文字（M）：通过多行文字编辑器来编辑注写的文字。

④ 文字（T）：单行输入文字。

⑤ 角度（A）：设定文字的倾斜角度。

⑥ 指定折弯位置：指定折弯的中点，折弯的横向角度由"标注样式管理器"确定。

【实例】

将如图 7-34(a) 所示 $R25$ 圆弧改为折弯标注，结果如图 7-34(b) 所示。

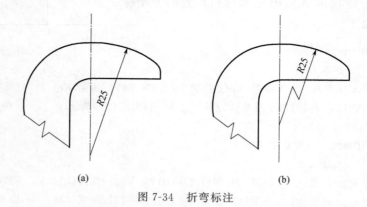

(a)　　　　　　　　　　(b)

图 7-34　折弯标注

操作过程如下。

命令:_dimjogged

选择圆弧或圆:　选择 R25 圆弧

指定图示中心位置:　点取折弯的圆心

标注文字＝25　　自动测量或者重新输入

指定尺寸线位置或[多行文字(M)/文字(T)/角度(A)]:　　指定标注文字的位置

指定折弯位置:　　指定折弯的位置

9. 快速标注

【命令】　QDIM

【工具钮】

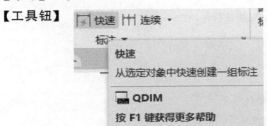

【命令及提示】

命令:_qdim

关联标注优先级＝端点

选择要标注的几何图形:

选择要标注的几何图形:

指定尺寸线位置或[连续(C)/并列(S)/基线(B)/坐标(O)/半径(R)/直径(D)/基准点(P)/编辑(E)/设置(T)]<连续>:

【参数说明】

① 选择要标注的几何图形: 选择要标注的对象。如果选择的对象不单一，在标注某种尺寸时，将忽略不可标注的对象。

② 指定尺寸线位置: 定义尺寸线的位置。

③ 连续 (C): 采用连续方式标注所选图形。

④ 并列 (S): 采用并列方式标注所选图形。

⑤ 基线 (B): 采用基线方式标注所选图形。

⑥ 坐标 (O): 采用坐标方式标注所选图形。

⑦ 半径 (R): 对所选圆或圆弧标注半径。

⑧ 直径 (D): 对所选圆或圆弧标注直径。

⑨ 基准点 (P): 设定坐标标注或基线标注的基准点。

⑩ 编辑 (E): 对标注点进行编辑。

⑪ 设置 (T): 为指定尺寸界线原点设置默认对象捕捉。

【实例】

使用快速标注命令标注如图 7-35(a) 所示墙内尺寸。

操作过程如下。

命令:_qdim

选择要标注的几何图形:指定对角点:找到 5 个　　利用窗口方式将对象选中,如图 7-35(b)所示

选择要标注的几何图形:　　回车结束对象选择

指定尺寸线位置或[连续(C)/并列(S)/基线(B)/坐标(O)/半径(R)/直径(D)/基准点(P)/编辑(E)/设

置(T)]<连续>：　　指定尺寸线位置,如图 7-35(b)所示

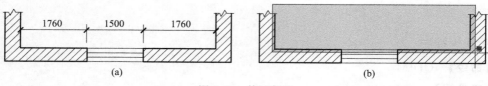

(a)　　　　　　　　　　　(b)

图 7-35　快速标注

10. 连续标注

【命令】　DIMCONTINUE

【工具钮】

【命令及提示】

命令:_dimcontinue
选择基准标注：
指定第二条尺寸界线原点或[放弃(U)/选择(S)]<选择>：
标注文字=XX

【参数说明】

① 选择基准标注：选择以线性标注为连续标注的基准位置。如果上一个命令进行了线性尺寸标注，则不出现该提示，自动以上一个线性标注为基准位置。除非在随后的参数中输入了"选择"项。

② 指定第二条尺寸界线原点：定义第二条尺寸界线的位置，第一条尺寸界线由基准确定。

③ 放弃（U）：放弃上一个基线尺寸标注。

④ 选择（S）：重新选择一线性尺寸为连续标注的基准。

【实例】

用连续标注命令标注如图 7-36(a) 所示图形，结果如图 7-36(b) 所示。

操作过程如下。

命令:_dimbaseline
选择基准标注：　　点取 AB 段标注
指定第二条尺寸界线原点或[放弃(U)/选择(S)]<选择>：　　拾取 C 圆的上象限点
标注文字=2100
指定第二条尺寸界线原点或[放弃(U)/选择(S)]<选择>：　　拾取 D 圆的上象限点
标注文字=1900
指定第二条尺寸界线原点或[放弃(U)/选择(S)]<选择>：　　拾取 E 圆的上象限点
标注文字=1400
指定第二条尺寸界线原点或[放弃(U)/选择(S)]<选择>：　　回车结束选择

选择基准标注：　　回车结束命令

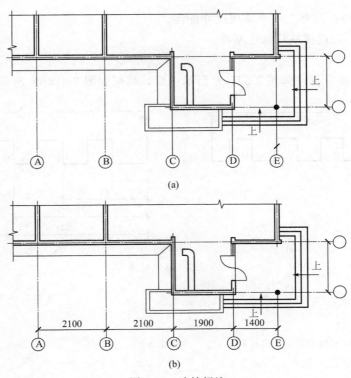

(a)

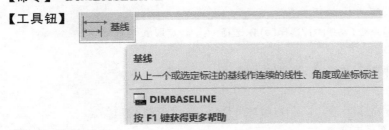

(b)

图 7-36　连续标注

11. 基线标注

【命令】　DIMBASELINE

【工具钮】

> 基线
>
> **基线**
> 从上一个或选定标注的基线作连续的线性、角度或坐标标注
>
> 📷 **DIMBASELINE**
> 按 **F1** 键获得更多帮助

【命令及提示】

命令:_dimbaseline
选择基准标注:
指定第二条尺寸界线原点或[放弃(U)/选择(S)]<选择>:
标注文字=XX

【参数说明】

① 选择基准标注：选择基线标注的基准位置，后面的尺寸以此为基准进行标注。如果上一个命令进行了线性尺寸标注，则不出现该提示，除非在随后的参数中输入了"选择"项。

② 指定第二条尺寸界线原点：定义第二条尺寸界线的位置，第一条尺寸界线由基准确定。

③ 放弃（U）：放弃上一个基线尺寸标注。

④ 选择（S）：选择基线标注基准。

【实例】

用基线标注命令标注如图 7-37(a) 所示图形，结果如图 7-37(b) 所示。

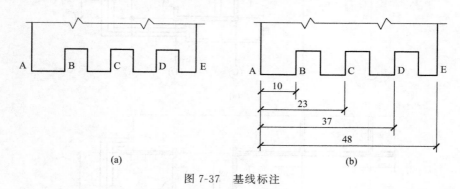

图 7-37   基线标注

操作过程如下。

命令：_dimlinear
指定第一个尺寸界线原点或<选择对象>：   点取 A 点
指定第二条尺寸界线原点：   点取 B 点
指定尺寸线位置或[多行文字(M)/文字(T)/角度(A)/水平(H)/垂直(V)/旋转(R)]：
标注文字=10   在屏幕上确定尺寸位置
命令：_dimbaseline
指定第二条尺寸界线原点或[放弃(U)/选择(S)]<选择>：   点取 C 点
标注文字=23
指定第二条尺寸界线原点或[放弃(U)/选择(S)]<选择>：   点取 D 点
标注文字=37
指定第二条尺寸界线原点或[放弃(U)/选择(S)]<选择>：   点取 E 点
标注文字=48
指定第二条尺寸界线原点或[放弃(U)/选择(S)]<选择>：   回车结束选择
选择基准标注：   回车结束命令

12. 调整间距

【命令】   DIMSPACE

【工具钮】

【命令及提示】

命令:_dimspace
选择基准标注:
选择要产生间距的标注:
选择要产生间距的标注:
选择要产生间距的标注:
输入值或[自动(A)]<自动>:

【参数说明】

① 选择基准标注:选择平行线性标注或角度标注。

② 选择要产生间距的标注:选择平行线性标注或角度标注以从基准标注均匀隔开,并按 Enter 键。

③ 输入值:输入间距值,将间距值应用于从基准标注中选择的标注。例如,如果输入值 0.5000,则所有选定标注将以 0.5000 的距离隔开。可以使用间距值 0 将选定的线性标注和角度标注的标注线末端对齐。

④ 自动(A):基于在选定基准标注的标注样式中指定的文字高度自动计算间距。所得的间距值是标注文字高度的两倍。

【实例】

用调整间距命令将如图 7-38(a) 所示标注修改为如图 7-38(b) 所示标注。

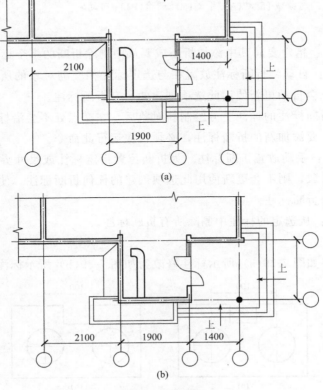

图 7-38 等距标注

操作过程如下。

命令:_dimspace
选择基准标注:　　选择基准:尺寸 1900
选择要产生间距的标注:找到 1 个　　选择尺寸 2100
选择要产生间距的标注:找到 1 个,总计 2 个　　选择尺寸 1400
选择要产生间距的标注:　　回车结束选择
输入值或[自动(A)]<自动> :0　　输入数值 0

13. 打断

【命令】 DIMBREAK
【工具钮】

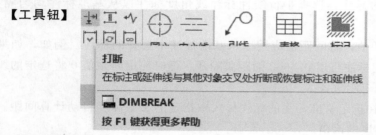

打断
在标注或延伸线与其他对象交叉处折断或恢复标注和延伸线

DIMBREAK
按 F1 键获得更多帮助

【命令及提示】

命令:_dimbreak
选择要添加/删除折断的标注或[多个(M)]:
选择要折断标注的对象或[自动(A)/手动(M)/删除(R)]<自动> :

【参数说明】

① 多个 (M):指定要向其中添加折断或要从中删除折断的多个标注。

② 自动 (A):自动将折断标注放置在与选定标注相交的对象的所有交点处。修改标注或相交对象时,会自动更新使用此选项创建的所有折断标注。

在具有任何折断标注的标注上方绘制新对象后,在交点处不会沿标注对象自动应用任何新的折断标注。要添加新的折断标注,必须再次运行此命令。

③ 手动 (M):手动放置折断标注。为折断位置指定标注或尺寸界线上的两点。如果修改标注或相交对象,则不会更新使用此选项创建的任何折断标注。使用此选项,一次仅可以放置一个手动折断标注。

④ 删除 (R):从选定的标注中删除所有折断标注。

【实例】

用打断命令将如图 7-39(a) 所示标注修改为如图 7-39(b) 所示标注。

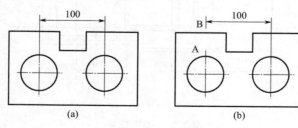

(a)　　　　　　　　(b)

图 7-39　打断

操作过程如下：

命令：_dimbreak
选择要添加/删除折断的标注或[多个(M)]：　选择需打断的尺寸 100
选择要添加/删除折断的标注或[多个(M)]：　回车结束选择
选择要折断标注的对象或[自动(A)/手动(M)/删除(R)]<自动>：m　　选手动选项
指定第一个打断点：　点取 A 点
指定第二个打断点：　点取 B 点
1 个对象已修改

14. 圆心标记

【命令】　CENTERMARK

【工具钮】

【命令及提示】

命令：_centermark
选择要添加圆心标记的圆或圆弧：

【参数说明】
选择要添加圆心标记的圆或圆弧：选择要标记圆心的圆或圆弧。

【实例】
用圆心标记命令标注如图 7-40(a) 所示圆弧，结果如图 7-40(b) 所示。

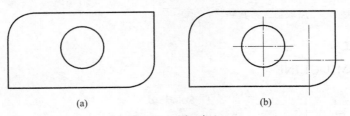

(a)　　　　　　　　　　　(b)

图 7-40　圆心标记

操作过程如下。

命令：_centermark
选择要添加圆心标记的圆或圆弧：　点取圆
选择要添加圆心标记的圆或圆弧：　点取圆弧
选择要添加圆心标记的圆或圆弧：　回车,标注如图 7-40(b)所示

15. 中心线标记

【命令】　CENTERLINE

【工具钮】

【命令及提示】

命令:_centerline
选择第一条直线:
选择第二条直线:

【参数说明】

① 选择第一条直线:选择两条线或线性多段线线段中的第一条线。
② 选择第二条直线:选择两条线或线性多段线线段中的第二条线。

【实例】

用中心线标记命令标注如图 7-41(a) 所示两条直线的轴线,结果如图 7-41(b) 所示。

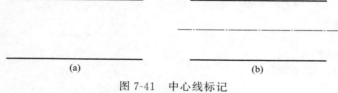

(a)   (b)

图 7-41 中心线标记

操作过程如下。

命令:_centerline
选择第一条直线: 点取第一条直线
选择第二条直线: 点取第二条直线

16. 折弯标注

【命令】 DIMJOGLINE

【工具钮】

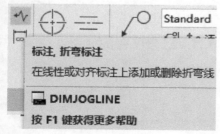

【命令及提示】

命令:_dimjogline
选择要添加折弯的标注或[删除(R)]:
指定折弯位置(或按 ENTER 键):

【参数说明】

① 选择要添加折弯的标注：指定要向其添加折弯的线性标注或对齐标注。

② 删除（R）：指定要从中删除折弯的线性标注或对齐标注。

③ 指定折弯位置：提示用户指定折弯的位置。

【实例】

用折弯标注命令将如图 7-42(a) 所示尺寸在指定处折弯，结果如图 7-42(b) 所示。

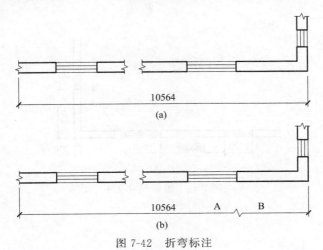

图 7-42 折弯标注

操作过程如下。

命令：_dimjogline

选择要添加折弯的标注或[删除(R)]：　点取需要折弯的尺寸

指定折弯位置(或按 ENTER 键)：　点取 A 点

五、尺寸编辑

1. 尺寸文本编辑

【命令】 DDEDIT 或者直接双击需要修改的尺寸文字

【命令及提示】

命令：_ddedit

TEXTEDIT

当前设置：编辑模式=Multiple

选择注释对象或[放弃(U)/模式(M)]：

【参数说明】

① TEXTEDIT：含义与此命令相同。

② 选择注释对象：指定要编辑的文字、多行文字或标注对象。

③ 放弃（U）：返回到文字或属性定义的先前值，可在编辑后立即使用此选项。

④ 模式（M）：控制是否自动重复命令。

【实例】

将如图 7-43(a) 所示图形中的尺寸 3283 修改为 3300，如图 7-43(b) 所示。

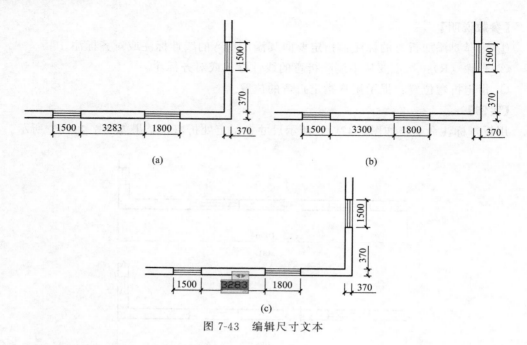

图 7-43　编辑尺寸文本

操作过程如下。

命令：_ddedit

TEXTEDIT

当前设置：编辑模式= Multiple

选择注释对象或[放弃(U)/模式(M)]：　点取尺寸 3283，如图 7-43(c)所示，变色后将其改为 3300，后单击鼠标即可

选择注释对象或[放弃(U)/模式(M)]：　回车结束命令

2. 尺寸样式修改与替换

【命令】　DDIM

执行该命令后将弹出"标注样式管理器"对话框，如图 7-44 所示。

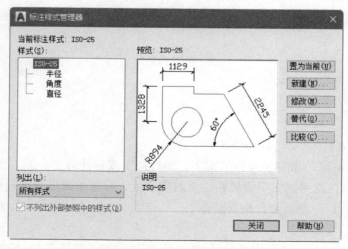

图 7-44　"标注样式管理器"对话框

在该对话框中单击修改按钮，即对当前标注样式进行修改。如单击替代按钮，即可对当前标注样式进行替代。两者的区别是前者不改变在这之前的标注，而后者则会改变。

3. 尺寸文本位置编辑

移动和旋转标注文字并重新定位尺寸线。

【命令】　DIMTEDIT

【工具钮】

【命令及提示】

命令:_dimtedit
选择标注:
为标注文字指定新位置或[左对齐(L)/右对齐(R)/居中(C)/默认(H)/角度(A)]:

【参数说明】

① 选择标注：选择要修改文字位置的标注。
② 为标注文字指定新位置：在屏幕上指定文字的新位置。
③ 左对齐（L）：沿尺寸线左对齐文本。
④ 右对齐（R）：沿尺寸线右对齐文本。
⑤ 居中（C）：将尺寸文本放置在尺寸线中间。
⑥ 默认（H）：将尺寸文本放置在默认位置。
⑦ 角度（A）：将尺寸文本旋转指定的角度。

【实例】

将如图 7-45(a) 所示标注修改成如图 7-45(b) 所示样式。

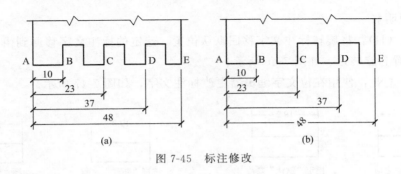

图 7-45　标注修改

操作过程如下。

命令:_dimtedit
选择标注:　　选择尺寸 23 标注
为标注文字指定新位置或[左对齐(L)/右对齐(R)/居中(C)/默认(H)/角度(A)]:1　　输入 1 让文字

左对齐,回车结束

　　命令:DIMTEDIT

　　选择标注:　　选择尺寸 37 标注

　　为标注文字指定新位置或[左对齐(L)/右对齐(R)/居中(C)/默认(H)/角度(A)]:r　　输入 r 让文字右对齐,回车结束

　　命令:DIMTEDIT

　　选择标注:　　选择尺寸 10 标注

　　为标注文字指定新位置或[左对齐(L)/右对齐(R)/居中(C)/默认(H)/角度(A)]:h　　输入 h 让文字默认对齐,回车结束

　　命令:DIMTEDIT

　　选择标注:　　选择尺寸 48 标注

　　为标注文字指定新位置或[左对齐(L)/右对齐(R)/居中(C)/默认(H)/角度(A)]:a　　输入 a 让文字选择旋转角度,回车结束

　　指定标注文字的角度:45　　输入文字旋转角度 45°(逆时针转)

4. 编辑标注

　　用来编辑标注文字和尺寸界线:旋转、修改或恢复标注文字,更改尺寸界线的倾斜角。移动文字和尺寸线的等效命令为 DIMTEDIT。

【命令】　DIMEDIT

【工具钮】

倾斜
使线性标注的延伸线倾斜

DIMEDIT
按 F1 键获得更多帮助

【命令及提示】

命令:_dimedit
输入标注编辑类型[默认(H)/新建(N)/旋转(R)/倾斜(O)]<默认>:

【参数说明】

　　① 默认（H）：将旋转标注文字移回默认位置，选定的标注文字移回到由标注样式指定的默认位置和旋转角，如图 7-46 所示。

　　② 新建（N）：使用在位文字编辑器更改标注文字，如图 7-47 所示。

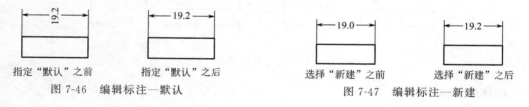

图 7-46　编辑标注—默认　　　　　　　　　　图 7-47　编辑标注—新建

　　③ 旋转（R）：旋转标注文字。此选项与 DIMTEDIT 的"角度"选项类似，输入 0 将标注文字按缺省方向放置。缺省方向由"新建标注样式"对话框、"修改标注样式"对话

框和"替代当前样式"对话框中的"文字"选项卡上的垂直和水平文字设置进行设置，如图 7-48 所示。

④ 倾斜（O）：当尺寸界线与图形的其他要素冲突时，可用"倾斜"选项，倾斜角从 UCS 的 x 轴进行测量，如图 7-49 所示。

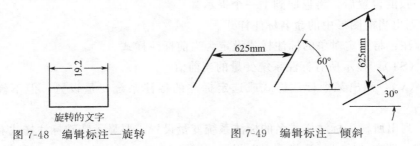

图 7-48　编辑标注—旋转　　　图 7-49　编辑标注—倾斜

5. 标注更新

创建和修改标注样式，可以将标注系统变量保存或恢复到选定的标注样式。

【命令】　DIMEDIT

【工具钮】

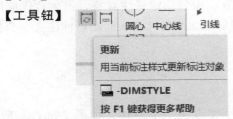

【命令及提示】

命令:_dimstyle
当前标注样式:ISO-25　注释性:否
输入标注样式选项[注释性(AN)/保存(S)/恢复(R)/状态(ST)/变量(V)/应用(A)/?]<恢复>:
输入标注样式名、[?]或<选择标注>:
选择标注:

【参数说明】

① 注释性（AN）：创建注释性标注样式。

② 保存（S）：将标注系统变量的当前设置保存到标注样式。

a. 名称：用输入的名称将标注系统变量的当前设置保存到新标注样式，新的标注样式成为当前样式。如果输入现有标注样式的名称，将显示以下提示：

该名称已在使用,是否重新定义? <否>:　　输入 y 或按 Enter 键

如果输入 y，将重生成使用重新定义的标注样式的关联标注。

要显示需要保存的标注样式名和当前样式之间的差别，请在"输入新标注样式的名称"提示下输入后面带有波浪号（～）的样式名称。只显示不一致的设置，第一列显示当前样式的设置，第二列显示被做比较的样式的设置。

b. [?]：列出当前图形中的命名标注样式。

③ 恢复（R）：将标注系统变量设置恢复为选定标注样式的设置。

a. 名称：将输入的标注样式设定为当前标注样式，要显示需要恢复的标注样式名和当前样式之间的差别，请在"输入标注样式名"提示中输入后面带有波浪号（～）的样式名称。只显示不一致的设置，第一列显示当前样式的设置，第二列显示被做比较的样式的设置。显示不一致的设置后，将返回到上一个提示。

b.［?］：列出当前图形中的命名标注样式。

c. 选择标注：将选定对象的标注样式设定为当前标注样式。

④ 状态（ST）：显示所有标注系统变量的当前值。

⑤ 变量（V）：列出某个标注样式或选定标注的标注系统变量设置，但不修改当前设置。

a. 名称：列出所输入标注样式名的标注系统变量设置，要显示特殊标注样式和当前样式之间的差别，请在"输入标注样式名"提示中输入后面带有波浪号（～）的样式名称。只显示不一致的设置，第一列显示当前样式的设置，第二列显示被做比较的样式的设置。

b.［?］：列出当前图形中的命名标注样式。

c. 选择标注：列出标注样式和替代选定标注对象的标注。

⑥ 应用（A）：将当前尺寸标注系统变量设置应用到选定标注对象，永久替代应用于这些对象的任何现有标注样式。不更新现有基线标注之间的尺寸线间距，标注文字变量设置不更新现有引线文字。

⑦ ［?］：列出当前图形中的命名标注样式。

6. 尺寸分解

关联尺寸其实是一种无名块，尺寸中的四个要素是一个整体，如图 7-50（a）所示。如果要对尺寸中的某个要素进行单独的修改，必须通过分解命令 ![] 将其分解。分解后的尺寸不再具有关联性，如图 7-50（b）所示。

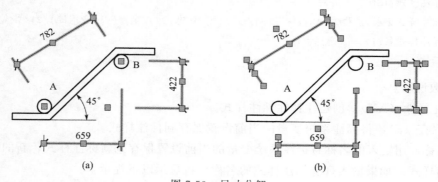

(a)　　　　　　　　　(b)

图 7-50　尺寸分解

六、公差标注

1. 尺寸公差标注

一般标注尺寸公差有以下三种方法。

① 标注尺寸过程中设置尺寸公差。标注时选择"多行文字（M）"选项，在打开的

"多行文字编辑器"中，利用堆叠文字方式标注公差。

② 利用"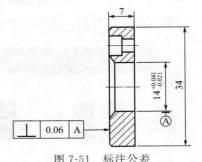特性(S)"（特性选项）设置尺寸公差。标注尺寸后，利用该尺寸的"特性"选项板，在"公差"选择区域来修改公差设置。这种方法现在使用较广。

③ 采用"标注替代"方法，即在"标注样式管理器"中单击"替代"按钮，在"公差"选项卡中设置尺寸公差，接着为即将标注的图形进行尺寸公差标注，再回到通用的标注样式。由于替代样式只能使用一次，因此不会影响其他的尺寸标注。

注意：用同样的方法还可以标注"对称""极限尺寸""公称尺寸"等形式的公差尺寸。用户可以在"显示公差"下拉列表中进行样式选择。

【实例】

利用"特性"选项板，标注图 7-51 所示的尺寸公差。

操作过程如下。

① 执行"线性"命令，标注尺寸 14。

② 利用夹点选中线性标注 14，然后单击鼠标右键，在随位菜单中单击 特性(S)，弹出"特性"选项板。

③ 将滑块拉到最下方的"公差"选择区域，如图 7-52 所示，在"显示公差"下拉列表中选择"极限偏差"，在"公差下偏差"文本框中输入"0.021"，在"公差上偏差"文本框中输入"0.041"，在"公差精度"列表框中选择"0.000"，在"公差文字高度"列表框中输入"0.7"。

图 7-51　标注公差

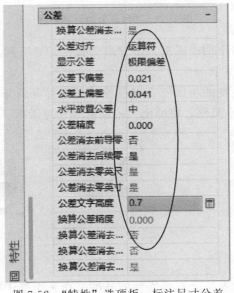

图 7-52　"特性"选项板—标注尺寸公差

④ 关闭"特性"选项板，按 Esc 键取消标注对象的选择，完成线性尺寸添加尺寸公差。

2. 几何公差标注

几何公差用于控制机械零件的实际尺寸（如位置、形状、方向和跳动等）与零件理想尺寸之间的允许差值。几何公差的大小直接关系到零件的使用性能，在机械图形中有非常重要的作用。

【命令】 TORLERANCE

【工具钮】

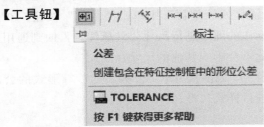

公差

创建包含在特征控制框中的形位公差

TOLERANCE

按 F1 键获得更多帮助

执行公差命令后，系统将弹出"形位公差"对话框。如图 7-53 所示。

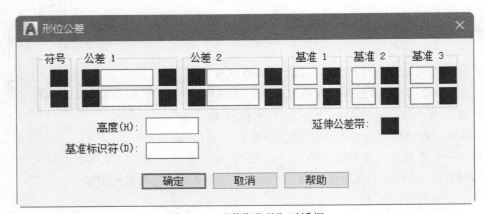

图 7-53 "形位公差"对话框

① 符号区：单击符号下的小黑框，将弹出"特征符号"对话框。如图 7-54 所示，在此可以选择要标注的公差的符号。

② 公差区：公差区左侧的小黑框为直径符号是否打开的开关，在此可以输入公差数值如 0.005；点取右侧的小黑框，将弹出"附加符号"对话框，如图 7-55 所示。

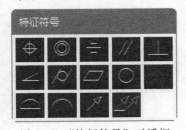

图 7-54 "特征符号"对话框

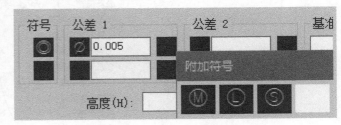

图 7-55 "附加符号"对话框

③ 基准区：用于测量零件公差所依据的基准。在文本框中输入基准线或基准面的代号，在黑色方框中选择材料状态。

④ 高度：用于指定预定的公差范围值。

⑤ 延伸公差带：显示预定的公差范围符号与预定的公差范围值的配合，即预定的公差范围值后加上符号（P）。

⑥ 基准标识符：用于输入基准的标识符号，如 A、B、C 等。

【注意】

几何公差的位置一般和引线标注联合使用。

【实例】

用“QLEADER”命令标注图 7-51 所示的公差。

操作过程如下。

① 命令行输入“qleader”执行“快速引线”命令。

② 选择“设置（S）”选项，弹出“引线设置”对话框，如图 7-56 所示。在“注释”选项卡中选择“注释类型”为“公差”，单击“确定”按钮返回绘图区。

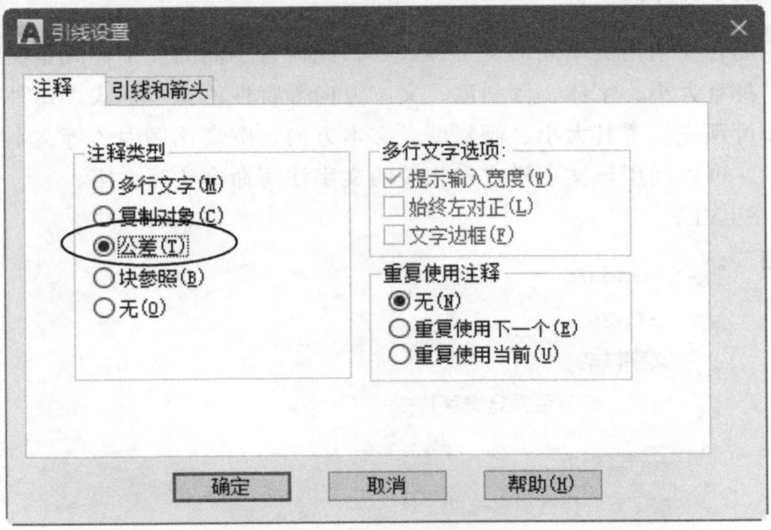

图 7-56　“引线设置”对话框

③ 指定引线起始点、转折点及与几何公差连接点后，弹出如图 7-53 所示的“形位公差”对话框。

④ 在“形位公差”对话框中，单击“符号”的黑色方框，打开“特征符号”对话框，选择“⊥垂直度”公差符号。

⑤ 在“公差 1”文本框中输入“0.06”，如图 7-57 所示。

⑥ 在“基准 1”中，输入基准字母 A，如图 7-57 所示，单击“确定”按钮完成标注。

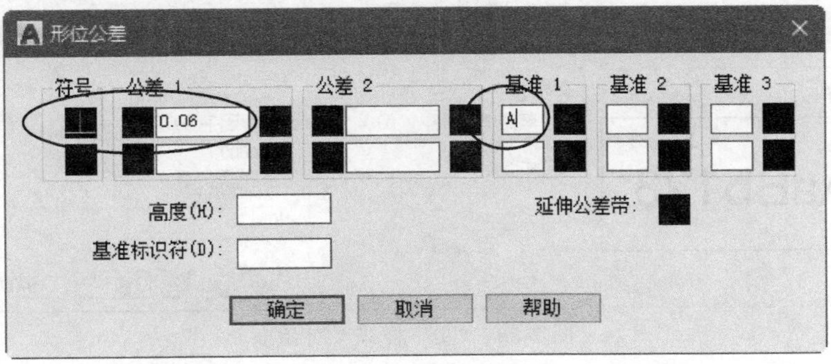

图 7-57　“形位公差”设置

第二节　文本标注

建筑工程图样中除了具有相关的一系列图形外，还要有必要的文字说明。如设计说明、标题栏、材料表等内容。AutoCAD 为文字样式的设置、文字的注写、特殊文字的注写及文本编辑等提供了专门的命令。

一、设置文字样式

在不同的场合要使用到不同的文字样式，因此设置不同的文字样式是文字注写的首要任务。字型是具有大小、字体、倾斜度、文本方向等特性的文本样式。每种字型使用特定的字体，字体可预先设置其大小、倾斜度、文本方向、宽高比例因子等文本特性。当设置好文字样式后，可以利用该文字样式和相关的文字注写命令注写文字。

【命令】　STYLE（ST）

【工具钮】

执行该命令后，系统将弹出"文字样式"对话框，如图 7-58 所示。

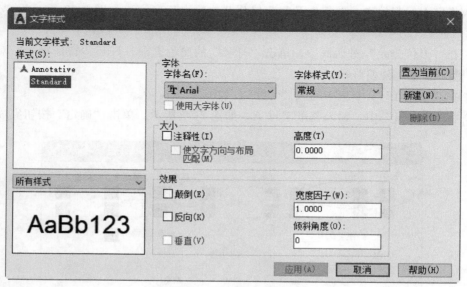

图 7-58　"文字样式"对话框

在该对话框中，可以新建文字样式或修改已有的文字样式。该对话框包含了样式、预览、字体、大小、效果等区域。

（1）当前文字样式　列出当前文字样式，默认为"Standard"。

（2）样式　显示图形中的样式列表，样式名前的 图标指示样式是注释性。样式名最长可达 255 个字符，名称中可包含字母、数字和特殊字符，如美元符号（＄）、下划线（ _ ）和连字符（-）等。

（3）样式列表过滤器　显示当前文字样式，点取下拉列表框可以选择已创建的文字样式。点取相应的文字样式后，该文字样式的其他选项也显示出来。

（4）预览　显示随着字体的更改和效果的修改而动态更改的样例文字。

（5）字体　更改样式的字体，如果更改现有文字样式的方向或字体文件，当图形重生成时所有具有该样式的文字对象都将使用新值。

① 字体名：列出 Fonts 文件夹中所有注册的 TrueType 字体和所有编译的形（shx）字体的字体族名。从列表中选择名称后，该程序将读取指定字体的文件。除非文件已经由另一个文字样式使用，否则将自动加载该文件的字符定义。可以定义使用同样字体的多个样式。

② 字体样式：指定字体格式，比如斜体、粗体或者常规字体，选定"使用大字体"后，该选项变为"大字体"，用于选择大字体文件。

③ 使用大字体：指定亚洲语言的大字体文件，只有 shx 文件可以创建"大字体"。

（6）大小　更改文字的大小。

① 注释性：指定文字为注释性。单击信息图标以了解有关注释性对象的详细信息。

使文字方向与布局匹配：指定图纸空间视口中的文字方向与布局方向匹配，如果清除注释性选项，则该选项不可用。

② 高度：根据输入的值设置文字高度，输入大于 0.0 的高度将自动为此样式设置文字高度，如果输入 0.0，则文字高度将默认为上次使用的文字高度，或使用存储在图形样板文件中的值。在相同的高度设置下，TrueType 字体显示的高度可能会小于 shx 字体。如果选择了注释性选项，则输入的值将设置图纸空间中的文字高度。

（7）效果　修改字体的特性，例如宽度因子、倾斜角度以及是否颠倒显示、反向或垂直对齐。

① 颠倒：以水平线作为镜像轴线的垂直镜像效果。

② 反向：以垂直线作为镜像轴线的垂直镜像效果。

③ 垂直：在垂直方向上书写文字。显示垂直对齐的字符，只有在选定字体支持双向时"垂直"才可用。TrueType 字体的垂直定位不可用。

④ 宽度因子：设置文字的宽和高的比例。

⑤ 倾斜角度：设置文字的倾斜角度，正值向右倾斜，负值向左倾斜，角度范围在 $-85°\sim85°$ 之间。

（8）置为当前　将在"样式"下选定的样式设定为当前。

（9）新建　显示"新建文字样式"对话框并自动为当前设置提供名称"样式 n"（其中 n 为所提供样式的编号）。可以采用默认值或在该框中输入名称，然后选择"确定"使新样式名使用当前样式设置。

（10）删除　删除未使用文字样式。

（11）应用　将对话框中所做的样式更改应用到当前样式和图形中具有当前样式的文字。

【实例】

设置"建筑结构 CAD 制图"文字样式。

操作过程如下。

① 在命令行中输入 style（st），弹出如图 7-58 所示"文字样式"对话框。

② 单击"新建"按钮，"样式名"后输入"建筑结构 CAD 制图"，按回车确定，如图 7-59 所示。

图 7-59　新建文字样式

③ 将字体名改为"仿宋_GB2312"，字体样式不变，文字高度为 0；设置宽度因子为 0.7，如图 7-60 所示。

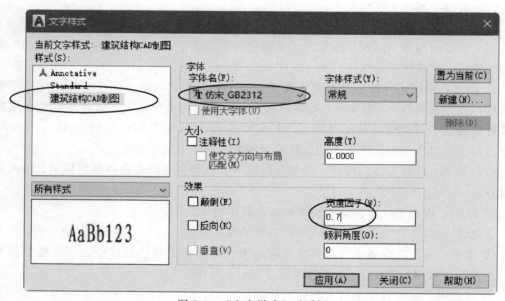

图 7-60　"文字样式"对话框

④ 单击 置为当前(C) ，再点击 应用(A) ，点击 关闭(C) 或回车完成"建筑结构 CAD 制图"文字样式的设置。

【技巧】

对于同一字体可以使用不同的高度。这要求在设置文字样式时高度为 0，只有这样才可以手动地调整文字高度。图 7-61 表示了几种不同设置的文字样式效果。

建筑结构CAD制图　正常　　建筑结构CAD制图　倾斜

（镜像反转文字）　　　　　（镜像反转文字）

图 7-61　文字样式效果

二、书写文字

文字书写命令分为单行文本输入 TEXT、DTEXT 命令和多行文本输入 MTEXT 命令。另外还可以将外部文本输入到 AutoCAD 中。

1. 单行文本输入

在 AutoCAD 中，TEXT 或 DTEXT 命令功能相同，都可以用来输入单行文本。使用单行文字创建一行或多行文字，每行文字都是独立的对象，可对其进行重定位、调整格式或进行其他修改。

【命令】　TEXT 或 DTEXT（DT）

【工具钮】

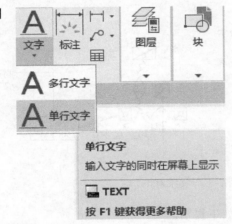

【命令及提示】

命令:_text(dtext)
当前文字样式:"建筑结构 CAD 制图"　文字高度:2.5000　注释性:否　对正:左
指定文字的起点或[对正(J)/样式(S)]:
指定高度<2.5000>:
指定文字的旋转角度<0>:
(输入文字)

【参数说明】

① 起点：指定文字对象的起点，缺省情况下对正点为左对齐。如果前面输入过文本，此处以回车响应起点提示，则跳过随后的高度和旋转角度的提示，直接提示输入文字，此时使用前面设定好的参数，同时起点自动定义为最后绘制的文本的下一行。

② 对正（J）：输入对正参数，在出现的提示中可以选择文字对正选项，如图 7-62

所示。

注意：左对齐是默认选项。要左对齐文字，不必在"对正"提示下输入选项。

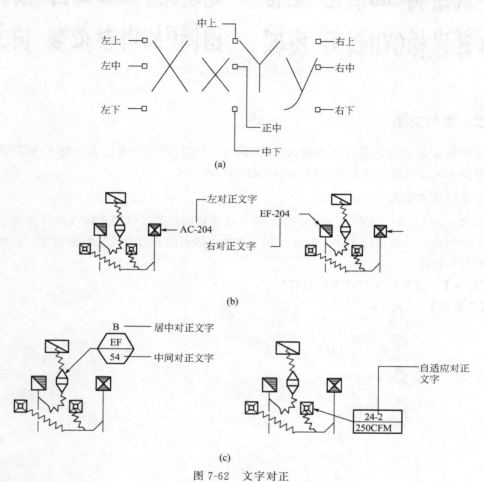

图 7-62　文字对正

③ 样式（S）：选择该选项，出现如下提示。

a.输入样式名：输入随后书写文字的样式名称。

b.?：如果不清楚已经设定的样式，键入"?"则在命令窗口列表显示已经设定的样式。

【实例】

注写如图 7-63 所示文字。

建筑结构CAD制图

化学工业出版社

图 7-63　注写文字

操作过程如下。

命令:_text
当前文字样式:"建筑结构 CAD 制图" 文字高度:2.5000 注释性:否 对正:左
指定文字的起点或 [对正(J)/样式(S)]: 指定文字左下角点
指定高度<2.5000> :20 指定文字的高度为 20
指定文字的旋转角度<0> : 不旋转文字,回车
建筑结构 CAD 制图 输入第一行文字,回车
化学工业出版社 输入第二行文字,回车结束命令

【技巧】
① 在系统提示输入字型名时,输入"?",将会列出当前字型的字体、高度等字型参数。
② TEXT 命令允许在输入一段文本后,退出此命令去做别的工作,然后又进入此命令继续前面的文字注写工作,特征是上次最后输入的文本会显亮,且字高、角度等文本特性承袭上次的设定。

2. 多行文字输入

在 AutoCAD 中可以一次输入多行文本,而且可以设定其中的不同文字具有不同的字体或样式、颜色、高度等特性。可以输入一些特殊字符,并可以输入堆叠式分数、设置不同的行距、进行文本的查找与替换、导入外部文件等。多行文字对象和输入的文本文件最大为 256kb。

【命令】 MTEXT (T)
【工具钮】

【命令及提示】

命令:_mtext
当前文字样式:"建筑结构 CAD 制图" 文字高度:2.5 注释性:否
指定第一角点:
指定对角点或 [高度(H)/对正(J)/行距(L)/旋转(R)/样式(S)/宽度(W)/栏(C)]:

【参数说明】
① 指定第一角点:定义多行文本输入范围的一个角点。
② 指定对角点:定义多行文本输入范围的另一个角点。
③ 高度 (H):用于设定矩形范围的高度。出现如下提示。
指定高度<>:定义高度。
④ 对正 (J):设置对正样式。出现如下提示。
a.左上 (TL):左上角对齐。

b. 中上（TC）：中上对齐。

c. 右上（TR）：右上角对齐。

d. 左中（ML）：左侧中间对齐。

e. 正中（MC）：正中对齐。

f. 右中（MR）：右侧中间对齐。

g. 左下（BL）：左下角对齐。

h. 中下（BC）：中间下方对齐。

i. 右下（BR）：右下角对齐。

⑤ 行距（L）：设置行距类型，出现如下提示。

a. 至少（A）：确定行间距的最下值。回车出现"输入行距比例或间距"提示。

b. 精确（E）：精确确定行距。

⑥ 旋转（R）：指定旋转角度。

⑦ 样式（S）：指定文字样式。

输入样式名或［?］：输入已定义的文字样式名，［?］则列表显示已定义的文字样式。

⑧ 宽度（W）：定义矩形宽度。

指定宽度：输入宽度或直接点取一点来确定宽度。

⑨ 栏（C）：显示用于设置栏的选项，例如类型、列数、高度、宽度及栏间距大小。

在指定了矩形的两个角点后，如图 7-64 所示，系统将显示如图 7-65(a) 所示"文字编辑器"，输入如图 7-65(b) 所示文字的内容即可。"文字编辑器"选项可以对文字的样式、大小、颜色等进行修改。

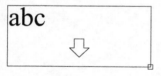

图 7-64　指定多行文字的对角点

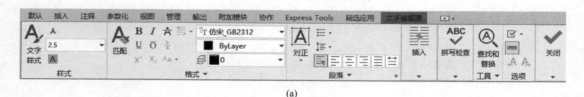

(a)

(b)

图 7-65　文字编辑器

3. 特殊文字的书写

在 AutoCAD 中有些字符是无法通过键盘输入的，这些字符为特殊字符。特殊字符主要包括：上划线、下划线、度符号（°）、直径符号、正负号等。在前面介绍多行文本输入文字时已经介绍了特殊字符的输入方式之一，在单行文字输入中，必须采用特定的编码来进行。

表 7-1 列出了以上几种特殊字符的代码，其大小可通用。

表 7-1 特殊字符的代码

代码	对应字符	代码	对应字符
%%o	上划线	%%p	正负号
%%u	下划线	%%%	百分号
%%d	度	%%nnn	ASCIInnn 码对应的字符
%%c	直径		

三、编辑文本

在 AutoCAD 中同样可以对已经输入的文字进行编辑修改。根据选择的文字对象是单行文本还是多行文本的不同，弹出相应的对话框来修改文字。如果采用特性编辑器，还可以同时修改文字的其他特性。

【命令】 DDEDIT

执行文字编辑命令后，首先要求选择欲修改编辑的文字，如果选择的对象是单行文字，则直接在屏幕上修改即可。

如果选择的对象是多行文字，则显示如图 7-65（a）所示"文字编辑器"，操作和输入多行文字与前面介绍相同。

此外，还可以选择"比例""对正"选项更改相应选项。

编辑多行文字，也可以直接用鼠标左键双击需要修改的文本，其他操作同前。

四、查找与替换文本

对文字内容进行编辑时，如果当前输入的文本较多，不便于快速查找和修改内容，可以通过使用 AutoCAD 中的查找与替换功能轻松查找和替换文字。

【命令】 FIND

【工具钮】

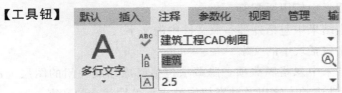

打开"查找和替换"对话框，按折叠按钮 ⊙ 后全部展开，如图 7-66 所示。

该对话框指定要查找、替换或选择的文字和控制搜索的范围及结果。对话框包含了查找内容、替换为、查找位置、搜索选项和文字类型等区域。

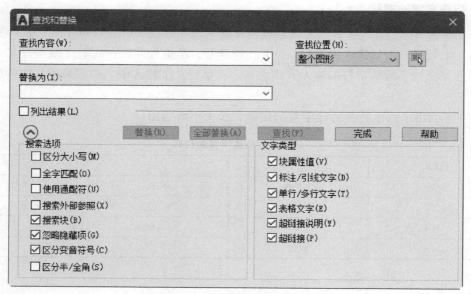

图 7-66 "查找和替换" 对话框

（1）查找内容　指定要查找的字符串，输入包含任意通配符的文字字符串，或从列表中选择最近使用过的六个字符串的其中之一。

（2）替换为　指定用于替换找到文字的字符串。输入字符串，或从列表中最近使用过的六个字符串中选择一个。

（3）查找位置　指定是搜索整个图形、当前布局还是搜索当前选定的对象。如果已选择一个对象，则默认值为"所选对象"。如果未选择对象，则默认值为"整个图形"。可以用"选择对象"按钮临时关闭该对话框，并创建或修改选择集。

（4）"选择对象"按钮　暂时关闭对话框，允许用户在图形中选择对象。按 Enter 键返回该对话框。选择对象时，默认情况下"查找位置"将显示"所选对象"。

（5）列出结果　在显示位置（模型或图纸空间）、对象类型和文字的表格中列出结果，可以按列对生成的表格进行排序。

（6）搜索选项　定义要查找的对象和文字的类型。

① 区分大小写：将"查找"中的文字的大小写作为搜索条件的一部分。

② 全字匹配：仅查找与"查找"中的文字完全匹配的文字。例如，如果选择"全字匹配"然后搜索"Front Door"，则 FIND 找不到文字字符串"Front Doormat"。

③ 使用通配符：可以在搜索中使用通配符。

④ 搜索外部参照：在搜索结果中包括外部参照文件中的文字。

⑤ 搜索块：在搜索结果中包括块中的文字。

⑥ 忽略隐藏项：在搜索结果中忽略隐藏项。隐藏项包括已冻结或关闭的图层上的文字、以不可见模式创建的块属性中的文字以及动态块内处于可见性状态的文字。

⑦ 区分变音符号：在搜索结果中区分变音符号标记或重音。

⑧ 区分半/全角：在搜索结果中区分半角和全角字符。

（7）文字类型　指定要包括在搜索中的文字对象的类型。默认情况下，选定所有选项。

① 块属性值：在搜索结果中包括块属性文字值。

② 标注/引线文字：在搜索结果中包括标注和引线对象文字。

③ 单行/多行文字：在搜索结果中包括文字对象（例如单行和多行文字）。

④ 表格文字：在搜索结果中包括在 AutoCAD 表格单元中找到的文字。

⑤ 超链接说明：在搜索结果中包括在超链接说明中找到的文字。

⑥ 超链接：在搜索结果中包括超链接 URL。

【实例】

如图 7-67(a) 所示文字替换为如图 7-67(b) 所示。

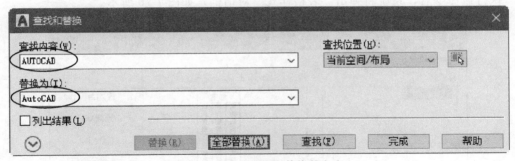

图 7-67　文字替换

操作过程如下。

① 在命令行输入 find，打开如图 7-66 所示的"查找和替换"对话框。在"查找内容"中输入"AUTO"，在"替换为"中输入"Auto"，如图 7-68 所示。

图 7-68　输入查找和替换的文字

② 单击 全部替换(A)，弹出如图 7-69 所示的完成提示，单击 确定 ，系统又返回到"查找和替换"对话框，单击 完成 即可。

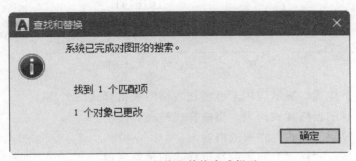

图 7-69　查找和替换完成提示

此部分亦可以直接在工具钮🔍前输入查找的文字，回车后即可重复前面的操作。

第三节 表格

建筑结构图样中常常要绘制各类表格。在 AutoCAD 中，可以通过插入表格的方法快速、准确地完成表格的绘制，也可以用专门的命令编辑表格。

一、设置表格样式

设置当前表格样式，以及创建、修改和删除表格样式。

【命令】 TABLESTYLE

【工具钮】

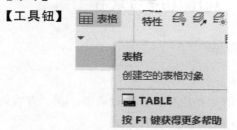

执行该命令后，系统将弹出"表格样式"对话框，如图 7-70 所示。

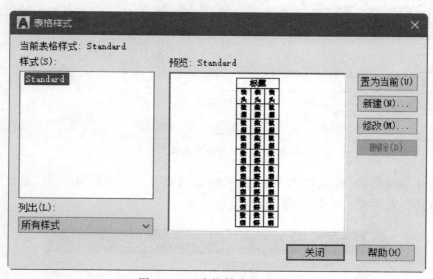

图 7-70 "表格样式"对话框

（1）当前表格样式 显示应用于所创建表格的表格样式的名称。

（2）样式 显示表格样式列表。当前样式被亮显。

（3）列出 控制"样式"列表的内容。

（4）预览 显示"样式"列表中选定样式的预览图像。

（5）置为当前 将"样式"列表中选定的表格样式设定为当前样式。所有新表格都将使用此表格样式创建。

（6）新建 显示"创建新的表格样式"对话框，如图 7-71 所示。从中可以定义新的表格样式，比如"建筑结构 CAD 制图"。单击　继续　，又弹出"新建表格样式"对话框，如图 7-72 所示。在此可以定义新的表格样式。

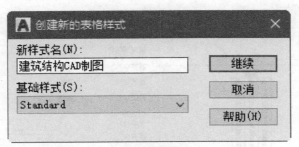

图 7-71　"创建新的表格样式"对话框

（7）修改　显示"修改表格样式"对话框，如图 7-73 所示，从中可以修改表格样式。

（8）删除　删除"样式"列表中选定的表格样式。不能删除图形中正在使用的样式。

图 7-72 和图 7-73 所示表格样式名称不一样，但内容相同：定义新的表格样式或修改现有表格样式。

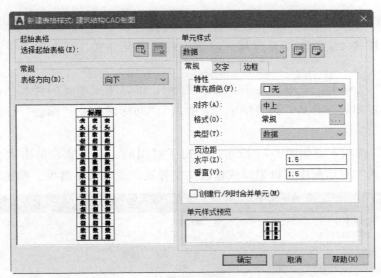

图 7-72　"新建表格样式"对话框

（1）起始表格　用户可以在图形中指定一个表格用作样例来设置此表格样式的格式，选择表格后，可以指定要从该表格复制到表格样式的结构和内容。使用"删除表格"图标，可以将表格从当前指定的表格样式中删除。

（2）常规　表格方向用来设置表格的方向。"向下"将创建由上而下读取的表格。"向上"将创建由下而上读取的表格。

① 向下：标题行和列标题行位于表格的顶部。单击"插入行"并单击"下"时，将在当前行的下面插入新行。

② 向上：标题行和列标题行位于表格的底部。单击"插入行"并单击"上"时，将在当前行的上面插入新行。

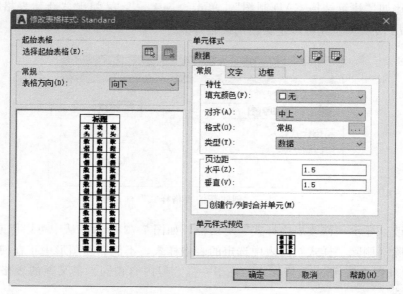

图 7-73　"修改表格样式"对话框

（3）预览　显示当前表格样式设置效果的样例。

（4）单元样式　定义新的单元样式或修改现有单元样式，可以创建任意数量的单元样式。

①"常规"选项卡：如图 7-72 和图 7-73 所示，可以指定单元的背景色，设置表格单元中文字的对正和对齐方式，为表格中的"数据""列标题"或"标题"行设置数据类型和格式等。

②"文字"选项卡：如图 7-74 所示，列出了可用的文本样式、单击"文字样式"按钮在"文字样式"对话框中可以创建或修改文字样式，设定文字高度、颜色、角度等。

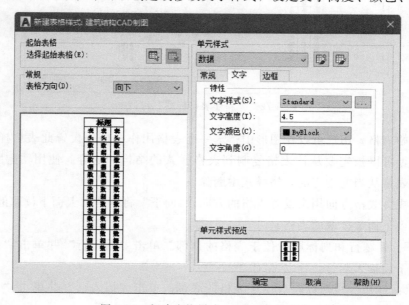

图 7-74　新建表格样式—"文字"选项卡

③"边框"选项卡：如图 7-75 所示，通过单击边界按钮，可设置将要应用于指定边界的线宽、线型、颜色、双线以及控制单元边框的外观等。

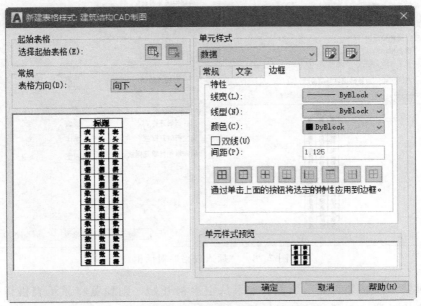

图 7-75 新建表格样式—"边框"选项卡

（5）单元样式预览 显示当前表格样式设置效果的样例。

二、插入表格

表格是在行和列中包含数据的复合对象，完成表格样式设定后，即可根据设置的表格样式创建表格，并在表格内输入相应的表格内容，还可以将表格链接至 Microsoft Excel 电子表格中的数据。

【命令】 TABLE

【工具钮】

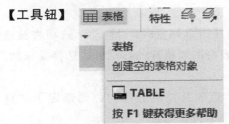

系统将弹出"插入表格"对话框，在此可以创建空的表格对象，如图 7-76 所示。

（1）表格样式 在要从中创建表格的当前图形中选择表格样式。通过单击下拉列表旁边的按钮，用户可以创建新的表格样式。

（2）插入选项 指定插入表格的方式。

① 从空表格开始：创建可以手动填充数据的空表格。

② 自数据链接：从外部电子表格中的数据创建表格。

③ 自图形中的对象数据（数据提取）：启动"数据提取"向导。

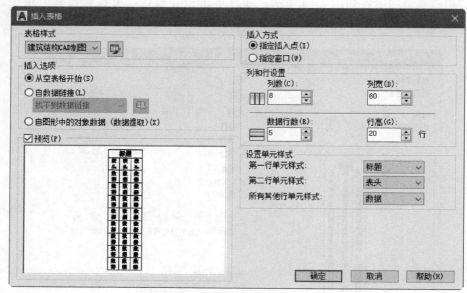

图 7-76　"插入表格"对话框

（3）预览　控制是否显示预览。如果从空表格开始，则预览将显示表格样式的样例。如果创建表格链接，则预览将显示结果表格。处理大型表格时，清除此选项以提高性能。

（4）插入方式　指定表格位置。

① 指定插入点：指定表格左上角的位置。可以使用定点设备，也可以在命令提示下输入坐标值。如果表格样式将表格的方向设定为由下而上读取，则插入点位于表格的左下角。

② 指定窗口：指定表格的大小和位置。可以使用定点设备，也可以在命令提示下输入坐标值。选定此选项时，行数、列数、列宽和行高取决于窗口的大小以及列和行设置。

（5）列和行设置　设置列和行的数目和大小。

① 列图标：表示列。

② 行图标：表示行。

③ 列数：指定列数。选定"指定窗口"选项并指定列宽时，"自动"选项将被选定，且列数由表格的宽度控制。如果已指定包含起始表格的表格样式，则可以选择要添加到此起始表格的其他列的数量。

④ 列宽：指定列的宽度。选定"指定窗口"选项并指定列数时，则选定了"自动"选项，且列宽由表格的宽度控制。最小列宽为一个字符。

⑤ 数据行数：指定行数。选定"指定窗口"选项并指定行高时，则选定了"自动"选项，且行数由表格的高度控制。带有标题行和表格头行的表格样式最少应有三行。最小行高为一个文字行。如果已指定包含起始表格的表格样式，则可以选择要添加到此起始表格的其他数据行的数量。

⑥ 行高：按照行数指定行高。文字行高基于文字高度和单元边距，这两项均在表格样式中设置。选定"指定窗口"选项并指定行数时，则选定了"自动"选项，且行高由表格的高度控制。

（6）设置单元样式 对于那些不包含起始表格的表格样式，请指定新表格中行的单元格式。

① 第一行单元样式：指定表格中第一行的单元样式。默认情况下，使用标题单元样式。

② 第二行单元样式：指定表格中第二行的单元样式。默认情况下，使用表头单元样式。

③ 所有其他行单元样式：指定表格中所有其他行的单元样式。默认情况下，使用数据单元样式。

【实例】

创建一个样式为"钢筋用量表"的 5 行 8 列表格，行高为 20 行，列宽为 60，如图 7-77 所示。

图 7-77 "钢筋用量表"表格

操作过程如下。

① 在命令行输入 table 或单击按钮▦，弹出如图 7-76 所示的"插入表格"对话框。

② 单击"插入表格"对话框中"表格样式"按钮，弹出如图 7-70 所示的"表格样式"对话框。

③ 单击"表格样式"对话框中的 新建(N)... 按钮，弹出"创建新的表格样式"对话框，将新样式命名为"钢筋用量表"，如图 7-78 所示。

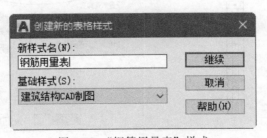

图 7-78 "钢筋用量表"样式

④ 单击"创建新的表格样式"对话框中的 继续 按钮，弹出的"新建表格样式"对话框，分别将"文字"选项中"单元样式"下的参数"数据""表头""标题"文字高度改为 1，如图 7-79 所示。

⑤ 单击"新建表格样式"对话框中 确定 按钮，回到"表格样式"对话框中，单

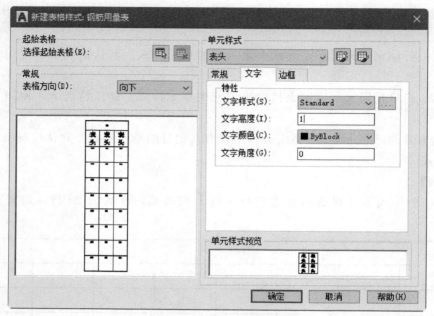

图 7-79 "新建表格样式"中修改参数

击 置为当前(U) 按钮，再单击 关闭 按钮，回到"插入表格"对话框中。

⑥ 在"插入表格"对话框中设置题目要求的各项参数（注意行数数值设为 $n-1$），如图 7-80 所示。

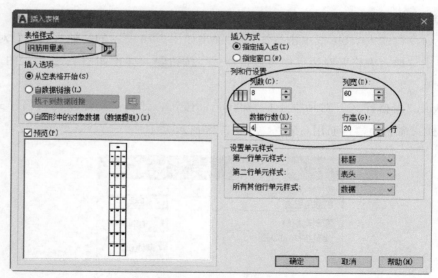

图 7-80 "插入表格"中修改参数

⑦ 单击"插入表格"对话框中 确定 按钮，屏幕出现带有插入点的表格，在屏幕上指定插入后点击鼠标左键，弹出"文字编辑器"，如图 7-81 所示。

注意：在"文字格式编辑器"中输入文字，注意修改文字的各参数，如图 7-82(a) 所示，回车即完成了默认表格标题的文字书写，如图 7-82(b) 所示。

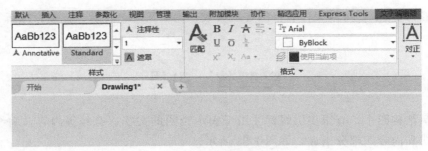

图 7-81 文字编辑器

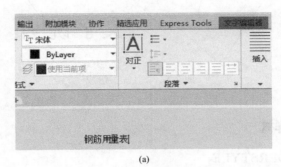

(a)

钢筋用量表							

(b)

图 7-82 输入文字后有标题的表格

三、编辑表格

表格创建完成后，用户可以单击该表格上的任意网格线以选中该表格，然后修改该表格。

① 在命令行输入 TABLEDIT 命令

操作过程如下。

命令:_tabledit   调入编辑表格命令
拾取表格单元: 在屏幕上点击要编辑的单元格

屏幕出现如图 7-82（a）所示的"文字编辑器"，可以编辑。

② 用鼠标左键直接双击表格中文字，也出现"文字编辑器"，可以编辑。

③ 用鼠标左键直接双击表格边界，出现如图 7-83 所示的

图 7-83 "表格特性"选项卡

"表格特性"选项卡，可以编辑表格的各项参数，比如宽度、高度、合并、打断等。

第四节　引线

在建筑结构图中，有很多引线标注用于表示说明的文字、符号等内容。引线由箭头、引线、基线和内容四部分组成，如图 7-84 所示。

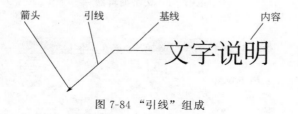

图 7-84　"引线"组成

一、设置引线样式

【命令】　MLEADERSTYLE

【工具钮】

执行该命令后，系统将弹出"多重引线样式管理器"对话框，如图 7-85 所示。

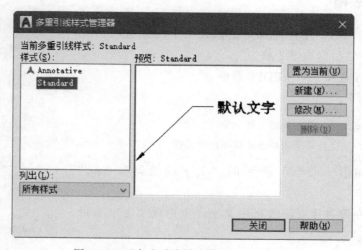

图 7-85　"多重引线样式管理器"对话框

在该对话框中，不仅列出了所有引线样式，还可以新建引线样式或修改已有的引线样式，或把某种样式置为当前。点击"新建"，则弹出"创建新多重引线样式"对话框，输入式样名如"钢筋标注"，如图7-86所示。

单击 继续(O)，出现"修改多重引线样式"对话框。

1."引线格式"选项卡

"引线格式"选项卡如图7-87所示，选项说明如下。

（1）常规　控制箭头的基本设置。

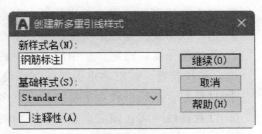

图7-86　"创建新多重引线样式"对话框

① 类型：确定引线类型。可以选择直引线、样条曲线或无引线。

② 颜色：确定引线的颜色。

③ 线型：确定引线的线型。

④ 线宽：确定引线的线宽。

（2）箭头　控制多重引线箭头的外观。

① 符号：设置多重引线的箭头符号。

② 大小：显示和设置箭头的大小。

（3）引线打断　控制将折断标注添加到多重引线时使用的设置。

打断大小：显示和设置选择多重引线后用于DIMBREAK命令的折断大小。

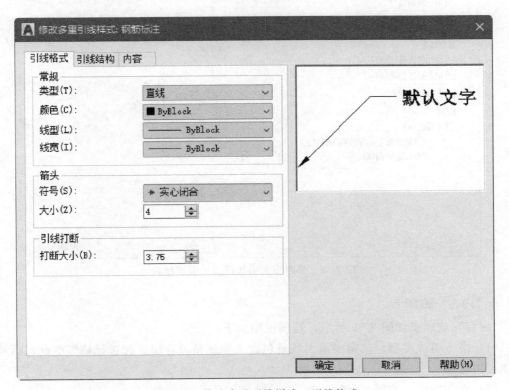

图7-87　修改多重引线样式—引线格式

2."引线结构"选项卡

"引线结构"选项卡如图 7-88 所示，选项说明如下。

（1）约束　控制多重引线的约束。

① 最大引线点数：指定引线的最大点数。

② 第一段角度：指定引线中的第一个点的角度。

③ 第二段角度：指定多重引线基线中的第二个点的角度。

（2）基线设置　控制多重引线的基线设置。

① 自动包含基线：将水平基线附着到多重引线内容。

② 设置基线距离：确定多重引线基线的固定距离。

（3）比例　控制多重引线的缩放。

注释性：指定多重引线为注释性。

① 将多重引线缩放到布局：根据模型空间视口和图纸空间视口中的缩放比例确定多重引线的比例因子。当多重引线不为注释性时，此选项可用。

② 指定比例：指定多重引线的缩放比例。当多重引线不为注释性时，此选项可用。

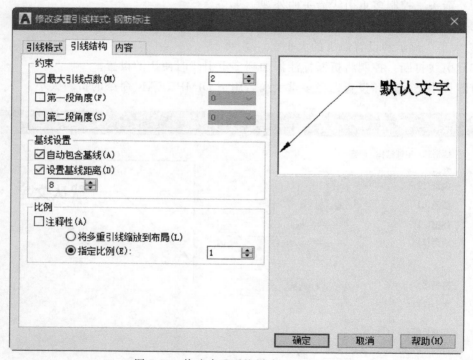

图 7-88　修改多重引线样式—引线结构

3."内容"选项卡

"内容"选项卡如图 7-89 所示，选项说明如下。

（1）多重引线类型　确定多重引线是包含文字还是包含块。此选择将影响此对话框中其他可用选项。

（2）文字选项　控制文字的外观。

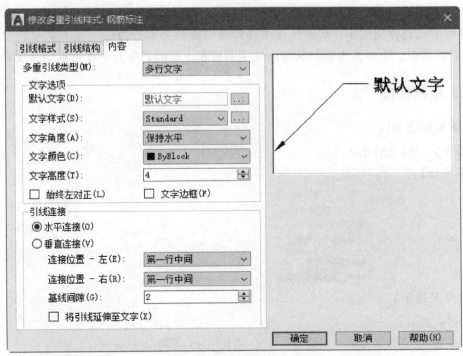

图 7-89 修改多重引线样式—内容

① 默认文字：设定多重引线内容的默认文字。单击"..."按钮将启动多行文字在位编辑器。

② 文字样式：列出可用的文本样式。"..."按钮显示"文字样式"对话框，从中可以创建或修改文字样式。

③ 文字角度：指定文字的旋转角度。

④ 文字颜色：指定文字颜色。

⑤ 文字高度：指定文字的高度。

⑥ 始终左对正：指定文字始终左对齐。

⑦ 文字边框：使用文本框为文字内容添加边框。

（3）引线连接 控制多重引线的引线连接设置。引线可以水平或垂直连接。

① 水平连接：水平附着将引线插入到文字内容的左侧或右侧。水平附着包括文字和引线之间的基线。

a. 连接位置-左：控制文字位于引线右侧时基线连接到文字的方式。

b. 连接位置-右：控制文字位于引线左侧时基线连接到文字的方式。

② 垂直连接：将引线插入到文字内容的顶部或底部。垂直连接不包括文字和引线之间的基线。

a. 连接位置-上：将引线连接到文字内容的中上部。单击下拉菜单以在引线连接和文字内容之间插入上划线。

b. 连接位置-下：将引线连接到文字内容的底部。单击下拉菜单以在引线连接和文字内容之间插入下划线。

③ 基线间隙：指定基线和文字之间的距离。

④ 将引线延伸到文字：将引线延伸到附着引线的文字行边缘（而不是多行文本框的边缘）处的端点。多行文本框的长度由文字的最长一行的长度而不是边框的长度来确定。

二、引线标注

1. 多重引线标注

【命令】 MLEADER

【工具钮】

【命令及提示】

命令:_mleader
指定引线箭头的位置或[引线基线优先(L)/内容优先(C)/选项(O)]<选项>:
指定引线基线的位置:

【参数说明】

① 引线基线优先（L）：指定多重引线对象箭头的位置。

② 内容优先（C）：指定与多重引线对象相关联的文字或块的位置。

③ 选项（O）：指定用于放置多重引线对象的选项。

【实例】

采用引线标注如图 7-90(a) 所示中间柱子，结果如图 7-90(b) 所示。

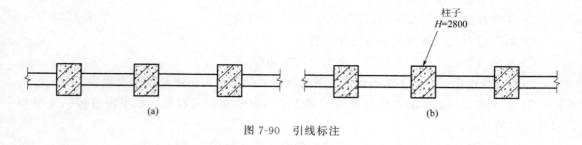

图 7-90　引线标注

操作过程如下。

命令:_mleader
指定引线箭头的位置或[引线基线优先(L)/内容优先(C)/选项(O)]<选项>:　指定要标注的柱子上的点,在弹出的文字编辑器中输入"柱子(回车换行)H=2800",在屏幕上任意空白处单击即完成标注

2. 添加引线标注

【命令】 AIMLEADEREDITADD

【工具钮】

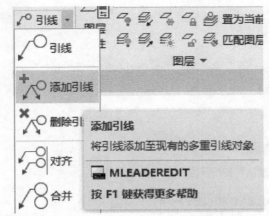

【命令及提示】

命令：_aimleadereditadd

选择多重引线：

指定引线箭头位置或[删除引线(R)]：

【参数说明】

① 选择多重引线：选定标注出的引线。

② 指定引线箭头位置：指定添加的引线的位置。

③ 删除引线（R）：删除标注出的引线。

【实例】

将如图 7-90(b) 所示左右柱子添加相同引线标注，结果如图 7-91 所示。

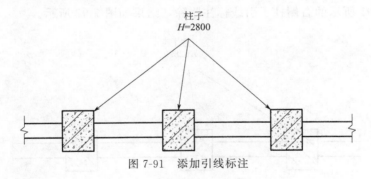

图 7-91　添加引线标注

操作过程如下。

命令：_aimleadereditadd

选择多重引线：　　选择标注出的引线

找到 1 个

指定引线箭头位置或[删除引线(R)]：　　点击左侧柱子

指定引线箭头位置或[删除引线(R)]：　　点击右侧柱子

指定引线箭头位置或[删除引线(R)]：　　回车结束命令

3. 删除引线标注

【命令】　AIMLEADEREDITREMOVE

【工具钮】

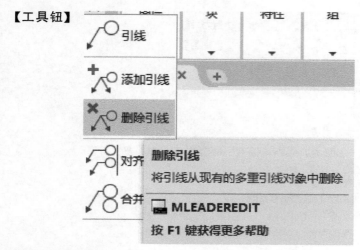

【命令及提示】

命令:_aimleadereditremove
选择多重引线：
指定要删除的引线或[添加引线(A)]:

【参数说明】

① 选择多重引线：选定标注出的引线。

② 指定要删除的引线：指定想要删除的引线。

③ 添加引线（A）：添加新引线。

【实例】

将如图 7-91 所示的右侧柱子引线标注删除，结果如图 7-92 所示。

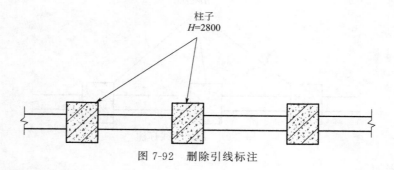

图 7-92　删除引线标注

操作过程如下。

命令:_aimleadereditremove
选择多重引线：　选择标注出的引线
找到 1 个
指定要删除的引线或[添加引线(A)]:　点击右侧柱子
指定要删除的引线或[添加引线(A)]:　回车结束命令

4. 对齐引线标注

【命令】　MLEADERALIGN

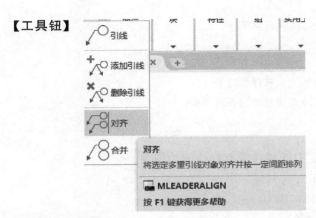

【工具钮】

【命令及提示】

命令: _mleaderalign

选择多重引线:

当前模式:使用当前间距

选择要对齐到的多重引线或[选项(O)]:

【参数说明】

① 选择多重引线:选定标注出的引线。

② 当前模式:使用当前间距即使用多重引线内容之间的当前间距;指定间距即指定选定的多重引线内容范围之间的间距。

③ 选择要对齐到的多重引线:选择要修改的多重引线。

④ 选项（O）:指定用于对齐并分隔选定的多重引线的选项。

【实例】

将如图 7-93(a) 所示的引线标注 1、2、3 与标注 2 对齐,结果如图 7-93(b) 所示。

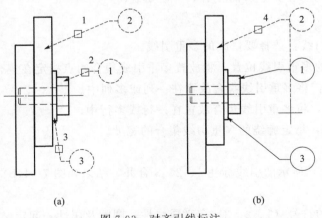

(a)   (b)

图 7-93   对齐引线标注

操作过程如下。

命令:_mleaderalign

选择多重引线:找到 1 个   选择引线 2

选择多重引线:找到 1 个,总计 2 个   选择引线 1

选择多重引线:找到 1 个,总计 3 个　　选择引线 3

选择多重引线:　　回车结束选择

当前模式:使用当前间距

选择要对齐到的多重引线或[选项(O)]:　　选择引线 2

指定方向:<正交　开>　　将引线 1、3 与引线 2 对齐后回车

5. 合并引线标注

合并多重引线的首要条件是多重引线包含带有属性的块图素。

【命令】　MLEADERCOLLECT

【工具钮】

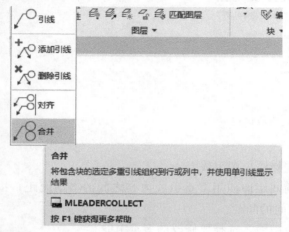

【命令及提示】

命令:_mleadercollect

选择多重引线:

指定收集的多重引线位置或[垂直(V)/水平(H)/缠绕(W)]<水平>:

【参数说明】

① 选择多重引线:选择要修改的多重引线。

② 指定收集的多重引线位置:将放置多重引线集合的点指定在集合的左上角。

③ 垂直（V）:将多重引线集合放置在一列或多列中。

④ 水平（H）:将多重引线集合放置在一行或多行中。

⑤ 缠绕（W）:指定缠绕的多重引线集合的宽度。

【实例】

将如图 7-94(a) 所示的引线标注 1、2、3 合并,结果如图 7-94(b) 所示。

操作过程如下。

① 将圆圈中的符号（1、2、3）定义成属性,圆圈及属性一起定义成块。

② 执行 MLEADER 命令。

命令:_mleader

指定引线箭头的位置或[引线基线优先(L)/内容优先(C)/选项(O)]<选项>:o　　输入选项

输入选项[引线类型(L)/引线基线(A)/内容类型(C)/最大节点数(M)/第一个角度(F)/第二个角度(S)/退出选项(X)]<退出选项>:c　　输入内容类型选项

选择内容类型 [块 (B) /多行文字 (M) /无 (N)]<多行文字> :b　　输入块选项

输入块名称:1　　插入带属性的块

……　　依次插入 3 个引线

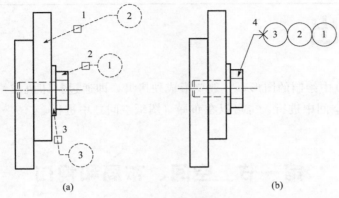

图 7-94　合并引线标注

3. 执行 MLEADERALIGN 命令。

命令:_mleadercollect

选择多重引线:找到 1 个　　选择引线 2

选择多重引线:找到 1 个,总计 2 个　　选择引线 1

选择多重引线:找到 1 个,总计 3 个　　选择引线 3

选择多重引线:　　回车结束选择

指定收集的多重引线位置或 [垂直 (V) /水平 (H) /缠绕 (W)]<水平> :　　将引线 2、3 与引线 1 对齐后

回车

第八章

打印输出

在 AutoCAD 中绘制的图形，一般要形成硬拷贝，即通过打印机或绘图机输出。输出图形可以在模型空间中进行，也可以在布局（图纸空间）中进行。

第一节 空间、布局和视口

一、模型空间

模型空间是一个三维环境。在模型空间里可以按照物体的实际尺寸绘制、编辑二维或三维图形，也可以进行三维实体造型，还可以全方位显示图形对象。使用 AutoCAD 时首先是在模型空间工作：当启动 AutoCAD 后，系统默认状态处于模型空间，绘图窗口下的"模型"（ **模型** 布局1 布局2 **+** ）处于激活状态，图纸空间关闭。

二、图纸空间

图纸空间是一个二维环境。图纸空间的"图纸"与真实的图纸相对应，类似于出图的图纸。在图纸空间里可以把模型对象按照不同方位显示的视图以合适的比例表示出来，还可以定义图纸的大小、插入图框和图标。

三、布局

布局相当于图纸空间环境。一个布局就是一张图纸，并提供预置的打印页面设置。在布局中可以创建和定位视口，生成图框、图标等。利用布局可以在图纸空间创建多个视口来显示不同的视图，而且每个视图都可以有不同的显示缩放比例，或冻结指定的图层。单击绘图窗口下的"布局 1"（模型 **布局1** 布局2 **+** ）则"布局 1"处于激活状态，模型空间关闭。

在一个图形文件中模型空间只有一个，布局可以设置多个。这样就可以用多张图纸多侧面地反映同一物体或图形对象。例如，将某一工程总图拆成多张不同专业图，或者将在模型空间绘制的装配图拆成多张零件图。

四、平铺视口

视口是显示用户模型的不同视图的区域。一般把模型空间创建的视口称为"平铺视口"，在图纸空间创建的视口称为"浮动视口"。

在模型空间中绘制图形时，用户可以将一个显示屏幕划分成多个视口（视区或视窗），即用 VIEWPORTS 命令在模型空间中建立。

【命令】　VIEWPORTS 或 VPORTS

【工具钮】

启用 VIEWPORTS 命令后，弹出"视口"对话框，如图 8-1 所示。

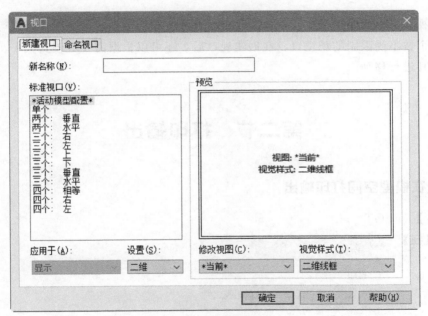

图 8-1　"视口"对话框

【选项及说明】

（1）新建视口

① 新名称：当前要存储的视口名。

② 标准视口：系统定义的标准视口类型。

③ 应用于：当选中一个标准视口列表中的一个视口后该选项亮显，用户可以确定当前视口是建立在显示屏幕上还是建立在当前显示屏幕的当前视口中。

④ 设置：建立视口格式，可以选择二维（2D）或三维（3D）格式。

⑤ 预览：视口预览。

⑥ 修改视图：按用户要求改变各视口中 UCS 坐标的设置，通过单击预览中的相应视口然后从"修改视图"下拉列表中选择。

⑦ 视觉样式：将视觉样式应用到视口。将显示所有可用的视觉样式。

（2）命名视口

① 当前名称：当前视口名，提示用户正在使用的视口名字。

② 命名视口：用户自定义的视口名列表，当用户用点选选中一视口名时，系统自动把它设置为当前视口。

③ 预览：选中的视口预览。

【技巧】

每个视口最多可分为四个子视口，每个子视口可继续被分为四个子视口。当建立多个视口时，只有当前活动视口显示十字光标。当光标移到非活动视口时显示为箭头，单击鼠标左键，该视口立即转化为当前活动视口。当视口边框为粗线时，此视口就为当前活动视口。

五、浮动视口

浮动视口又称为布局视口。根据需要可以在一个布局中创建标准视口，也可以创建多个形状、个数不受限制的新视口。在创建视口后，还可以根据需要更改其大小、特性、比例以及对其进行移动。

第二节 打印输出

一、在模型空间打印输出

【命令】 PLOT

【工具钮】

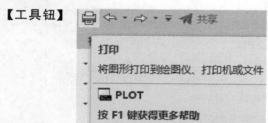

模型空间中执行该命令后，如果当前打开了两个以上文档，弹出如图 8-2 所示"批处理打印"提醒，如果不需要批量打印，单击 **→ 继续打印单张图纸**，弹出"打印-模型"对话框，单击右下角的按钮 ⊙，对话框全部展开，如图 8-3 所示。如果当前只打开一个文档，则直接弹出如图 8-3 所示对话框。

（1）页面设置 列出图形中已命名或已保存的页面设置。可以将图形中保存的命名页面设置作为当前页面设置，也可以在"打印"对话框中单击"添加"，基于当前设置创建一个新的命名页面设置。

① 名称：显示当前页面设置的名称。

② 添加：显示"添加页面设置"对话框，从中可以将"打印"对话框中的当前设置保存到命名页面设置。可以通过"页面设置管理器"修改此页面设置。

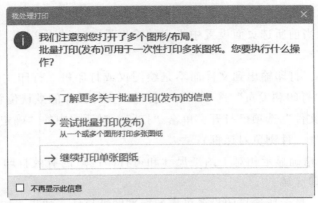

图 8-2 "批处理打印"对话框

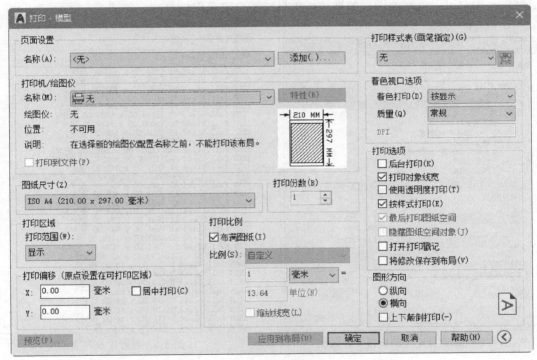

图 8-3 打印对话框

（2）打印机/绘图仪 指定打印布局时使用已配置的打印设备，如果选定的绘图仪不支持布局中选定的图纸尺寸，将显示警告，用户可以选择绘图仪的默认图纸尺寸或自定义图纸尺寸。

① 名称：列出可用的 PC3 文件或系统打印机，可以从中进行选择，以打印当前布局。设备名称前面的图标识别其为 PC3 文件还是系统打印机。

② 特性：单击该按钮会打开如图 8-4 所示的"绘图仪配置编辑器"对话框，在该对话框中可对当前打印设备的特性进行设置，包括介质、图形、自定义特性和用户定义图纸尺寸与校准等。

③ 绘图仪：显示当前所选页面设置中指定的打印设备。

④ 位置：显示当前所选页面设置中指定的输出设备的物理位置。

⑤ 说明：显示当前所选页面设置中指定的输出设备的说明文字。可以在绘图仪配置编辑器中编辑此文字。

⑥ 打印到文件：打印输出到文件而不是绘图仪或打印机。打印文件的默认位置是在"选项"对话框→"打印和发布"选项卡→"打印到文件操作的默认位置"中指定的。

如果"打印到文件"选项已打开，单击"打印"对话框中的"确定"将显示"打印到文件"对话框（标准文件浏览对话框）。

⑦ 局部预览：精确显示相对于图纸尺寸和可打印区域的有效打印区域。工具提示显示图纸尺寸和可打印区域。

（3）图纸尺寸　显示所选打印设备可用的标准图纸尺寸。如果未选择绘图仪，将显示全部标准图纸尺寸的列表以供选择。如果所选绘图仪不支持布局中选定的图纸尺寸，将显示警告，用户可以选择绘图仪的默认图纸尺寸或自定义图纸尺寸，如图 8-5 所示。

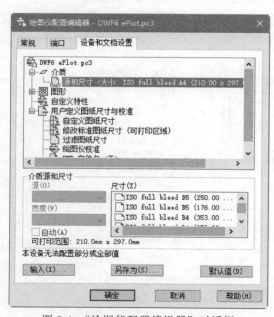

图 8-4　"绘图仪配置编辑器"对话框

图 8-5　设置图纸尺寸

（4）打印份数　指定要打印的份数，如图 8-6 所示。打印到文件时，此选项不可用。

（5）打印区域　指定要打印的图形部分。在"打印范围"下，可以选择要打印的图形区域，如图 8-7 所示。

图 8-6　设置打印图纸份数

图 8-7　设置打印区域

① 窗口：打印指定的图形部分。如果选择"窗口"，"窗口"按钮将成为可用按钮。单击"窗口"按钮以使用定点设备指定要打印区域的两个角点，或输入坐标值。

② 图形界限：从"模型"选项卡打印时，将打印栅格界限定义的整个绘图区域。如果当前视口不显示平面视图，该选项与"范围"选项效果相同。

③ 显示：打印选定的"模型"选项卡当前视口中的视图或布局中的当前图纸空间视图。

（6）打印偏移 图纸的可打印区域由所选输出设备决定，在布局中以虚线表示。更改为其他输出设备时，可能会更改可打印区域。通过在"X:"和"Y:"框中输入正值或负值，可以偏移图纸上的几何图形，如图 8-8 所示。图纸中的绘图仪单位为英寸或毫米。

① 居中打印：自动计算 x 偏移值和 y 偏移值，在图纸上居中打印。当"打印区域"设定为"布局"时，此选项不可用。

② X：相对于"打印偏移定义"选项中的设置指定 x 方向上的打印原点。

③ Y：相对于"打印偏移定义"选项中的设置指定 y 方向上的打印原点。

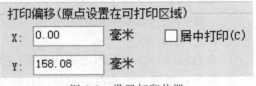

图 8-8 设置打印位置

（7）打印比例 控制图形单位与打印单位之间的相对尺寸，如图 8-9 所示。从"模型"选项卡打印时，默认设置为"布满图纸"。

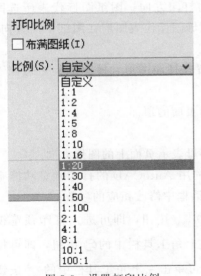

图 8-9 设置打印比例

① 布满图纸：缩放打印图形以布满所选图纸尺寸，并在"比例""英寸＝"和"单位"框中显示自定义的缩放比例因子。

② 比例：定义打印的精确比例。"自定义"可设置用户定义的比例。可以通过输入与图形单位数等价的英寸（或毫米）数来创建自定义比例。

a. 英寸＝/毫米＝/像素＝：指定与指定的单位数等价的英寸数、毫米数或像素数。

b. 英寸/毫米/像素：在"打印"对话框中指定要显示的单位是英寸还是毫米。默认设置为根据图纸尺寸，并会在每次选择新的图纸尺寸时更改。"像素"仅在选择了光栅输出时才可用。

c. 单位：指定与指定的英寸数、毫米数或像素数等价的单位数。

d. 缩放线宽：与打印比例成正比的缩放线宽。线宽通常指定打印对象的线的宽度并按线宽尺寸打印，而不考虑打印比例。

（8）打印样式表（画笔指定） 设定、编辑打印样式表，或者创建新的打印样式表，如图 8-10 所示。

（9）着色视口选项 指定着色和渲染视口的打印方式，并确定它们的分辨率大小和每英寸点数（DPI），如图 8-11 所示。

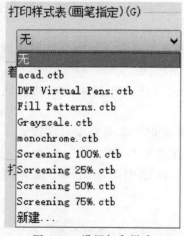

图 8-10　设置打印样式

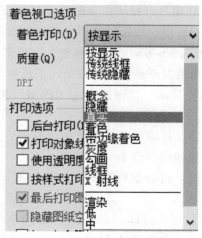

图 8-11　选择着色打印方式

① 着色打印：指定视图的打印方式。在"模型"选项卡上，可以从不同选项中选择。

② 质量：指定着色和渲染视口的打印分辨率。

③ DPI：指定渲染和着色视图的每英寸点数，最大可为当前打印设备的最大分辨率。只有在"质量"框中选择了"自定义"后，此选项才可用。

（10）打印选项　指定线宽、透明度、打印样式、着色打印和对象的打印次序等选项。

图 8-12　设置打印方向

（11）图形方向　为支持纵向或横向的绘图仪指定图形在图纸上的打印方向。图纸图标代表所选图纸的介质方向。字母图标代表图形在图纸上的方向，如图 8-12 所示。

① 纵向：放置并打印图形，使图纸的短边位于图形页面的顶部。

② 横向：放置并打印图形，使图纸的长边位于图形页面的顶部。

③ 上下颠倒打印：上下颠倒地放置并打印图形。

④ 图标：指示选定图纸的介质方向并用图纸上的字母表示页面上的图形方向。

（12）预览打印效果　在完成打印设置后，可以先利用 AutoCAD 的打印预览功能查看设置是否符合要求，如果不符合要求，可以在打印对话框中修改相应的参数。

单击如图 8-3 所示"打印"对话框左下角的 预览(P)... 按钮，即可进入打印预览视图，如图 8-13 所示。如图设置的打印效果满意，单击左上角工具栏中的 🖶 按钮，即可按设置将图样打印出来；如果设置的打印效果不满意，则可单击左上角工具栏中的 ⊗ 按钮或按键盘左上角 Esc 键返回到"打印"对话框修改参数，直到打印效果满意为止。也可以预览后单击鼠标右键，在出现的如图 8-14 屏幕选项菜单中选择。

二、在图纸空间打印输出

图纸空间在 AutoCAD 的表现形式就是布局。"布局"选项卡显示实际的打印内容，在布局中打印可以节约检查打印结果所耗的时间。

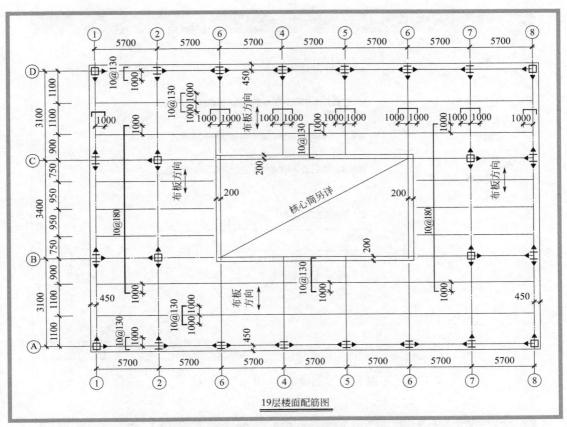

图 8-13　设置预览视图

1. 打开图形

打开一个在模型空间绘制好的图形。

2. 进入图纸空间

单击"模型/布局"选项卡 模型 布局1 布局2 + ，也可以创建新的布局。

（1）利用布局向导创建布局

图 8-14　屏幕选项菜单

【命令】　LAYOUTWIZARD

屏幕弹出"创建布局-开始"对话框，对话框的左边列出了创建布局的步骤，按此操作即可，如图 8-15 所示。

（2）利用来自样板的布局　布局样板是指.dwg 或.dwt 文件中的布局。前面介绍过 AutoCAD 提供了扩展名为.dwt 的样板文件，在设计新布局环境时也可以使用。

【命令】　LAYOUT

执行命令后，输入 t（样板）选项或右击 布局1 布局2 + 选项卡，从快捷菜单中选择"从样板"，屏幕弹出"从文件选择样板"对话框，如图 8-16 所示。在列表中选择所需的布局样板，比如"Tutorial-mArch. dwt"，然后单击 打开(O) ，打开"插入布局"对话框，单击 确定 即可。

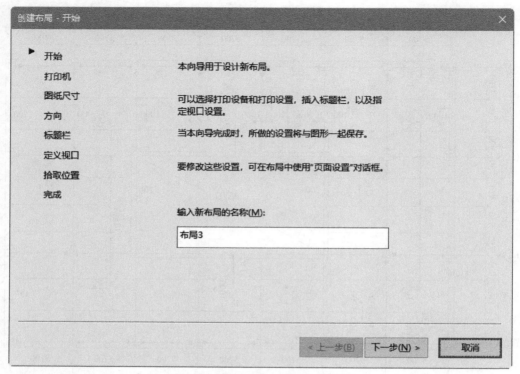

图 8-15　"创建布局—开始"对话框

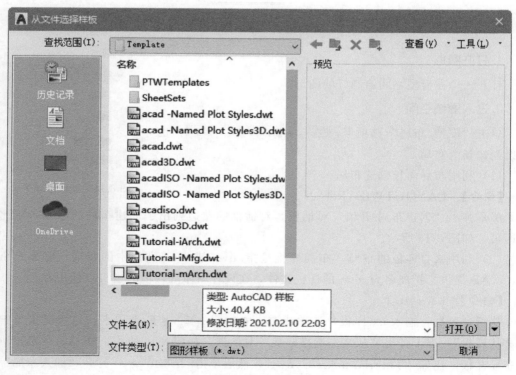

图 8-16　"从文件选择样板"对话框

（3）利用"布局"选项卡创建新的布局

【命令】　LAYOUT

右击 **布局1**　**布局2**　**+** 选项卡，从快捷菜单中选择"新建布局"，则"布局2"右侧会出现新建的"布局3""布局4"等 **模型**　**布局1**　**布局2**　**布局3**　**布局4**　**+** 。

（4）通过设计中心创建新布局　将已经建好的布局拖到当前图形中。

3. 调整视区

视区的位置和大小是可以调整的：视区的边界实际上是在图纸空间中自动创建的一个矩形，可以利用夹点拉伸的方法调整视区。在图纸空间，视区边界呈虚线显示，四个角上出现夹点，点击某个夹点，使其激活成红色"热夹点"后就可以拉动热夹点到指定位置上，如图8-17所示。

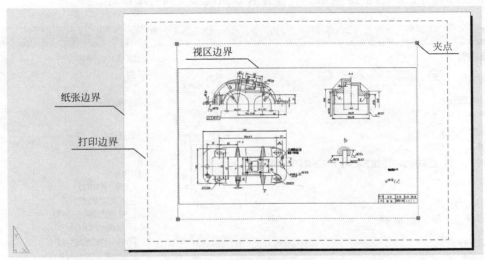

图 8-17　调整视区边界

如果在出图时只需要一个视区，一般要将视区调整为充满整个边界打印区。

4. 多视口布局

在布局窗口中可以增加多个视口。各视口可以用不同比例、角度和位置来显示同一个模型，视口的位置也可以任意设定。

5. 设置比例

设置比例是出图过程的重要一步。在任何一张工程图纸的图标中都有"比例"一栏，该比例反映了图上尺寸与实际尺寸的换算关系。按照国家标准，图纸上无论采用何种比例，标注的都是图形的真实尺寸。并且在同一张图纸上，所有标注元素无论大小、样式都要一致。

6. 在图纸空间增加图形对象

有时需要在出图时添加一些不属于模型本身的对象，如说明、图例、图框、图标等。此时可以在图纸空间添加，对模型空间没有任何影响。如果需要，也可以通过"CHSPACE"命令将图纸空间的对象转换到模型空间。

7. 最后打印

【命令】 PLOT

【工具钮】
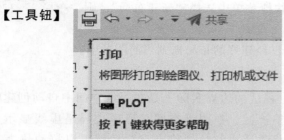

在图纸空间中执行该命令后，弹出"打印-布局 *"对话框，单击右下角的按钮 ，对话框全部展开，如图 8-18 所示。其他设置参照模型空间打印即可。

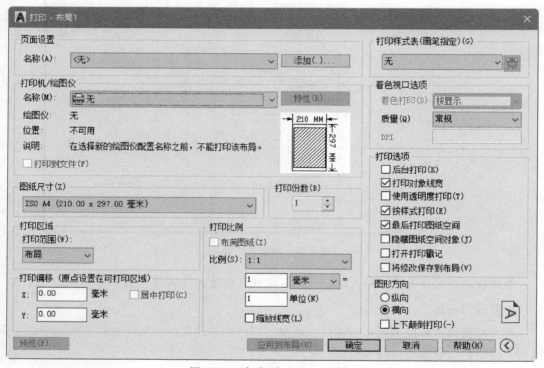

图 8-18 "打印-布局 1"对话框

第九章

绘制结构施工图

结构施工图是满足房屋建筑安全和经济施工要求，对房屋的承重构件（基础、梁、柱、板等）依据力学原理和有关设计规范进行计算，从而确定它们的形状、尺寸以及内部构造等，并将以上计算与选择结果绘制成的图样。完整的施工图体系由建筑施工图（简称建施图）、结构施工图（简称结施图）和设备施工图（简称设施图）组成。建筑施工图是建筑专业的表达，主要内容是建筑物的外观尺寸，房间区域分布，楼面、屋面、地面做法，墙体做法等。一般包括建筑整体平面图、立面图、剖面图；各层的平面图；楼电梯详图、墙体大样、门窗大样等。结构施工图是结构专业的表达，是建筑图的实现，也是施工的主要依据。总的来说，结构施工图只表达混凝土结构和钢结构的梁、板、柱的配筋或构件尺寸、截面大小。结构施工图的主要尺寸是根据建筑施工图而来，因此两专业图纸是一一对应的。

第一节　钢筋混凝土结构图

房屋建筑、水工建筑、道路桥梁建筑等土木工程中，由钢筋混凝土制成的构件，如钢筋混凝土梁、柱、盖板、桥墩的墩帽、桥台的道碴槽和顶帽、钢筋混凝土轨枕等，称为钢筋混凝土构件。表达构件的图称为构件图，表达结构系统的图称为结构布置图，两者统称为结构图。

一、钢筋混凝土简支梁

【例 9-1】　绘制如图 9-1 所示钢筋混凝土简支梁构件图。

1. 设置绘图环境

（1）设置绘图范围　图幅的总长为 6000mm，总宽为 12000mm，我们需要设置比这两个数据大但又不太大的绘图范围，设置绘图范围的操作步骤如下。

```
命令:_limits
重新设置模型空间界限:
指定左下角点或[开(ON)/关(OFF)]<0.0000,0.0000>:
指定右上角点<420.0000,297.0000>:10000,10000
```

（2）设置精度　在命令提示行下输入"units"命令，在此命令下弹出如图 9-2 所示的"图形单位"对话框。因为建筑结构图中的尺寸精度是精确到 mm，所以将"长度"区中的"精度"改为 0，然后单击"确定"按钮就可以了。

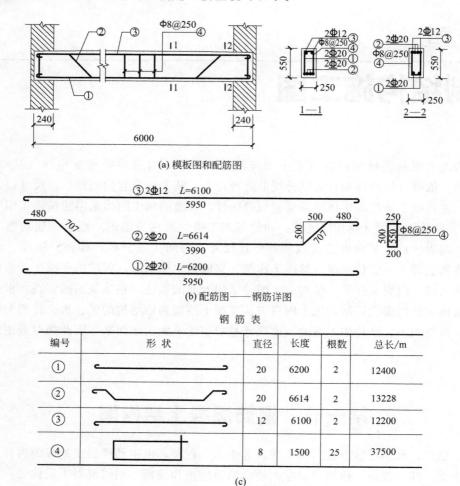

(a) 模板图和配筋图

(b) 配筋图——钢筋详图

钢 筋 表

编号	形 状	直径	长度	根数	总长/m
①		20	6200	2	12400
②		20	6614	2	13228
③		12	6100	2	12200
④		8	1500	25	37500

(c)

图 9-1　钢筋混凝土简支梁

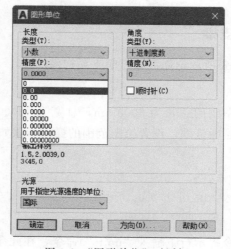

图 9-2　"图形单位"对话框

（3）设置图层 在命令提示行中输入"layer"命令，在此命令作用下弹出"图层特性管理器"对话框，在对话框内进行设置，如图 9-3 所示（本例按绘制图形的线形和线宽设置）。

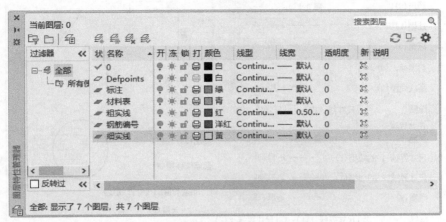

图 9-3 "图层特性管理器"对话框的设置

（4）设置文字样式 新建一个"简支梁"文字样式，对其设置如图 9-4 所示。

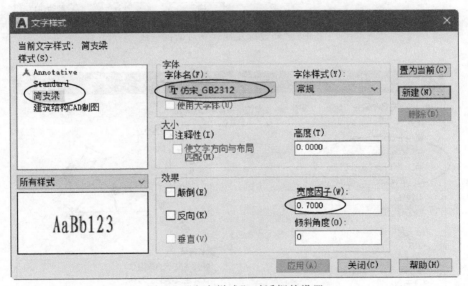

图 9-4 "文字样式"对话框的设置

（5）设置标注样式 新建一个"简支梁"标注样式，其设置如图 9-5～图 9-9 所示。

（6）草图设置 草图的设置如图 9-10～图 9-12 所示。

（7）图形界限全屏显示 命令状态下输入"z"（Zoom）。

命令：_z
ZOOM
指定窗口的角点,输入比例因子(nX 或 nXP),或者[全部(A)/中心(C)/动态(D)/范围(E)/上一个(P)/比例(S)/窗口(W)/对象(O)]<实时>:a
正在重生成模型。

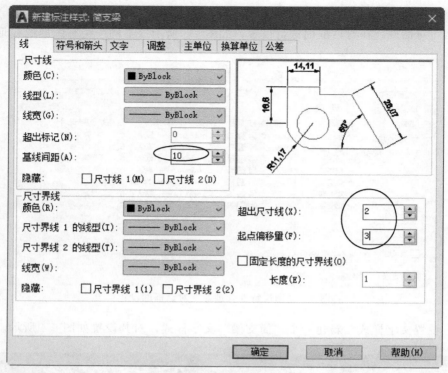

图 9-5 "新建标注样式"对话框—线

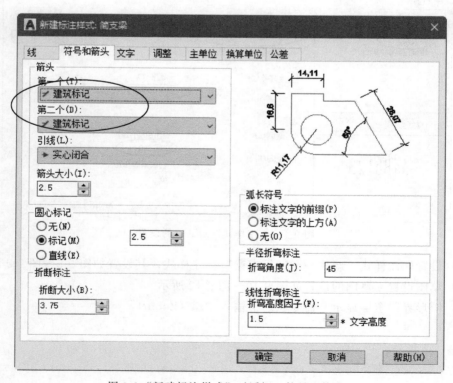

图 9-6 "新建标注样式"对话框—符号和箭头

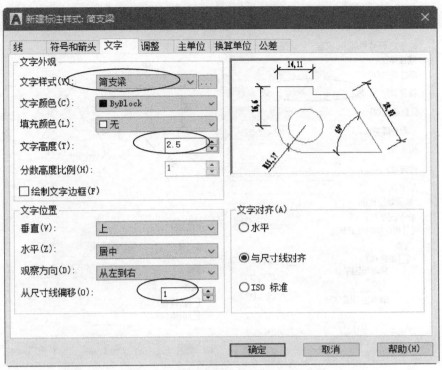

图 9-7 "新建标注样式"对话框—文字

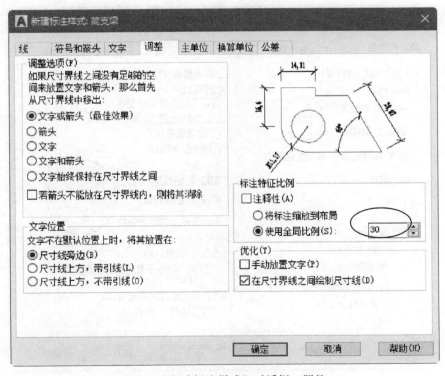

图 9-8 "新建标注样式"对话框—调整

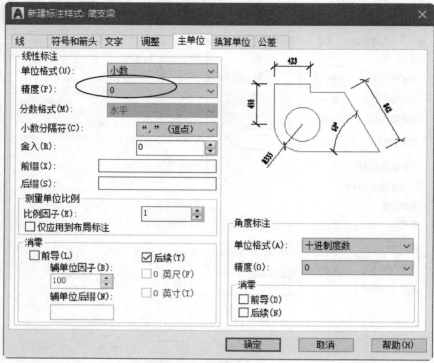

图 9-9 "新建标注样式"对话框—主单位

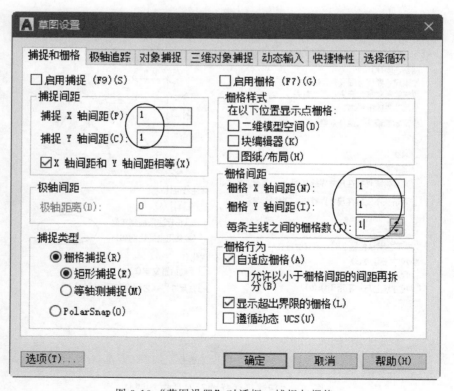

图 9-10 "草图设置"对话框—捕捉与栅格

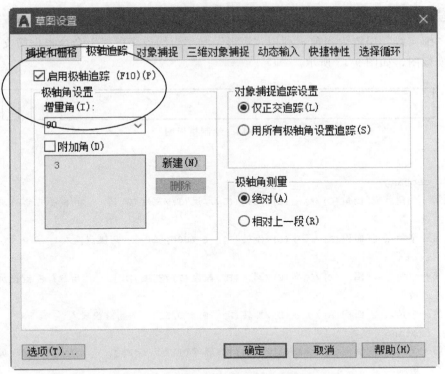

图 9-11 "草图设置"对话框—极轴追踪

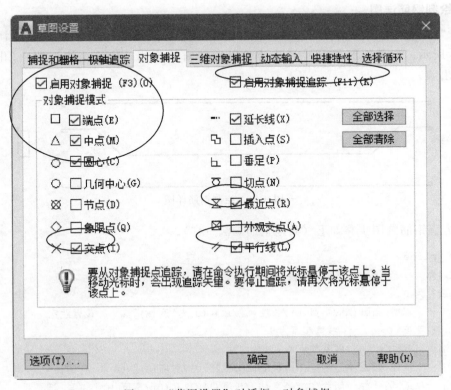

图 9-12 "草图设置"对话框—对象捕捉

2. 绘制模板图

将"细实线"层置为当前，利用"矩形"和"直线或多段线"命令根据简支梁外部尺寸绘制模板图，如图 9-13 所示。

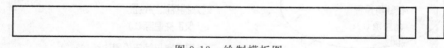

图 9-13　绘制模板图

命令: _rectang
指定第一个角点或[倒角(C)/标高(E)/圆角(F)/厚度(T)/宽度(W)]:　用鼠标左键在屏幕上指定梁的左上角点
指定另一个角点或[面积(A)/尺寸(D)/旋转(R)]:@ 6000,550　用键盘输入
命令: _rectang
指定第一个角点或[倒角(C)/标高(E)/圆角(F)/厚度(T)/宽度(W)]:　用鼠标左键在屏幕上指定梁截面的左上角点
指定另一个角点或[面积(A)/尺寸(D)/旋转(R)]:@ 250,550　用键盘输入
命令: _rectang
指定第一个角点或[倒角(C)/标高(E)/圆角(F)/厚度(T)/宽度(W)]:　用鼠标左键在屏幕上指定梁截面的左上角点
指定另一个角点或[面积(A)/尺寸(D)/旋转(R)]:@ 250,550　用键盘输入

3. 绘制钢筋详图

将"粗实线"层置为当前，利用"直线"或"多段线"命令绘制钢筋详图，如图 9-14 所示。有关钢筋的尺寸算法请参阅周佳新编著的《建筑结构识图》（化学工业出版社出版）。

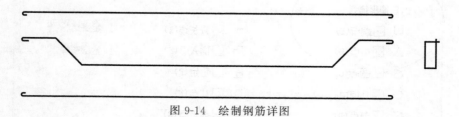

图 9-14　绘制钢筋详图

受力直钢筋画图步骤如下（其他钢筋画法一样）。

命令: _pline
指定起点:
当前线宽为 0
指定下一个点或[圆弧(A)/半宽(H)/长度(L)/放弃(U)/宽度(W)]:w　设置线宽
指定起点宽度<0> :1　线宽起点为 1
指定端点宽度<1> :　线宽终点为 1
指定下一个点或[圆弧(A)/半宽(H)/长度(L)/放弃(U)/宽度(W)]:60　弯钩长
指定下一点或[圆弧(A)/闭合(C)/半宽(H)/长度(L)/放弃(U)/宽度(W)]:a　选圆弧
指定圆弧的端点或[角度(A)/圆心(CE)/闭合(CL)/方向(D)/半宽(H)/直线(L)/半径(R)/第二个点

(S)/放弃(U)/宽度(W)]:a　　　选角度

　　指定包含角:180　　输入角度值

　　指定圆弧的端点或[圆心(CE)/半径(R)]:65　　输入圆弧半径值

　　指定圆弧的端点或[角度(A)/圆心(CE)/闭合(CL)/方向(D)/半宽(H)/直线(L)/半径(R)/第二个点
(S)/放弃(U)/宽度(W)]:1　　　选直线

　　指定下一点或[圆弧(A)/闭合(C)/半宽(H)/长度(L)/放弃(U)/宽度(W)]:5950　　输入直线长

　　指定下一点或[圆弧(A)/闭合(C)/半宽(H)/长度(L)/放弃(U)/宽度(W)]:a　　　选圆弧

　　指定圆弧的端点或[角度(A)/圆心(CE)/闭合(CL)/方向(D)/半宽(H)/直线(L)/半径(R)/第二个点
(S)/放弃(U)/宽度(W)]:a　　　选角度

　　指定包含角:180　　输入角度值

　　指定圆弧的端点或[圆心(CE)/半径(R)]:65　　　输入圆弧半径值

　　指定圆弧的端点或[角度(A)/圆心(CE)/闭合(CL)/方向(D)/半宽(H)/直线(L)/半径(R)/第二个点
(S)/放弃(U)/宽度(W)]:1　　　选直线

　　指定下一点或[圆弧(A)/闭合(C)/半宽(H)/长度(L)/放弃(U)/宽度(W)]:60　　弯钩长

　　指定下一点或[圆弧(A)/闭合(C)/半宽(H)/长度(L)/放弃(U)/宽度(W)]:　　结束

4. 绘制钢筋详图

将钢筋详图复制到模板图的主视图中（因为本例的模板图和配筋图在一起），并将钢筋折断，画出钢箍，确定剖切位置后，绘制出钢筋断面。利用"复制""直线""点""移动"等命令，如图 9-15 所示。

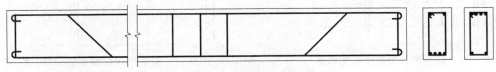

图 9-15　绘制钢筋详图

5. 书写各种标注、绘制墙

将"钢筋编号"层置为当前，为了提高效率，将钢筋编号做成带有属性的块，注意一定先定义属性后定义块，再插入。

6. 插入表格

将"材料表"层置为当前，插入表格，书写文字，表格中的文字要选长仿宋字，然后再将钢筋详图复制到表格中，注意表格中的详图是一个示意图，没有具体的尺寸要求，完成后的图形如图 9-1(c) 所示。

二、钢筋混凝土板

【例 9-2】　绘制如图 9-16 所示钢筋混凝土板构件图。

钢筋混凝土板的外形一般很简单，为长方体，一般不绘制模板图。

钢筋混凝土板按其受力不同，可分为单向受力板和双向受力板。单向板中的受力筋配置在分布筋的下侧，双向板中两个方向的钢筋都是受力筋，但与板短边平行的钢筋配置在下侧。如果现浇板中的钢筋是均匀配置的，那么同一形状的钢筋可只画其中一根。

在板的详图中，用细实线画出板的平面形状，用中粗虚线画出板下边的墙、梁、柱。对于板厚或梁的断面形状，用重合断面的方法表示，钢筋在板中的位置按结构受力情况确定。配筋绘在板的平面图上，并绘出板内受力筋的形状和配置情况，注明其编号、规格、直径、间距（或数量）等。对弯起钢筋要注明弯起点到端部（轴线）的距离以及伸入邻跨板中的长度。

板的钢筋用量表与梁的主要内容相同，一般在简图中表明钢筋详图，不再单独画钢筋详图了。

① 绘制平面形状和梁、墙、柱：将所需图层置为当前，利用"直线""填充"以及"偏移""剪切"等命令，如图 9-17 所示。

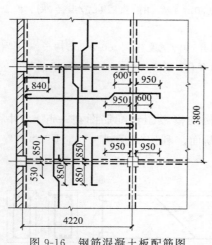

图 9-16　钢筋混凝土板配筋图

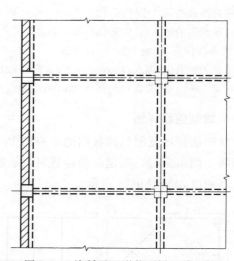

图 9-17　绘制平面形状和梁、墙、柱

② 绘制钢筋：将所需图层置为当前，利用"直线"或"多段线"以及"移动""复制""剪切"等命令绘制钢筋（钢筋长度的算法参照相关书籍），如图 9-18 所示。

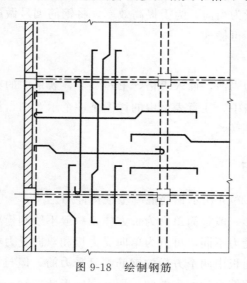

图 9-18　绘制钢筋

③ 标注尺寸、钢筋编号等：将所需图层置为当前，本例钢筋编号省略，可参照简支梁标注，如图 9-16 所示。

三、钢筋混凝土柱

【例 9-3】 绘制如图 9-19 所示钢筋混凝土柱。

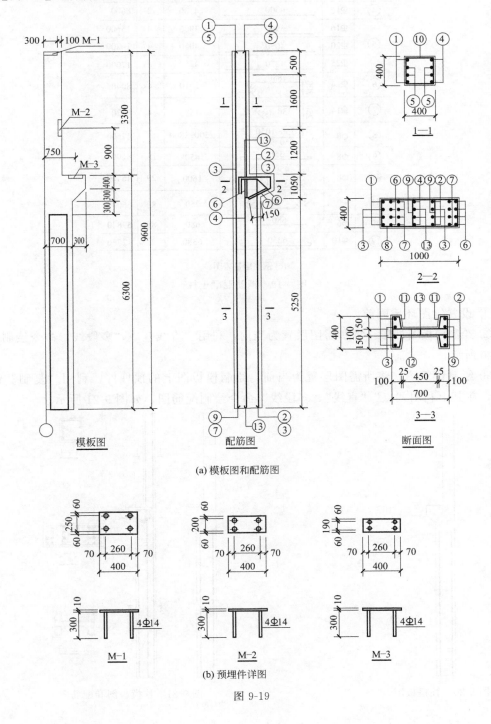

(a) 模板图和配筋图

(b) 预埋件详图

图 9-19

钢筋用量表

钢筋编号	钢筋规格	钢筋简图	长度/mm	根数	总长/mm
①	Φ16	9550	9550	2	19100
②	Φ16	6250	6250	2	12500
③	Φ14	6250	6250	4	25000
④	Φ16	4300	4300	2	8600
⑤	Φ16	3900	3900	4	15600
	Φ20	4050	4050	4	16200
	Φ25	4250	4250	4	17000
⑥	Φ14	880 200 570 360	2010	4	8040
⑦	Φ14	250 330 460 520	1580	4	6320
⑧	Φ8	350 750—1050 650—950 450	2200—2800	11	27500
⑨	Φ8	350	450	18	8100
⑩	Φ6	450 350 350 450	1600	29	46400
⑪	Φ6	460 350 520	750	88	66000
⑫	Φ6	680	680	88	59840
⑬	Φ10	6250	6380	2	12760

(c) 钢筋用量表图

图 9-19　钢筋混凝土柱

① 设置绘图环境同前。

② 绘制模板图外形：将所需图层置为当前，利用"直线"或"多段线"命令绘制，如图 9-20 所示。

③ 绘制配筋图：将所需图层置为当前，绘制模板图上的预埋件，利用"复制"命令复制，在其上利用"点""直线""多段线"命令绘制配筋图，如图 9-21 所示。

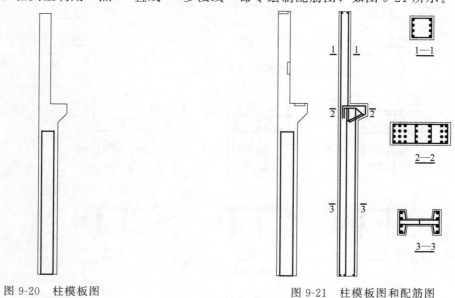

图 9-20　柱模板图　　　　　　　图 9-21　柱模板图和配筋图

④ 绘制预埋件详图：将所需图层置为当前，利用"点""直线""多段线""文字""文字编辑""修剪"等命令按尺寸绘制预埋件详图，如图 9-22 所示。

⑤ 将所需图层置为当前，填写钢筋用量表，标注尺寸，完成如图 9-19 所示作图。

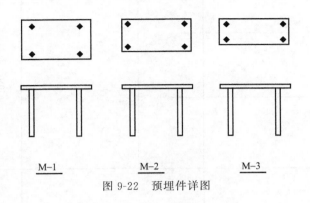

图 9-22 预埋件详图

第二节 钢筋混凝土结构施工图

一、结构平面布置图

结构平面布置图是表示建筑楼层中梁、板、柱等各承重构件平面布置的图样。它是承重构件在建筑施工中布置与安装的主要依据，也是计算构件数量、作施工预算的依据。

结构平面布置图包括楼层结构平面布置图和屋顶结构平面布置图，两者的图示内容和图示方法基本相同。

结构平面布置图是假想用一个剖切平面沿着楼板上部水平剖开，移走上部建筑物后所得到的水平投影图样，主要表示了承重构件的位置、类型、数量或钢筋的配置。

【例 9-4】 绘制如图 9-23 所示预制楼板的平面图。

① 设置绘图环境同前。

② 调用建筑平面图：将所需图层置为当前，调用或者绘制建筑平面图，如图 9-24 所示。建筑平面图属于建筑施工图的一种，在各种建筑设计中，不同工种的人员是分工协作的。所以，进行建筑结构设计的人员，只要拿来别人设计好的建筑施工图，在其上再进行进一步的设计即可（如没有现成的建筑施工图，需要自己重新绘制，可以参考化学工业出版社出版、周佳新编著的《建筑工程识图》《建筑工程 CAD 制图》）。

③ 绘制墙、梁：将所需图层置为当前，利用"直线""偏移""修剪""延长"等命令绘制各种尺寸墙、梁、圈梁，如图 9-25 所示。

④ 绘制板、钢筋、标注：将所需图层置为当前，利用"直线""偏移""修剪"命令绘制现浇、预制楼板；利用"文字""文字编辑"命令注明板的代号和编号；板上直接绘出的配筋图也要注明钢筋编号、直径、种类、数量等，完成的作图如图 9-23 所示。

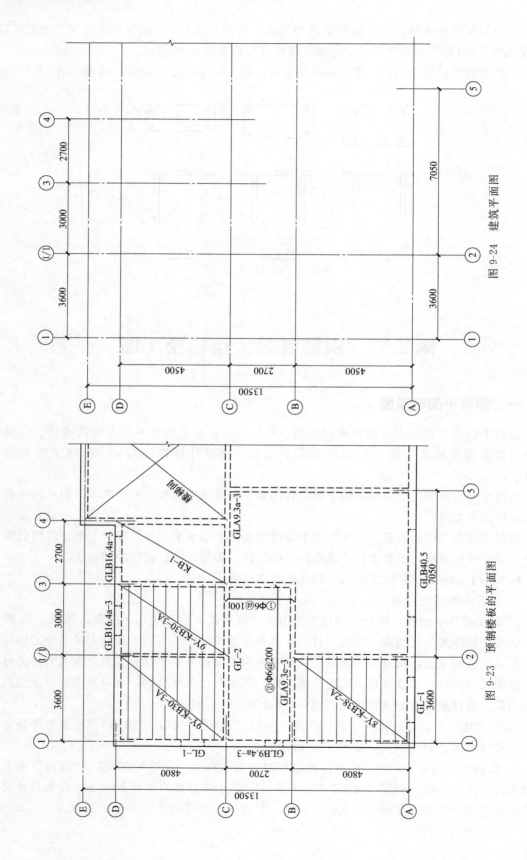

图 9-24 建筑平面图

图 9-23 预制楼板的平面图

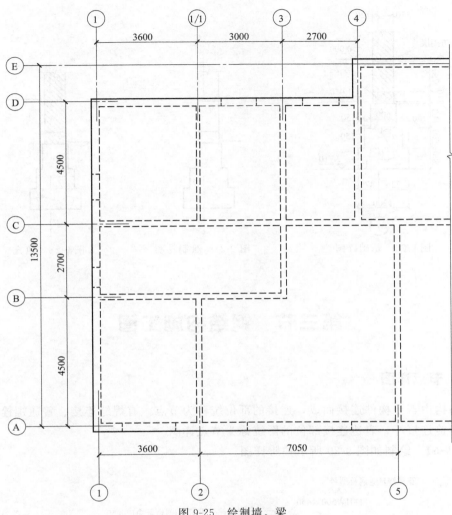

图 9-25　绘制墙、梁

二、基础施工图

常用的基础有条形基础和独立基础，条形基础的平面图画法比较简单，利用直线、偏移、修剪即可完成作图。

【例 9-5】　绘制如图 9-26 所示基础详图。

① 设置绘图环境。

② 根据尺寸绘制基础轮廓及室内外地面位置：将所需图层置为当前，利用"直线""多段线""偏移""修剪"等命令绘制基础轮廓及室内外地面，如图 9-27 所示。

③ 填充各种图例：将所需图层置为当前，利用"图案填充"及"编辑"命令填充所需图案，如图 9-28 所示。

④ 标注尺寸和有关的说明：将所需图层置为当前，利用"尺寸标注""文字书写""文字编辑"命令标注尺寸和有关的说明，成图如图 9-26 所示。

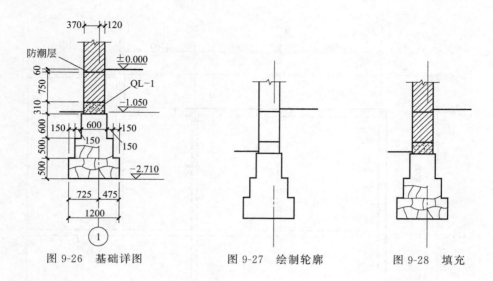

图 9-26　基础详图　　　　图 9-27　绘制轮廓　　　　图 9-28　填充

第三节　钢结构施工图

一、节点详图

钢结构由若干构件连接而成，连接的部位统称为节点。有焊缝连接、普通螺栓连接和高强度螺栓连接等，表达连接部位的图统称为节点详图。

【例 9-6】　绘制如图 9-29 所示柱脚详图。

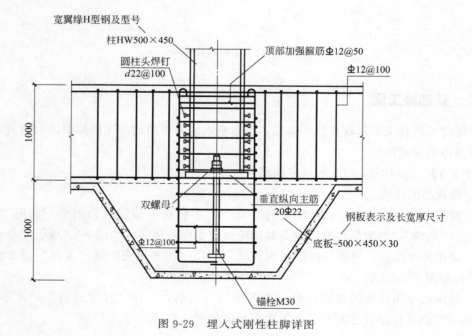

图 9-29　埋入式刚性柱脚详图

① 设置绘图环境。

② 绘制基础：将所需层置为当前，利用"直线""偏移""修剪""填充"等命令绘制柱脚要埋入的基础，如图 9-30 所示。

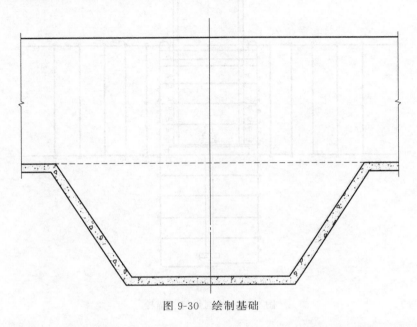

图 9-30　绘制基础

③ 绘制钢柱、配筋：将所需层置为当前，利用"点""直线""偏移""修剪"等命令绘制钢柱以及各种配筋，如图 9-31 所示。

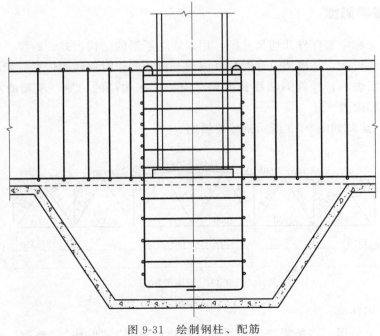

图 9-31　绘制钢柱、配筋

④ 绘制焊钉、锚栓：将所需层置为当前，将焊钉做成块，然后插入；利用"直线"

"镜像""修剪"等命令绘制锚栓，如图 9-32 所示。

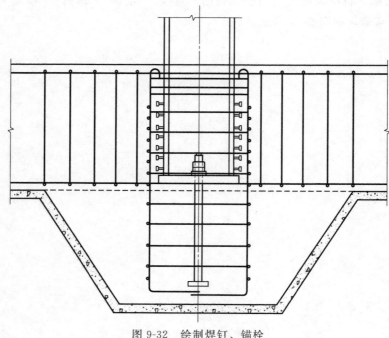

图 9-32　绘制焊钉、锚栓

⑤ 标注：将所需层置为当前，标注各种尺寸、文字及符号，如图 9-29 所示。
⑥ 检查无误后存盘或打印输出图纸。

二、钢屋架简图

屋架简图又称屋架杆件几何尺寸图，用以表达屋架的结构形式、跨度、高度以及各种杆件的几何轴线长度，是屋架设计时杆件内力分析和制作时放样的依据。绘制简图时，屋架杆件用单线图表示，杆件的轴线长度尺寸应标注在构件的一侧，屋架的左半边注写尺寸，右半边注写内力。

【例 9-7】　绘制如图 9-33 所示钢屋架简图。

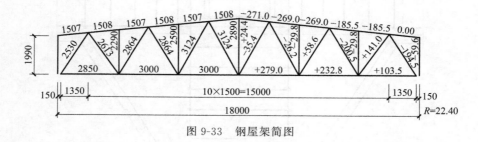

图 9-33　钢屋架简图

① 设置绘图环境。
② 绘制一半简图：将所需层置为当前，利用"直线""偏移""修剪"等命令绘制钢屋架简图的一半，如图 9-34 所示。

③ 绘制另一半简图：层设置不变，利用"镜像"命令生成另一半钢屋架简图，如图 9-35 所示。

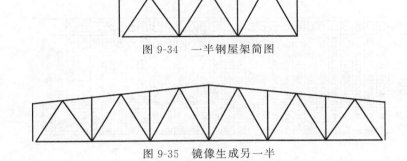

图 9-34　一半钢屋架简图

图 9-35　镜像生成另一半

④ 标注：将所需层置为当前，标注各种尺寸、数字，如图 9-24 所示。
⑤ 检查无误后存盘或打印输出图纸。

三、平面布置图

钢结构的平面布置图是按结构的楼层平面，通过结构布置平面图来表达结构构件在平面上的布置情况，主要包括结构构件在当前楼层平面上布置的位置，截面的形状、尺寸，对构件和构件之间的连接节点，由于绘图比例的关系，无法完整表达，但在有的结构平面布置图中，会用图例表示构件的节点连接是铰接还是刚接。

【例 9-8】　绘制如图 9-36 所示钢-混凝土混合结构平面布置图。

如图 9-36 所示为某高层钢-混凝土混合结构十九层的结构平面布置图，图中主要表达在该楼层上柱布置的位置、截面形状和编号，梁（包括主梁、次梁）布置的位置、编号、端部连接的方式。该楼层中心是钢筋混凝土核心筒，其施工图另外画出。本图中的柱有两种截面，一种是箱形截面，一种是 H 型钢截面，编号分别为 Z-1 和 Z-2。

梁有主梁和次梁两种类型，主梁是两端支撑在柱、核心筒上的梁，编号以 G 开头，如 G-19X2、G-19Y6 等；次梁的两端支撑在主梁上，编号以 B 开头，如 B-1914。梁的编号没有统一的编制方法，在这里，主梁的编号，如 G-19X2 的含义是：19 表示 19 层，X 表示该梁于纵轴放置。次梁编号，如 B-1914 的含义是：19 表示是 19 层，14 表示是第 14 种次梁。

在图中，梁端部的符号"——◀"表示梁端与其他构件的连接是刚接，即可以抵抗弯矩的连接，常见于主梁的端部，如果是"———"则表示梁端与其他构件的连接是铰接，即只能承受剪力的连接，常见于次梁和部分主梁的端部。

① 设置绘图环境。
② 绘制轴网：将所需层置为当前，利用"直线""偏移""修剪""块""属性""文字""插入"等命令绘制轴网，如图 9-37 所示。
③ 绘制柱、梁及连接符号：将所需层置为当前，将柱、梁及连接符号做成块，依次插入，如图 9-38 所示。

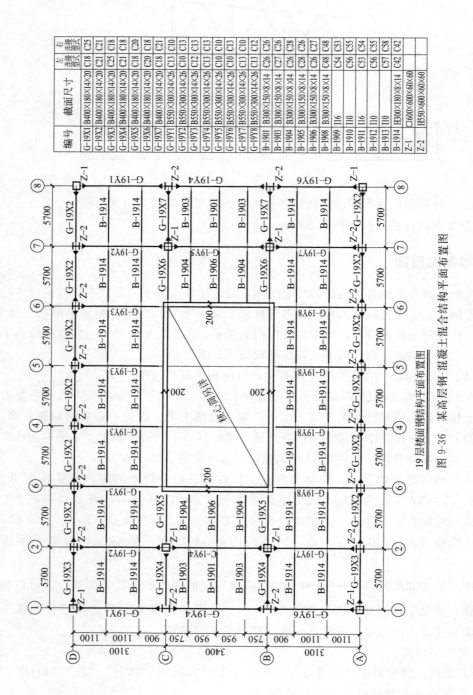

编号	截面尺寸	左连接型式	右连接型式
G-19X1	B400X180X14X20	C21	C25
G-19X2	B400X180X14X20	C21	C21
G-19X3	B400X180X14X20	C25	C18
G-19X4	B400X180X14X20	C21	C18
G-19X5	B400X180X14X20	C18	C20
G-19X6	B400X180X14X20	C20	C18
G-19X7	B400X180X14X20	C18	C21
G-19Y1	B550X300X14X26	C13	C10
G-19Y2	B550X300X14X26	C10	C13
G-19Y3	B550X300X14X26	C12	C13
G-19Y4	B550X300X14X26	C13	C13
G-19Y5	B550X300X14X26	C10	C10
G-19Y6	B550X300X14X26	C13	C13
G-19Y7	B550X300X14X26	C13	C12
G-19Y8	B550X300X14X26	C12	C26
B-1901	B300X150X8X14	C26	C26
B-1903	B300X150X8X14	C27	C28
B-1904	B300X150X8X14	C26	C26
B-1905	B300X150X8X14	C28	C27
B-1906	B300X150X8X14	C26	C48
B-1908	B300X150X8X14	C48	C53
B-1909	I16	C54	C55
B-1910	I10	C56	C54
B-1911	I16	C53	C55
B-1912	I10	C56	C58
B-1913	I10	C57	C42
B-1914	H300X180X8X14	C42	
Z-1	□600X600X60X60		
Z-2	H550X600X60X60		

19层楼面钢结构平面布置图

图 9-36 某高层钢-混凝土混合结构平面布置图

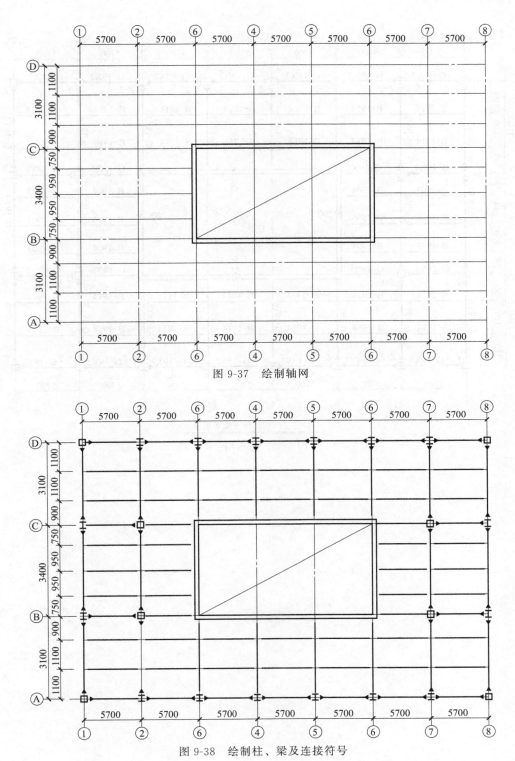

图 9-37 绘制轴网

图 9-38 绘制柱、梁及连接符号

④ 标注：将所需层置为当前，将柱、梁编好书写在适当位置，如图 9-36 所示。

⑤ 插入表格：将所需层置为当前，插入表格并填写相关内容，如图 9-39 所示。

⑥ 检查无误后存盘或打印输出图纸。

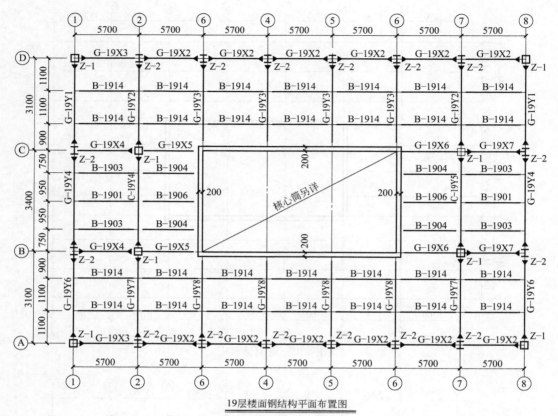

19层楼面钢结构平面布置图

图 9-39　注写编号

第十章

解疑答惑100例

通过前几章的学习和练习，我们已经掌握了 AutoCAD 制图的知识与方法。但在制图过程中，还会遇到很多问题，尤其是很多"不是问题"的问题，常常带给我们很大的烦扰，给我们的学习、工作乃至情绪都造成一定的影响。在长期的教学和实践中，我们总结了一些常见的问题及处理方法，供大家参考。

问题 10-1：如何在图形窗口中显示滚动条？

处理方法：

AutoCAD 2022 默认界面不显示滚动条。在绘图区空白处单击鼠标右键。打开"选项"对话框中的"显示"选项卡，将"在图形窗口中显示滚动条（S）"勾选，如图 10-1 所示。

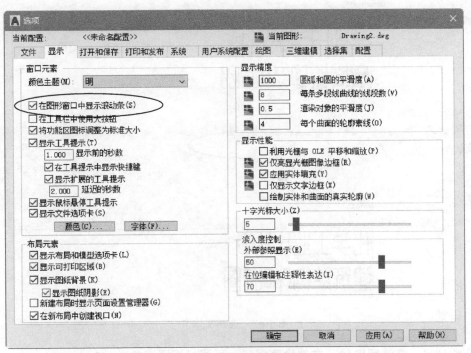

图 10-1　"选项"对话框

问题 10-2：十字光标指不到要选择的对象上，如何解决？

处理方法：

这种情况通常是状态栏中的"捕捉到图形栅格"处于开启状态（浅蓝色显示），

如图 10-2(a) 所示。只要用鼠标左键单击"捕捉到图形栅格"按钮，使其处于关闭（灰色显示）状态即可，如图 10-2(b) 所示。

(a) 打开

(b) 关闭

图 10-2 "捕捉模式"状态

问题 10-3：书写文字时，文字总是倒着的，如何解决？
处理方法：

书写文字时，文字总是倒着的，是在选择字体名时选择了字体名前面带"@"的样式，如图 10-3(a) 所示。选择不带"@"的样式，字体就正过来了，如图 10-3(b) 所示。

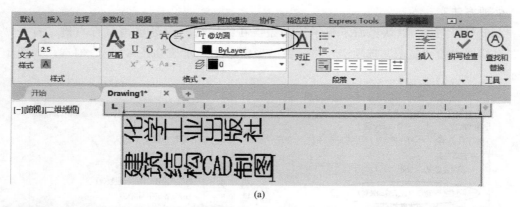

(a)

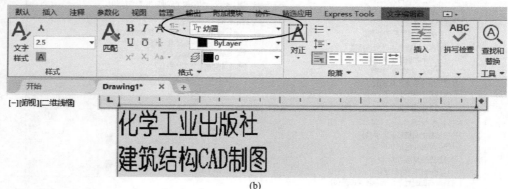

(b)

图 10-3 选择字体名

问题 10-4：突然断电后，文件没有保存，可否找回原来的文件？
处理方法：

当设定了自动保存时间，碰到断电或死机的情况下，可以试用以下方法挽救最后保存的文件。

① 在命令行中输入 OPTIONS 命令，打开"选项"对话框，然后选择文件选项卡。

② 查找"临时图形文件位置"中设定的路径，如图 10-4 所示，再在该路径中，找到文件，该图形文件名为"-n-n-nnn.SV ＄"，将该图形重命名，扩展名必须是.dwg。

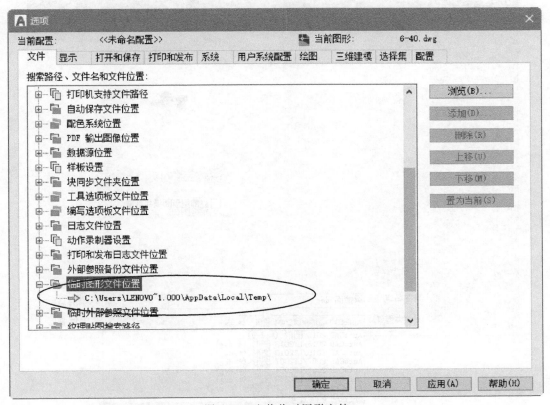

图 10-4 查找临时图形文件

③ 执行 AutoCAD 调出该图形文件即可。

问题 10-5：界面上找不到绘出的图形了，或者绘制的图形太大（小）了，如何解决?

处理方法：

实际上我们是通过计算机的"视口"看 CAD 文件的"视图"的。当界面上找不到绘出的图形，或者绘制的图形太大（小）了的时候，只要改变"视图"与"视口"的位置就可以了。具体做法是在命令状态下输入 z（zoom 的缩写），然后再输入 a，再按回车键即可。这样视图中的全部内容会最大限度显示在屏幕上。具体操作如下。

命令:z

ZOOM

指定窗口的角点,输入比例因子(nX 或 nXP),或者[全部(A)/中心(C)/动态(D)/范围(E)/上一个(P)/比例(S)/窗口(W)/对象(O)]<实时> :a

正在重生成模型。

问题 10-6：低版本的 CAD 如何打开高版本 CAD 绘制的图形?

处理方法：

将高版本绘制的图形转存为低版本的 CAD 文件。具体操作为单击图标按钮，选择"另存为"，在弹出的"另存为"对话框中单击"文件类型"右侧的倒三角，选择要保存的版本即可，如图 10-5 所示。

图 10-5 "另存为"对话框

问题 10-7：输入汉字时为什么不能显示？或输入的汉字变成了问号？

处理方法：

① 对应的字型没有使用汉字字体，如 hztxt. shx 等。

② 当前系统中没有汉字字体形文件；应将所用到的形文件复制到 AutoCAD 的字体目录中（一般为... \ FONTS \ ）；

③ 对于某些符号，如希腊字母等，同样必须使用对应的字体形文件，否则会显示成 "?"。

问题 10-8：屏幕左下角的坐标系影响绘图，可否去掉？

处理方法：

可以采用以下两种方法去掉。

① 可以通过用 UCSICON 命令来关闭图标。

命令:_ucsicon

输入选项[开(ON)/关(OFF)/全部(A)/非原点(N)/原点(OR)/可选(S)/特性(P)]<开> :off　　输入
关闭选项

如图 10-6 所示。

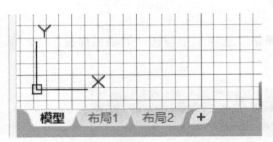 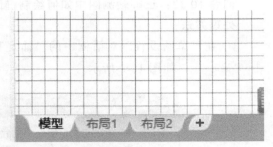

图 10-6　关闭坐标显示的效果

② 在"视图"下单击如图 10-7 所示工具钮即可切换。

问题 10-9：图形里的圆变成了多边形，如何处理？

处理方法：

画图时明明画的是圆，或者打开一个文件时发现图形里的
圆变成了多边形，这是因为圆是由很多折线组合而成，只需在
"命令"状态下输入"re"（重生成）再回车即可。

问题 10-10：有些图形能显示，却打印不出来，为什么？

处理方法：

① 如果图形绘制在 AutoCAD 自动产生的图层（DEF-
POINTS、ASHADE 等）上，就会出现这种情况。应避免在
这些层上绘制要打印的图形。

图 10-7　关闭坐标显示操作

② 检查一下图层特性管理器中各层打印机所处的状态：如果打印机的标志上打了红
"🖶"，说明不能打印，用鼠标单击，将红"🖶"去掉即可打印，图 10-8 所示。

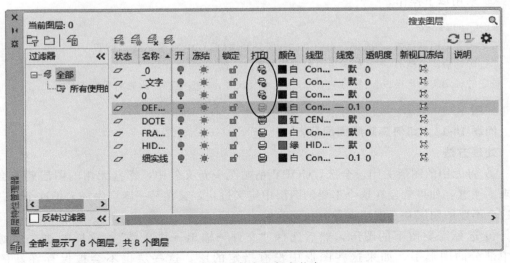

图 10-8　打印机打印状态

问题 10-11：为什么打印出来的字体是空心的？

处理方法：

在命令行输入 TEXTFILL 命令：值为 0 则字体为空心，值为 1 则字体为实心。

问题 10-12：正等轴测图中如何绘制椭圆？

处理方法：

① 在"草图设置"对话框中的"捕捉和栅格"选项卡中勾选"等轴测捕捉"后，单击 [确定] ，如图 10-9 所示。

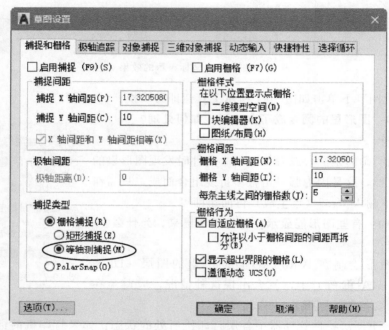

图 10-9　设置捕捉类型

② 采用以下操作。

```
命令:_ellipse
指定椭圆轴的端点或[圆弧(A)/中心点(C)/等轴测圆(I)]:i      输入 i 后回车
指定等轴测圆的圆心:     给出所绘制椭圆的圆心位置
指定等轴测圆的半径或[直径(D)]:     给出半径尺寸,按 F5 可在三种轴测模式间切换
```

如图 10-10 所示。

问题 10-13：如何删除顽固图层？

处理方法：

① 将无用的图层关闭，全选，COPY 粘贴至一新文件中，那些无用的图层就不会贴过来。注意：如果曾经在这个不要的图层中定义过块，又在另一图层中插入了这个块，那么这个不要的图层是不能用这种方法删除的。

② 选择需要留下的图形，然后选择"文件→输出→块文件"，这样的块文件就是选中部分的图形了，如果这些图形中没有指定的层，这些层也不会被保存在新的图块图形中。

③ 打开一个 CAD 文件，把要删的层先关闭，在图面上只留下需要的可见图形，点"文件→另存为"，确定文件名，在文件类型栏选"∗.DXF"格式，在弹出的对话窗口中点"工具→选项→DXF 选项"，再在"选择对象"处打钩，点确定，接着点保存，就可选择保存对象了，把可见或要用的图形选上就可以确定保存了，完成后退出这个刚保存的文件，再打开来看看，会发现不想要的图层不见了。

④ 用命令 LAYTRANS 将需删除的图层影射为 0 层即可，这个方法可以删除具有实体对象或被其他块嵌套定义的图层。

图 10-10 绘制三种模式的椭圆

问题 10-14：图形文件已发生了严重错误，如何修复？

处理方法：

① 将要修复的图形文件和与之有关的.BAK 文件进行备份。

② 在命令行中输入 RECOVER 命令，弹出"选择文件"对话框，选中要修复的文件，单击"打开"按钮。

③ 如果用 RECOVER 命令能打开图形，然后使用 AUDIT 命令，在提示下输入 y，系统将自动检查并修改错误。

```
命令:_audit
是否更正检测到的任何错误? [是(Y)/否(N)]<N> :y
已核查 X 个块
阶段 1 已核查 X 个对象
阶段 2 已核查 X 个对象
共发现 X 个错误,已修复 X 个
```

问题 10-15：为什么无法预选图元对象修改图层？

处理方法：

这是因为夹点功能被取消了，不仅预选后的图层无法修改，连删除、复制、移动都无法先选取再使用，原因是选取模式中的"先选择后执行"选项被取消掉了。

在命令行中输入 OPTIONS 命令，弹出"选项"对话框，打开"选择集"选项卡，如图 10-11 所示。勾选"先选择后执行"复选框。

问题 10-16：选取物体时，怎么不见高亮度显示？

处理方法：

调整系统变量 HIGHLIGHT 的值为 1 即可打开高亮度显示，如图 10-12 所示。

```
命令:_highlight
输入 HIGHLIGHT 的新值<0> :1
```

问题 10-17：如何调整文字的宽度？

处理方法：

要想调整文字的宽度，可以通过多行文字命令的格式代码来实现。这必须改变文字编

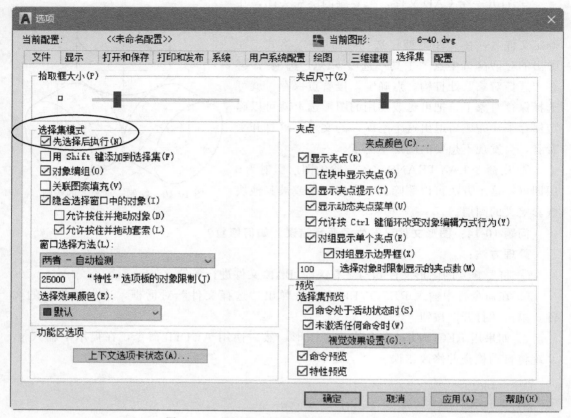

图 10-11 "选项"对话框的"选择集"选项卡

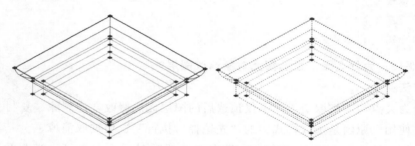

图 10-12 打开高亮度显示

辑器，如 WINDOWS 记事本。

① 在命令行中输入 MTEXTED 命令。

② 输入 WINDOWS 记事本执行文件的路径。

③ 执行多行文字命令（TEXT）。

④ 通过画一个窗口来指定多行文本的位置。

⑤ 在记事本窗口中输入文字，并在要调整宽度的文字前输入"\ W2;"这里的 2 是宽度比例。比如输入：\ W2；建筑工程 CAD 制图。

⑥ 保存并关闭记事本，在 AutoCAD 中就能看到调整了宽度的文字，如图 10-13 所示。

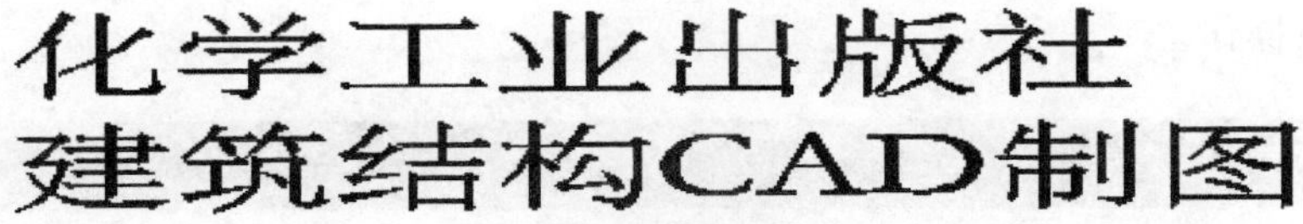

化学工业出版社
建筑结构CAD制图

图 10-13 调整文字的宽度

问题 10-18：如何生成符合国标的文字？

处理方法：

AutoCAD 字体制作是一个开放技术，选择许多第三方开发商自己制作的多种能在 AutoCAD 中使用的汉字字体。AutoCAD 中自带了一种符合国际标准的中文字体，这个字体的文件名为 gbcbig. shx，保存在 Fonts 子目录下。通过它可以生成符合国家标准的中文字体，但是当中文和英文字体混合编排时会发现这两种字体很不协调，英文字体显得比中文字体大。这是因为默认的英文字体（txt. shx）同样不符合国家标准，因此应该选择符合标准的英文字体 gbetic. shx 或 gbenor. shx。这两种英文字体区别在于：gbetic. shx 字体是倾斜的，而 gbenor. shx 是正体。

问题 10-19：为什么打开一个图形后出现找不到字体的错误？

处理方法：

在 AutoCAD 中，当打开一个由第三方应用程序生成的图形时，会显示下面的出错信息：

不能找到字体文件(Cannot find font files.)

当打开文件后，图形中的文字也不能正确显示。

出现这个问题通常是因为使用了非标准的未安装的 AutoCAD 字体。要解决这个问题要从原系统中得到使用的字体文件，并把它安装到打开这个图形的计算机中。只要把这个字体文件复制到 AutoCAD 的 Fonts 目录中即可。

问题 10-20：如何把图形中的所有文字移动到一个图层中？

处理方法：

要达到这个目的，可以先使用 FILTER 命令或"快速选择"命令把所有的文字对象都选中，然后使用特性修改命令把选定的文字对象的图层都改为一个图层。

① 确定图形中的所有图层都是打开的。

② 在命令行中输入 FILTER 命令。

③ 在"对象选择过滤器"对话框中，把"选择过滤器"选项设置为"文字"，然后单击"添加至列表"按钮，如图 10-14 所示。

④ 单击"应用"按钮关闭"对象选择过滤器"对话框，并按提示选择对象。

⑤ 在命令行中输入 all 后回车。再次回车退出对象选择状态。

⑥ 在命令行中输入 CHANGE 命令。

⑦ 在选择对象提示下输入 p 并回车，使用刚刚通过 FILTER 命令建立的选择集。再次回车，退出对象选择状态。

⑧ 输入 p，修改对象的特性。

⑨ 输入 la，修改对象的图层。

⑩ 输入一个图层名并回车，这样所有选中的文字对象都会被修改到一个相同的图层

中，回车结束操作。

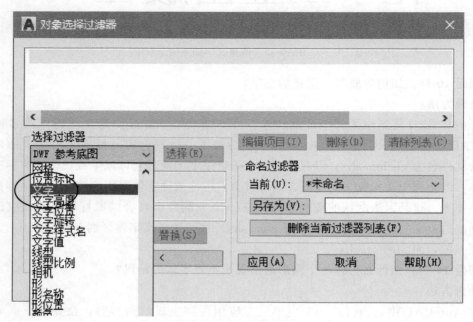

图 10-14　"对象选择过滤器"对话框

问题 10-21：如何把 AutoCAD 的文字复制到 Word 中？

处理方法：

当在 AutoCAD 中把一个文字对象复制并粘贴到 Word 中后，会发现粘贴到 Word 中的并不是文字内容本身，而是一个文字对象。但如何把文字内容复制并粘贴到 Word 中呢？

① 在命令行中输入 DDEDIT 命令，并选择一个文字或多行文字对象。

② 在文字编辑器中选中想要粘贴到 Word 中的文字，单击鼠标右键并在弹出的快捷菜单中选择复制命令。

③ 在 Word 中，单击粘贴命令即可。

问题 10-22：如何把 Excel 表格插入到 AutoCAD 中？

处理方法：

复制 Excel 中的内容，然后在 CAD 中点"编辑→选择性粘贴→AutoCAD 图元→确定→选择插入点→插入"后炸开即可。

问题 10-23：如何在 Word 文档中插入 AutoCAD 图形？

处理方法：

Word 文档制作中，往往需要各种插图，Word 绘图功能有限，特别是复杂的图形，该缺点更加明显，AutoCAD 是专业绘图软件，功能强大，很适合绘制比较复杂的图形，用 AutoCAD 绘制好图形，然后插入 Word 制作复合文档是解决问题的好办法，可以用 AutoCAD 提供的 EXPORT 功能先将 AutoCAD 图形以 bmp 或 wmf 等格式输出，然后插入 Word 文档，也可以先将 AutoCAD 图形拷贝到剪贴板，再在 Word 文档中粘贴。须注意的是，由于 AutoCAD 默认背景颜色为黑色，而 Word 背景颜色为白色，首先应将 AutoCAD 图形背景颜色改成白色。另外，AutoCAD图形插入Word文档后，往往空边过大，效果不理想。利用Word图片工具栏上的裁剪功能进行修整，空边过大问题即可解决。

问题10-24：将AutoCAD中的图形插入Word中有时会发现圆变成了正多边形怎么办？

处理方法：

将AutoCAD中的图形插入Word中有时会发现圆变成了正多边形，可以用VIEWRES命令，将它设得大一些，可改变图形质量。也可以在插入前，将CAD图形重生成即可。

问题10-25：打开旧图遇到异常错误而中断退出怎么办？

处理方法：

新建一个图形文件，把旧图以图块形式插入即可。

问题10-26：为什么线宽设定对TrueType字体无效？

处理方法：

TrueType字体的文字是不会带线宽打印的，TrueType字体实际上是把文字的轮廓用像素填充，因此线宽特性是不起作用的。如果需要特定线宽的文字，最好使用shx字体。如果想要文字是粗体的，可以在多行文字编辑器中使用粗体选项。可以通过下列方法达到想要的粗体效果。

① 对于TrueType字体，设置LWDEFAULT系统变量为想要的线宽值（大于25），并使用"消隐"命令来观察字体。

② 可以使用系统的快捷工具把TrueType字体分解为系统图形实体，然后再对这些实体指定线宽。

问题10-27：在AutoCAD中双击一个对象后会有什么反应？

处理方法：

双击一个对象后可以开始对这个对象的特性进行编辑。系统变量DBLCLKEDIT可以控制这个功能，只有把这个系统打开后才能通过双击来编辑对象。如果双击了多个对象，就会显示"特性"窗口，并列出所有选中对象的特性。（系统变量PICKFIRST必须打开）

下面是双击某种对象后系统将显示的对话框。

① 属性：显示"编辑属性定义"对话框。

② 块中的属性：显示"增强属性编辑器"对话框。

③ 块：显示"参照编辑"对话框。

④ 图案填充：显示"图案填充编辑"对话框。

⑤ 引线文字：显示"多行文字编辑器"对话框。

⑥ 多线：显示"多线内径工具"对话框。

⑦ 多行文字：显示"多行文字编辑器"对话框。

⑧ 文字：显示"编辑文字"对话框。

⑨ 外部参照：显示"参照编辑"对话框。

问题10-28：为什么没有显示对象的夹点？

处理方法：

在选中了一个对象后，对象的夹点没有显示。出现这个问题是因为没有打开或启用GRIPS系统变量，也有可能是硬件的问题。

GRIPS变量控制在选中对象或几何体时是否显示对象的夹点，按下面的步骤操作可以启用这个变量。

① 在命令行上输入 GRIPS 命令。

② 输入值 1。

③ 按回车键结束命令。

如果启用了 GRIPS 系统变量后，夹点仍未显示，有可能是因为显卡或显卡驱动程序的问题，这时需要更换显卡或更新显卡的驱动程序。

问题 10-29：选择对象时为什么不能生成选择窗口？

处理方法：

默认情况下选择对象时，在屏幕上单击了一点后，可以通过拖动光标生成一个选择窗口，在窗口内的对象将会被选中。系统变量 PICKAUTO 控制着选择窗口的产生，因此出现这种问题时，就是因为这个变量被关闭了。按下面的步骤操作可以打开这个变量。

① 在命令行上输入 PICKAUTO 命令。

② 输入值 1。

③ 按回车键结束命令。

问题 10-30：为什么选择一个对象而先前的对象被清除掉了？

处理方法：

系统变量 PICKADD 控制是否把对象添加到选择集中，出现这种问题是因为关闭了该变量。按下面的步骤操作可以打开这个变量。

① 在命令行中输入 PICKADD 命令。

② 输入值 1。

③ 回车结束命令。

问题 10-31：如何从备份文件中恢复图形？

处理方法：

首先要使文件显示其扩展名（打开"我的电脑"在"工具→文件夹选项→查看"中把"隐藏已知文件的扩展名"前面的钩去掉）；其次要显示所有文件（打开"我的电脑"，在"工具→文件夹选项→查看→隐藏文件和文件夹"中选"显示所有文件和文件夹"）；再次找到备份文件（它的位置可以在"工具→选项→文件→临时图形文件"位置查到），将其重命名为".dwg"格式；然后用打开其他 CAD 文件的方法将其打开即可。

问题 10-32：为什么提示输入块属性的顺序不对？

处理方法：

① 要想按照一个特定的顺序提示输入属性，在生成属性时要按照所需提示顺序的反顺序进行，并且生成图块定义时，要按照窗口的方式选择所有属性对象。

② 在生成图块时，逐个分别选择属性对象，所选的顺序即是插入图块时提示输入的顺序。

③ 调用"块属性管理器"，可以在不分解图块的情况下修改块属性，包括属性的输入顺序。

问题 10-33：为什么不出现对话框，只是显示路径？

处理方法：

按 Ctrl+O 或者 Ctrl+S 的时候，不出现对话框，只是显示路径，将 FILEDIA 命令的值设为 1 即可。

问题 10-34：打开其他人的 CAD 图纸，提示无图纸中的某字体，但用其他字体替代后，出现乱码，如何解决？

处理方法：

新建一个文档，将该 CAD 图纸作为一个块插入，乱码将会消失，但此方法处理后字体会与原图有出入，若需 100％准确，则需要与对方图纸匹配的字体。

问题 10-35：为什么有时无法清除某些图块？

处理方法：

在 AutoCAD 中对于正在使用的图块定义是不能清除的，如果不能从图形中清除某个图块定义，并且在图形中也找不到对此图块定义的引用，有可能是因为此图块已经被嵌套引用进另一个图块了。按以下方法清除被嵌套引用的图块。

① 插入引用了需要清除图块的图块。（例如：如果图块 1 引用了图块 2，则应插入图块 1）。

② 分解所有图块及子图块。（例如：分解图块 1，再分解图块 2）。

③ 一旦分解了所有子图块后，使用 WBLOCK 命令重新定义嵌套图块。

④ 然后再使用 PURGE 命令清除图形中不再使用的图块。

问题 10-36：如何插入多个图块？

处理方法：

标准的 INSERT 命令一次只能插入一个图块。使用 MINSERT 命令可按矩形阵列的方式插入多个块，但这个命令不允许把单个的块放到任意的位置。

当在图形中插入几个图块时，可使用 MULTIPLE 命令在不退出 INSERT 命令的情况下分别插入这些块。

① 在命令行中输入 MULTIPLE 命令。

② 输入 INSERT 命令作为重复调用的命令。

③ 输入想要插入的图块或文件名，并指定插入一个图块所需的其他参数。

④ 当插入完成后，MULTIPLE 命令会自动重复启动 INSERT 命令。

⑤ 按 Esc 键结束命令并返回到系统的命令行上。

问题 10-37：插入图块时为什么没有提示输入属性？

处理方法：

这是因为关闭了系统变量 ATTREQ，才导致在插入一个带有属性的图块时，没有提示输入属性值而自动接受属性的默认值。

① 在命令行中输入 ATTREQ 命令。

② 输入值 1。

③ 回车结束命令。

问题 10-38：如何设置插入图块和图像的图形单位？

处理方法：

AutoCAD 中有一个名为 INSUNITS 的系统变量，这个变量保存的是插入图像或在设计中心中插入图块时使用的图形单位。

① 在命令行中输入 INSUNITS 命令，并回车。

② 输入一个 0～20 之间的数值并回车。

INSUNITS 的系统变量控制着插入图形或图块的比例，默认值为 0，表示没有指定单位。可以修改图形模板来改变这个变量的默认值，或在 acaddoc.lsp 文件中实现。

如表 10-1 所示，是该系统变量的值以及含义。

表 10-1　系统变量的值以及含义

数值	含义	数值	含义	数值	含义
0	无单位	1	英寸	2	英尺
3	英里	4	毫米	5	厘米
6	米	7	公里	8	微英寸
9	英里	10	码	11	埃
12	纳米	13	微米	14	分米
15	十米	16	百米	17	百万公里
18	天文单位	19	光年	20	秒差距

问题 10-39：为什么删除的线条又冒出来了？

处理方法：

最大的可能是有几条线重合在一起了。对于初学者，这是很常见的问题。另外，当一条中心线或虚线无论如何改变线型、比例也还是像连续线（执行 REGEN 命令后），多半也是这个原因。

问题 10-40：绘图时为什么没有虚线框显示？

处理方法：

修改系统变量 DRAGMODE，推荐修改为 AUTO。系统变量为 ON 时，在选定要拖动的对象后，仅当在命令行中输入 drag 后才在拖动时显示对象的轮廓；系统变量为 OFF 时，在拖动时不显示对象的轮廓；系统变量为 AUTO 时，在拖动时总是显示对象的轮廓。在命令行直接用键盘输入"recover"，接着在"选择文件"对话框中输入要恢复的文件，确认后系统开始执行恢复文件操作。

问题 10-41：为什么绘制的剖面线或尺寸标注线不是连续线型？

处理方法：

AutoCAD 绘制的剖面线、尺寸标注线都可以具有线型属性。如果当前的线型不是连续线型，那么绘制的剖面线和尺寸标注线就不会是连续线。

问题 10-42：如何在尺寸线上或尺寸线下添加注释或文字？

处理方法：

在 AutoCAD 中可以在尺寸线上或尺寸线下添加除了尺寸文字以外的注释或文字。如图 10-15 所示。

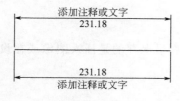

图 10-15　添加注释或文字

① 在命令行中输入 DDEDIT 命令。

② 选择一个尺寸实体，弹出"多行文字编辑器"对话框。

③ 在多行文字编辑器中，<>表示的是默认的尺寸文本。

④ 在 \ X 前或后输入文字或注释。如在尺寸线上添加

文字，可以使用下列语法：

添加注释或文字\X< >

如在尺寸线下添加文字，可以使用下列语法：

< > \X 添加注释或文字

⑤ 关闭并保存对话框。

问题 10-43：不小心关闭了导航栏，如何让其重新显示？

处理方法：

导航栏默认显示在屏幕右侧，如误关闭，可单击"视图"选项卡中"视口工具"面板上的"导航栏"按钮，即可在开和关之间切换。

问题 10-44：如何生成具有特殊属性的标注？

处理方法：

在 AutoCAD 中可以为尺寸标注的某个特殊的属性生成一个当前样式的替代样式，在替代样式中定义的替代值并不会影响到图形中或当前样式关联的其他标注，只对以后生成的标注起作用。

① 在命令行上输入 DDIM 命令，弹出"标注样式管理器"对话框，如图 10-16 所示。

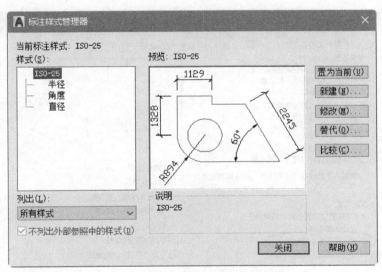

图 10-16 "标注样式管理器"对话框

② 单击"替代"按钮。

③ 在"替代当前样式"对话框中，选择替代当前样式的一些特殊设定。

④ 单击"确定"按钮。

⑤ 单击"关闭"按钮退出对话框。

问题 10-45：为什么拉伸标注后标注值没有更新？

处理方法：

有两种原因和这个问题有关，一种是因为标注已经被分解了，另一种是因为在生成标注之前，DIMASO 变量被设置为 OFF 了，这两种原因都导致了标注几何体之间的关联丢失。目前，没有办法重新建立标注几何体之间的关联，必须把 DIMASO 变量设置为 ON 后重新生成标注。

① 在命令行中输入 DIMASO 命令。

② 输入值 ON。

③ 回车结束命令。

问题 10-46：如何单独移动标注文字？

处理方法：

要想单独移动标注文字，必须修改标注样式的设置，因为默认的情况下标注文字和尺寸线是关联在一起的，移动了文字后，尺寸线也会随着改变位置。有两种方法可以修改标注样式的设置，一种方法是使用"标注样式管理器"，另一种方法是直接修改系统变量 DIMTMOVE 的值。在修改了设置后，还要使用标注更新功能更新相关的标注对象。

（1）方法一

① 在命令行输入 DDIM 命令，打开"标注样式管理器"对话框。

② 在"标注样式管理器"对话框中选择一个标注样式，然后单击"修改"按钮。

③ 在"修改标注样式"对话框中单击"调整"选项卡，如图 10-17 所示。在"文字位置"选项组中，选择"尺寸线上方，带引线"（或"尺寸线上方，不带引线"）。

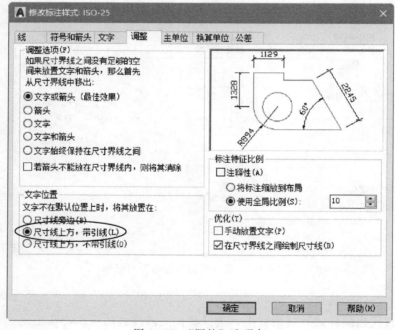

图 10-17 "调整"选项卡

④ 单击确定按钮，返回到"标注样式管理器"对话框。

⑤ 如果要使用样式代替，可以单击"替代"按钮。

⑥ 单击"关闭"按钮退出对话框。

（2）方法二

① 在命令行上输入 DIMTMOVE 命令并回车。

② 输入 1 或 2，回车结束命令。

这样就可以单独移动文字了。标注更新，修改完设置后，必须把想要单独移动文字的标注进行更新，这样才能使标注采纳当前的样式。方法如下。

① 在命令行中输入 DIM 命令，回车。

② 在标注提示行上输入 UPDATE 命令。

③ 选择想要更新的标注对象，回车结束命令。

问题 10-47：如何单独旋转标注文字？

处理方法：

① 选择"文字角度"命令 。

② 选择一个想要旋转文字的标注对象。

③ 输入一个旋转角度值，回车结束设置。

问题 10-48：为什么用户箭头和尺寸线没有对齐？

处理方法：

尺寸线和用户自己定义的箭头没有正确对齐。如果没有正确生成作为箭头的图块，就会导致这个问题。当生成的箭头为块时，必须满足下列条件。

① 箭头块的长度必须是 1。

② 箭头块的基点必须是和尺寸线与尺寸界限的交点位置重合。

问题 10-49：为什么不能用十字光标来选择对象？

处理方法：

不能使用十字光标选择对象是因为光标上没有显示选择靶区，而不能使用窗口选择对象，是因为在图形区域单击一点后，系统并没有激活选择窗口。

这种问题只有在下面两种情况同时出现的情况下才会发生。

① 关闭了"选择后执行"选项。

② 取消了对象的夹点功能。

解决办法如下。

① 在命令行中输入 GRIPS 命令并回车。

② 输入值 1 并回车。

③ 在命令行中输入 PICKFIRST 命令并回车。

④ 输入值 1 并回车。

问题 10-50：为什么在打开了捕捉后十字光标不见了？

处理方法：

当捕捉的间距大于对齐屏幕视区的尺寸时，就会出现这个问题。一般来说关闭捕捉或减少捕捉间距的设置可以解决这个问题。

① 在命令行中输入 SNAP 命令并回车。

② 输入一个较小的新值并回车。

按 F9 键可以打开或关闭捕捉状态。

问题 10-51：如何解决文字乱码？

处理方法：

FONTALT 命令用于字体的更换。

工作中需要用 CAD 软件来读取大量的各大设计院的 CAD 图纸，打开这些图纸时，图上的文字、标注等经常会出现乱码，把以下的字体添加到 CAD 目录下的 acad.fmp 文件中，可以解决在读取 CAD 时无这种字体而造成的乱码现象，如遇到没有添加的，读者可以自行添加。

可以添加的字体有：hztxtb.shx；hztxto.shx；hzdx.shx；hztxt1.shx；hzfso.shx；hzxy.shx；fs64f.shx；hzfs.shx；st64f.shx；kttch.shx；khtch.shx；hzxk.shx；kst64s.shx；ctxt.shx；hzpmk.shx；pchina.shx；hztx.shx；hztxt.shx；ht64s.shx；kt64f.shx；eesltype.shx；hzfs0.shx。

① txt 是标准的 AutoCAD 文字字体。这种字体可以通过很少的矢量来描述，它是一种简单的字体，因此绘制起来速度很快，txt 字体文件为 txt.shx。

② monotxt 是等宽的 txt 字体。在这种字体中，除了分配给每个字符的空间大小相同（等宽）以外，其他所有的特征都与 txt 字体相同。因此，这种字体尤其适合于书写明细表或在表格中需要垂直书写文字的场合。

③ romans 是由许多短线段绘制的 roman 字体的简体（单笔画绘制，没有衬线）。该字体可以产生比 txt 字体看上去更为单薄的字符。

④ romand 与 romans 字体相似，但它是使用双笔画定义的。该字体能产生更粗、颜色更深的字符，特别适用于在高分辨率的打印机（如激光打印机）上使用。

⑤ romanc 是 roman 字体的繁体（双笔画，有衬线）。

⑥ romant 是与 romanc 字体类似的三笔画的 roman 字体（三笔画，有衬线）。

⑦ italicc 是 italic 字体的繁体（双笔画，有衬线）。

⑧ italict 是三笔画的 italic 字体（三笔画，有衬线）。

⑨ scripts 是 script 字体的简体（单笔画）。

⑩ scriptc 是 script 字体的繁体（双笔画）。

⑪ greeks 是 Greek 字体的简体（单笔画，无衬线）。

⑫ greekc 是 Greek 字体的繁体（双笔画，有衬线）。

⑬ gothice 是哥特式英文字体。

⑭ gothicg 是哥特式德文字体。

⑮ gothici 是哥特式意大利文字体。

⑯ syastro 是天体学符号字体。

⑰ symap 是地图学符号字体。

⑱ symath 是数学符号字体。

⑲ symeteo 是气象学符号字体。

⑳ Symusic 是音乐符号字体。

㉑ hztxt 是单笔画小仿宋体。

㉒ hzfs 是单笔画大仿宋体。

㉓ china 是双笔画宋体。

问题 10-52：为什么填充的对象不见了？

处理方法：

在进行了打印预览或使用了 PREVIEW 命令后，通过实体填充的对象也许会从显示中消失，或显示成射线状而不是填充实体。另外，带线宽的多段线也可能会失去线宽属性。当视图缩小，然后再放大视图后也可能会出现这种问题。

出现这种问题的原因是某种显示配置造成的，但是对打印输出并不产生影响，使用下面方法之一可以避免这个问题。

① 当出现这个问题后使用 REGEN 命令。

② 确保使用了显卡的最新驱动程序。

问题 10-53：如何移动 UCS 坐标？

处理方法：

① 在命令行中输入 UCS 命令；

② 输入新原点的坐标，或者指定一点作为新坐标系的原点。

问题 10-54：镜像过来的字体如何保持不旋转（旋转）？

处理方法：

默认情况下，镜像文字、图案填充、属性和属性定义时，它们在镜像图像中不会反转或倒置。文字的对齐和对正方式在镜像对象前后相同。如果确实要反转文字，可设置 MIRRTEXT 系统变量。

```
命令:_mirrtext
输入 MIRRTEXT 的新值<1> :0
```

MIRRTEXT 的值为 0 时，可保持镜像过来的字体不旋转；为 1 时，进行旋转。

问题 10-55：为什么在当前图层上绘制的对象没有显示出来？

处理方法：

原因是当前图层被关闭了。解决步骤如下。

① 单击"图层"按钮。

② 在"图层"对话框中选中当前图层。

③ 单击"开（ON/OFF）"图标。

④ 单击确定结束命令。

问题 10-56：如何不显示或不打印视口的边框？

处理方法：

要解决这个问题可以把视口对象放到一个单独的图层，然后再冻结该图层。

① 单击"图层"按钮。

② 在"图层"对话框中单击"新建"按钮。

③ 输入新图层的名称。

④ 在这个新层上单击冻结图层图标。

⑤ 单击确定按钮结束命令。

⑥ 选择不要显示的窗口的边界。

⑦ 在"对象特性"工具栏上，从"图层"下拉列表中选择这个新建的图层。

⑧ 在弹出的对话框中单击确定即可。

问题 10-57：如何恢复不可见的命令行窗口？

处理方法：

通常 AutoCAD 的命令行窗口位于 AutoCAD 窗口的底部，命令行窗口是不能关闭或最小化的。但有时其他的对象会遮住这个窗口，另外一个经常发生的问题是当命令行处于浮动状态时，如果不小心将它移到了屏幕的外面，有时很难再把命令行窗口移回来。解决这个问题的方法有三种。

（1）方法 1　按 Ctrl＋9 组合键即可显示。

（2）方法 2　检查命令行窗口是否被其他的对象遮住了，操作如下。

① 把浮动的工具栏移开，确保命令行窗口没有藏在这些工具栏的下面。

② 拖动 Windows 的任务栏到一个新的位置，看是否发现了 AutoCAD 的命令行窗口。

（3）方法 3

① 把 Windows 的显示分辨率增大到最大值，这也许要降低颜色深度，例如降低到 256 色或 16 色。

② 在增大了的屏幕区域内发现命令行窗口，把它重新归位。

③ 恢复到最初的显示分辨率。

问题 10-58：为什么捕捉不到图块的插入点？

处理方法：

当系统变量 WHIPARC 设置为 1 时，可能导致系统捕捉不到图块的插入点。解决步骤如下。

① 在命令行中输入 WHIPARC 命令。

② 输入值 0。

③ 在命令行中输入 REGEN 命令并回车。

问题 10-59：为什么 Del 键无法删除对象？

处理方法：

出现这个问题是因为系统变量 PICKFIRST 被设置为 0 了，在这种情况下按 Del 键后不会删除所选的对象。因此要解决这个问题只要把 PICKFIRST 设置为 1 即可。

PICKFIRST 变量会影响所有命令，如果该值等于 0，则应先执行命令，然后再选择相关对象；如果该值等于 1，则既可以先执行命令后选择对象，也可以先选择对象后执行命令。

问题 10-60：如何使用透明命令？

处理方法：

透明命令指的是当另一个命令正在进行时可以运行的命令。使用透明命令的方法如下。

① 运行初始命令，然后再调用透明命令，首先要输入一个单引号。

② 输入想要执行的透明命令的名字。

一个有关透明命令使用的实例如下。

① 在命令行中输入 LINE 命令。

② 选择所画直线的第一点。

③ 在命令行中输入 ZOOM 命令。

④ 在命令行中输入 a，即执行 ZOOM All 命令。

⑤ 当 ZOOM 命令完成后，LINE 命令会继续运行并提示输入直线的下一点。

问题 10-61：如何把一个圆等分成几个弧段？
处理方法：

可以使用 DIVIDE 命令对一个对象进行等分，但在分割圆时还需要一些其他操作，步骤如下。

① 在命令行上输入 DDPTYPE 命令，并按回车键。
② 在"点样式"对话框中选择一种可见的点样式。
③ 在命令行上输入 DIVIDE 命令，并按回车键。
④ 选择要等分的圆。
⑤ 输入想要把这个圆分割的线段数，并按回车键。
⑥ 在命令行上输入 RAY 命令，并按回车键。
⑦ 选择圆心作为放射线的基点。
⑧ 分别捕捉圆上的每个点作为放射线的通过点。
⑨ 使用 TRIM 命令把射线在圆外的部分消减掉。

问题 10-62：如何指定对象捕捉的顺序？
处理方法：

当使用对象捕捉并且显示出了自动捕捉标记时，可通过 Tab 键在当前已经设置的捕捉模式之间进行切换。

当把十字光标放置在多个对象之上时，系统会在每个对象的所有对象捕捉模式之间循环切换，包括这些对象之间的交点。

问题 10-63：如何控制夹点选择的开关？
处理方法：

在默认情况下，当使用诸如 ERASE、MOVE 或 COPY 等编辑命令时，在输入命令之前，如果图形中已有对象的夹点是激活的，即已有对象被选中时，AutoCAD 就不会提示用户选择其他对象，而直接对夹点激活的对象使用编辑命令。

通过使用 PICKFIRST 命令可以解决这个问题，操作如下。

① 在命令行上输入 PICKFIRST 命令。
② 把值设置为 1。
③ 按回车键结束命令。

问题 10-64：如何同时改变多个图层的特性？
处理方法：

① 在命令行中输入 la，调出"图层特性"对话框。
② 在弹出的对话框中选择要改变特性的图层。在选择时可以按住 Ctrl 或 Shift 键选择多个图层。如果要选择所有图层，则按 Ctrl＋A。
③ 修改图层的特性，如颜色、冻结、加锁和解锁等。
④ 单击"确定"按钮完成修改。

问题 10-65：如何设置图层的默认线宽？
处理方法：

图层的默认线宽包括随层或随块，或者通过设置 CELWEIGHT 变量使得图层的默认值和 LWDEFAULT 的值保持一致。

下面是 CELWEIGHT 变量的设置。

① 将线宽设置为随层。

② 将线宽设置为随块。

③ 将线宽设置为 DEFAULT。DEFAULT 的值由 LWDEFAULT 系统变量控制。

其他以 1‰毫米为单位输入的线宽有效值包括 0、5、9、13、15、18、20、25、30、35、40、50、53、60、70、80、90、100、106、120、140、158、200 和 211。所有的值都必须以 1‰毫米为单位输入。

问题 10-66：如何指定全局线型比例？

处理方法：

由于线型比例的影响，线型为中心线或虚线的直线的显示和我们所需的不符。譬如有时因视图比例很低，导致虚线显示为实线。

可以通过使用系统变量 LTSCALE 控制所有线型的比例。该变量的默认值为 1，可以把它修改为任意正值。

问题 10-67：如何把一个对象的特性复制到其他对象上？

处理方法：

（1）在一个图形中复制特性

① 在命令行中输入 MATCHPROP 命令，或单击标准工具栏上"特性匹配"按钮。

② 选择源对象，源对象就是想要复制特性的对象。

③ 选择目标对象，在上一步中复制的对象的特性就会应用到目标对象上。在这一步中可以选择多个对象，回车结束命令。

（2）在不同图形间进行特性匹配

① 在命令行中输入 MATCHPROP 命令。

② 选择源对象。

③ 切换到另一个图形中。可使用"窗口"菜单，或按 Ctrl＋Tab 键在图形窗口间切换。

④ 选择目标对象，可选择多个目标对象。

⑤ 回车结束命令。

问题 10-68：误保存覆盖了原图时如何恢复数据？

处理方法：

如果仅保存了一次，及时将后缀为 BAK 的同名文件改为后缀 DWG，再在 AutoCAD 中打开就行了。如果保存多次，原图就无法恢复了。

问题 10-69：无法打开"多行文字编辑器"怎么办？

处理方法：

一般来说多行文字命令 MTEXT 不能用了，可以先手动加载一下"acmted.arx"文件，重新加载后 MTEXT 命令就能正常使用了。

"acmted.arx"位于 AutoCAD 程序安装目录的根目录下。当启动 CAD 后第一次使用 MTEXT 命令时系统才自动调入，并常驻内存。所以有时候，当觉得 CAD 运行速度变慢，可以用 APPLOAD 命令将其从内存中卸载。

建议在加载"acmted.arx"前，还要查看一下系统变量"MTEXTED"的值是否为"Internal"。（意思是 AutoCAD 是不是使用内部多行文字编辑器来处理多行文字）。如果不是，在命令行键入"mtexted"，然后按其提示将其值赋为"Internal"即可。

问题 10-70：如何进行黑白打印？

处理方法：

① 打开"打印-模型"对话框，选择一个打印机，如图 10-18 所示。

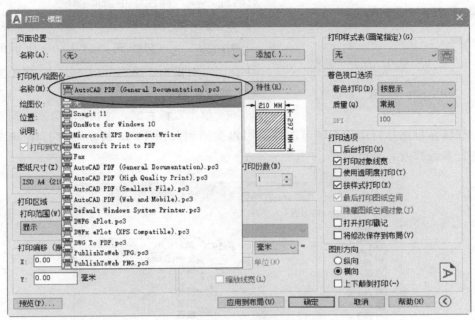

图 10-18　"打印-模型"对话框

② 在"打印样式表"中选择打印样式，如图 10-19 所示。

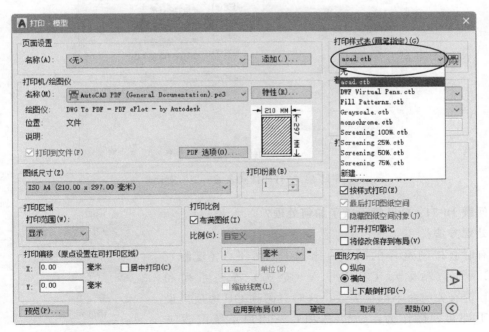

图 10-19　设备打印样式表

③ 在"问题"对话框中单击 是(Y) ，如图 10-20 所示。

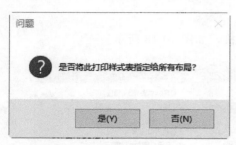

图 10-20 "问题"对话框

④ 重新回到如图 10-18 所示的"打印-模型"对话框，单击 ，弹出"打印样式表编辑器"对话框，将"特性"中 使用对象颜色 更改为 ■黑 ，如图 10-21 所示。然后单击 保存并关闭 ，再回到如图 10-18 所示的"打印-模型"对话框，单击 预览(P)... ，则预览图形全部变成了黑色。

⑤ 单击鼠标右键，弹出如图 10-22 所示随位菜单，如满意可选择打印，否则可选择退出再次回到如图 10-18 所示的"打印-模型"对话框进行参数修改，直至满意。

图 10-21 "打印样式表编辑器"对话框

问题 10-71：Ctrl 键无效了如何处理？

处理方法：

有时会碰到这样的问题：比如 CTRL＋C（复制）、CTRL＋V（粘贴）、CTRL＋A（全选）等一系列和 CTRL 键有关的命令都会失效，这时只需到 OP 选项里设置一下即可，操作为：OP（选项）→用户系统配置→Windows 标准操作中"双击进行编辑"前打上钩和"绘图

图 10-22 "打印"下的随位菜单

区域中使用快捷菜单"前打上钩后，和 CTRL 键有关的命令则有效，反之无效。如图 10-23 所示。

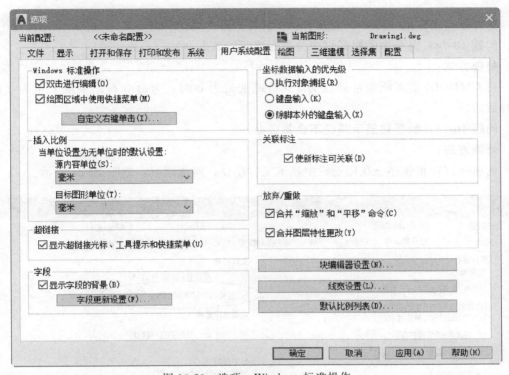

图 10-23 选项—Windows 标准操作

问题 10-72：鼠标中键不好用怎么办？

处理方法：

正常情况下 CAD 的滚轮可用来放大和缩小，还有就是平移（按住）。但有的时候，按住滚轮时，不是平移，而是出现一个菜单，这时只需调下系统变量 MBUTTONPAN 即可。

命令：_mbuttonpan
输入 MBUTTONPAN 的新值<0> :1

如果这样还不好用，估计鼠标坏了的可能性就很大了，最好更换新鼠标。

问题 10-73：如何减少文件大小？

处理方法：

① 在图形完稿后，执行清理（PURGE）命令，清理掉多余的数据，如无用的块，没有实体的图层，未用的线型、字体、尺寸样式等，可以有效减少文件大小。一般彻底清理需要 PURGE 2～3 次。

—purge，前面加个减号，清理得会更彻底些。

② 用 WBLOCK 命令：把需要传送的图形用 WBLOCK 命令以块的方式产生新的图形文件，把新生成的图形文件作为传送或存档用。示例如下：

命令：_wblock   在弹出的对话框中输入文件名及文件存放位置

定义的名字：　　　直接回车

基点：　　任选一点

对象：　　选择完毕后回车

这样就在指定的文件夹中生成了一个新的图形文件。

问题 10-74：命令中的对话框变为命令提示行怎么办？

处理方法：

将 CMDDIA 的系统变量修改为 1。系统变量为 0 时，为命令行；系统变量为 1 时，为对话框。

问题 10-75：标题栏显示路径不全怎么办？

处理方法：

选项→打开和保存→在标题栏中显示完整路径，勾选即可，如图 10-24 所示。

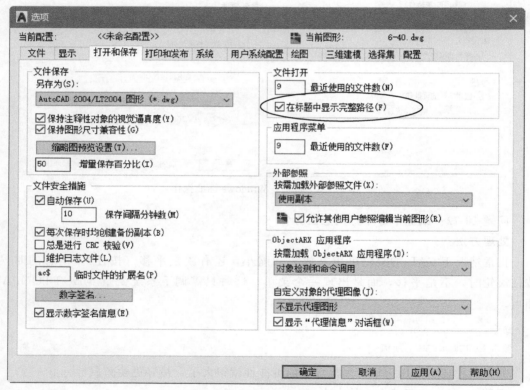

图 10-24　选项—打开和保存

问题 10-76：如何将"L"画的线转变成"PL"的？

处理方法：

用 PEDIT 命令，编辑多段线，其中有合并（J）选项。

问题 10-77：为什么块文件不能炸开？

处理方法：

这是一种在局域网传播较广的 lisp 程序造成的，使几个常用的命令不能用，块炸开只能用 XP 命令。可以有以下两种方法解决。

① 删除 acad.lsp 和 acadapp.lsp 文件，然后复制 acadr14.lsp 两次，命名为上述两个文件名，加上只读，就免疫了。要删掉 DWG 图形所在目录的所有 lsp 文件。不然会感染其他文件。

② 有种专门查杀该病毒的软件。

问题 10-78：为什么输入的文字高度无法改变？

处理方法：

使用的字型的高度值不为 0 时，用 DTEXT 命令书写文本时都不提示输入高度，这样写出来的文本高度是不变的，包括使用该字型进行的尺寸标注。

问题 10-79：如何给 CAD 文件设置密码？

处理方法：

工作中，有的时候设计了一份比较重要的文件。如果没有经过你的允许是不能动的。同时你也不希望这份文件到处传播，这时可以给 CAD 文件加密码。

① 打开要加密的 CAD 文件，将"选项"对话框中"打开和保存"选项卡打开，如图 10-25 所示。

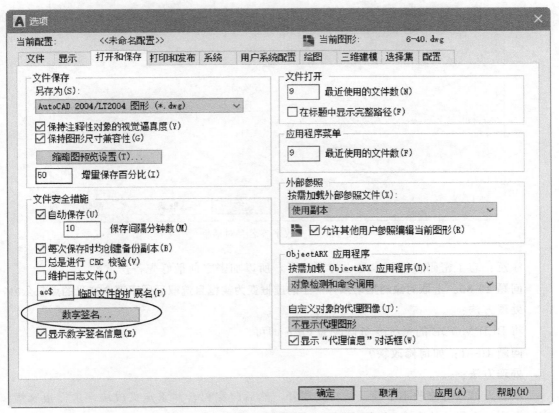

图 10-25　"选项"对话框下的"打开和保存"

② 单击图 10-25 对话框中的　数字签名…　，打开"数字签名-数字 ID 不可用"对话框，如图 10-26 所示。

③ 单击　确定　，打开"数字签名"对话框，如图 10-27 所示。同时开启获取网

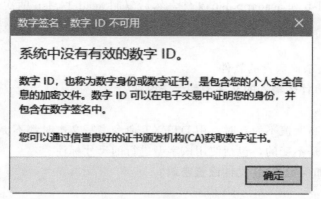

图 10-26 "数字签名-数字 ID 不可用"对话框

页，输入你的私人信息后，将其复制到如图 10-27 所示对话框中，单击 确定 即可。

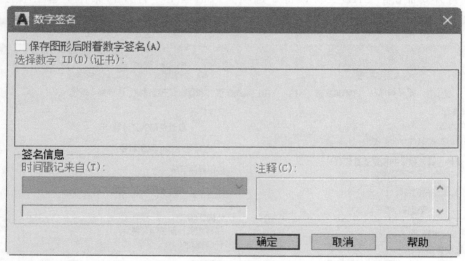

图 10-27 "数字签名"对话框

注意：忘了密码文件就永远也打不开了，所以加密之前最好先备份文件。

问题 10-80：选取对象时拖动鼠标产生的虚框变为实框且选取后留下两个交叉的点怎么办?

处理方法：

将 BLIPMODE 的系统变量修改为 OFF 即可。

问题 10-81：如何修改块?

处理方法：

很多人都以为修改不了块，就将其炸开，然后改完再合并重定义成块，这样很麻烦。实际上用一个修改块命令（REFEDIT）即可。

按提示，修改好后用命令 REFCLOSE 确定保存，原有块也按改后样式保存。

问题 10-82：如何将三维坐标系转变为二维坐标系?

处理方法：

用"视图→显示→ucs 图标（View→display→ucs iconproperties）"修改即可。

问题 10-83：在 AutoCAD 中有时尺寸箭头及 Trace 画的轨迹线变为空心，怎么办？

处理方法：

用 TRIMMODE 命令，在提示行下输新值 1 可将其重新变为实心。

问题 10-84：怎样控制命令行回显是否产生？

处理方法：

CMDECHO 系统变量控制在 AutoLISP 命令函数运行时是否回显提示和输入。因此，只要改变 CMDECHO 系统变量即可："0"关闭回显；"1"打开回显。

问题 10-85：如何实现中英文菜单切换使用？

处理方法：

在 AutoCAD 中同时保存中英文两套菜单系统，来回切换是可行的。具体做法是把汉化菜单文件改名为 Pacad. mnu，放在 AutoCAD 安装目录下的 SUPPORT 子目录中，当然还别忘了将 acad. mnl 复制成 Pacad. mnl，放在 acad. mnu 同一目录中。在用中文菜单时，用 MENU 命令加载 pacad；换回英文菜单时就再次使用 MENU 命令加载 acad 菜单文件。

问题 10-86：如何保存图层、颜色、线宽、标注等？

处理方法：

如想把图层、颜色、线宽、标注、打印等都设置好了保存起来，方便下次作图，可按如下操作。

① 新建一个 CAD 文档，把图层、颜色、线宽、标注、打印等都设置好后另存为 DWT 格式（CAD 的模板文件）。

② 在 CAD 安装目录下找到 DWT 模板文件放置的文件夹，把刚才创建的 DWT 文件放进去，以后使用时，新建文档时提示选择模板文件选已创建的那个就行了。或者，把那个文件取名为 acad. dwt（CAD 默认模板），替换默认模板，以后用到时只要打开就可以了。

问题 10-87：标注时如何使标注尺寸和图有一定的距离？

处理方法：

执行 DIMEXO 命令，再输入数字调整距离。

问题 10-88：AutoCAD 在使用 Ctrl＋C 复制时，所复制的物体总是离鼠标控制点很远，如何解决？

处理方法：

在 CAD 的剪贴板复制功能中，默认的基点在图形的左下角。最好是用带基点复制，这样就可指定所需的基点。带基点复制是 CAD 的要求与 WINDOWS 剪贴板结合的产物。在"编辑"菜单中或右键菜单中有此命令。

问题 10-89：如何关闭 CAD 中的 ＊BAK 文件？

处理方法：

① 利用"选项"对话框，选"打开和保存"选项卡，再在对话框中将"每次保存均创建备份"前的对钩去掉，如图 10-28 所示。

② 也可以用命令 ISAVEBAK，将 ISAVEBAK 的系统变量修改为 0，系统变量为 1 时，每次保存都会创建"＊BAK"备份文件。

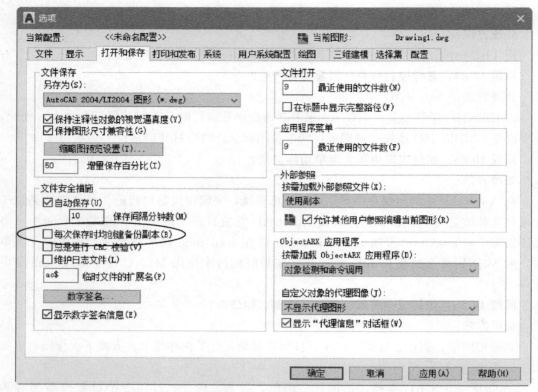

图 10-28 "选项"对话框下的"备份选择"

问题 10-90：如何在 AutoCAD 图中导入 photoshop 图形？

处理方法：

利用"虚拟打印"的方法，操作如下。

① 打开"打印机管理器"。

② 运行"打印机添加向导"。

③ 单击"下一步"，在右边的选项中选择"我的电脑"，继续"下一步"，进入"打印机型号"选择页面。

④ 在左边的"厂商"中选择"光栅文件格式"，这时可以看到在右边的"型号"中列出了很多种图形格式，比如"JPG"格式等，选择"独立的 JPEG 编组"，单击"下一步"，直到完成。这样以后就可以将 CAD 图形输出为 JPG 格式了。

⑤ 用 CAD 做好一幅图后，打开"打印"对话框，在打印机类型中选择刚刚装好的"独立 JPEG 编组"，在下面的"打印到文件"里添上生成的文件名称和路径，这个文件就是一个可以在 photoshop 中编辑的图形了。在页面设置中选择一个需要的尺寸，其他的就和使用真正的打印机方法是一样的。单击打印后，等几秒钟，图形就生成了。

值得注意的是：系统默认的页面尺寸只有 1280×1600，这个尺寸一般并不能满足客户需要。可以在打印机的属性中自定义所需要的尺寸。

另外，如果想导出纯黑色线形，记得要在出图的同时把所有颜色的笔号都改为 7 号色，这样就可以导出纯黑色的图了，如果在 PS 里把模式改为 RGB，这样图像会更清晰。

问题 10-91：打开. dwg 文件时，系统弹出"AutoCAD Message"对话框提示"Drawing

file is not valid"，告诉用户文件不能打开怎么办？

处理方法：

这种情况下可以先退出打开操作，然后打开"文件"菜单，选"图形实用工具→修复"命令，或者在命令行直接用键盘输入"修复"，接着在"选择文件"对话框中输入要恢复的文件，确认后系统开始执行恢复文件操作。

问题 10-92：修改完 ACAD. PGP 文件后，不必重新启动 AutoCAD 如何立刻加载刚刚修改过的 ACAD. PGP 文件？

处理方法：

键入 REINIT 命令，在弹出的"重新初始化"对话框中勾选 PGP，再确定即可，如图 10-29 所示。

问题 10-93：如何快速查出系统变量？

处理方法：

CAD 的变量多达两三百个，可以用以下方法查出是哪个变量出了差错。

① 有问题的文件命名为文件 1，新建一个文件命名为文件 2。

② 分别在两个文件中运行 SETVAR 命令，然后选"?"列出变量，将变量拷到 Excel，比较变量中哪些不一样，这样可以大大减少查询变量的时间。

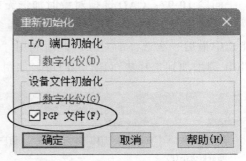

图 10-29　"重新初始化"对话框

举例：假设一个图其中变量 ANGBASE 设为 90，那若用程序生成文本的话，所有文本中的字都会旋转 90°。现用 SETVAR 命令将变量列出，然后将所有变量复制粘贴到一个 Excel 文件 B 列。新建一个文件，再用 SETVAR 命令将变量列出，将所有变量复制粘贴到 Excel 文件 A 列，在 Excel 文件 C1 格输入"＝IF（A1＝B1，0，1）"，下拉单元格算出所有行的值，然后对 C 列按递减排列，这样，值不相同的变量就集中在前几列，再分析这些变量，很快就能查出是哪些 ANGBASE 变量的设置有问题。

问题 10-94：CAD 命令或者设置被别人修改了怎么办？

处理方法：

利用"选项"对话框，选"配置"选项卡，再点击"重置"弹出如图 10-30 所示询问框，点击"是"即可。

图 10-30　"重置"后的询问

问题 10-95：命令前加"_"与不加"_"的区别是什么？

处理方法：

加"_"是 AutoCAD 2000 以后为了使各种语言版本的指令有统一的写法而制订的相容指令。

命令前加"_"是该命令的命令行模式，不加就是对话框模式，具体一点说：前面加"_"后，命令运行时不出现对话框模式，所有的命令都是在命令行中输入的，不加"_"命令运行时会出现对话框，参数的输入在对话框中进行。

问题 10-96：如果在一个图里，图层 1 的内容被图层 2 的内容给遮住了，怎么办？

处理方法：

用"工具→显示顺序→置为顶层"即可将遮住的内容显示出来。

问题 10-97：CAD 选择对象时加选无效了怎么办？

正常情况下 CAD 设置可以连续选择多个对象，但有时候，连续选择对象会失效，只能选中最后一次选择的对象。此时利用"选项"对话框，选"选择集"选项卡，勾选"用 Shift 键添加到选择集（F）"即可，如图 10-31 所示。

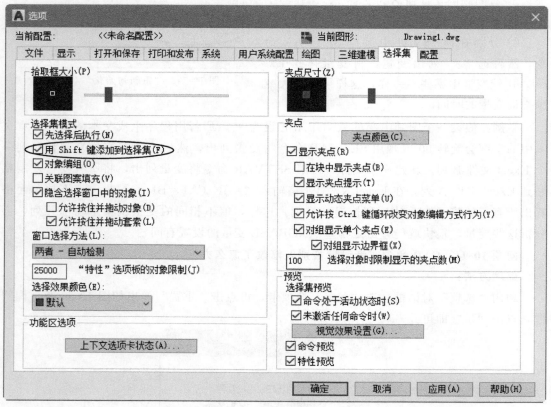

图 10-31 "选项"对话框下的"添加选择集"

问题 10-98：如何将自动保存的图形复原？

AutoCAD 将自动保存的图形存放到 AUTO.SV\$ 或 AUTO?.SV\$ 文件中，找到该文件将其改名为图形文件即可在 AutoCAD 中打开。一般该文件存放在 WINDOWS 的临时目录，如 C：WINDOWSTEMP。

问题 10-99：标注尺寸的结尾有 0 怎么办？

比如需要标注的尺寸为 100，但实际在图形当中标出的是 100.00 或 100.000 等这样的情况，可用命令"DIMZIN"，最好将系统变量设定为 8，这时尺寸标注中的缺省值就不会带几个尾零了。

问题 10-100：在绘制好的图中插入图框时如何调整图框大小？

一般情况下，图框是按标准图号画的，比如 A1、A2 等。而我们绘制的图是按照实际尺寸 1：1 绘制，打印时再缩放为与图纸匹配大小。因此，插入时就要考虑到打印比例的问题。即根据你的图形大小计算一个所选图号的打印比例。假如这个比例是 1：50，那么在用图框时就把图框放大 50 倍，打印时缩小 50 倍就正好是原图框的大小。

参 考 文 献

［1］　GB/T 50103—2010.总图制图标准.

［2］　GB/T 50001—2017.房屋建筑制图统一标准.

［3］　GB/T 50105—2010.建筑结构制图标准.

［4］　GB/T 50104—2010.建筑制图标准.

［5］　GB/T 50010—2010.混凝土结构设计规范.

［6］　16G101-1.混凝土结构施工图平面整体表示方法制图规则和构造详图（现浇混凝土框架、剪力墙、梁、板）.

［7］　GB 50017—2017.钢结构设计标准.

［8］　GB 50205—2020.钢结构工程施工质量验收标准.

［9］　GB 50314—2015.智能建筑设计标准.

［10］　周佳新.土木制图技术.北京：化学工业出版社，2021.

［11］　周佳新.计算机绘图技术.北京：化学工业出版社，2018.

［12］　周佳新.建筑工程识图.4版.北京：化学工业出版社，2022.

［13］　王强，张小平.建筑工程制图与识图.北京：机械工业出版社，2017.

［14］　周佳新，姚大鹏.建筑结构识图.3版.北京：化学工业出版社，2015.